21世纪高等学校计算机规划教材

21st Century University Planned Textbooks of Computer Science

Visual Basic
程序设计实用教程

Visual Basic Programming Language

黄洪超 黄瑾聘 储岳中 主编

高校系列

人民邮电出版社

北京

图书在版编目（CIP）数据

Visual Basic程序设计实用教程 / 黄洪超，黄瑾聘，
储岳中主编. -- 北京：人民邮电出版社，2016.2
21世纪高等学校计算机规划教材
ISBN 978-7-115-41173-0

Ⅰ．①V… Ⅱ．①黄… ②黄… ③储… Ⅲ．①BASIC语
言－程序设计－高等学校－教材 Ⅳ．①TP312

中国版本图书馆CIP数据核字(2016)第015724号

内　容　提　要

本书是针对高等院校 Visual Basic 程序设计课程编写的教材。全书共 11 章，主要内容包括初识
Visual Basic、窗体和几个常用控件、Visual Basic 语言基础、Visual Basic 基本控制结构、常见算法、
数组、过程、常用控件、界面设计、文件及文件系统控件、数据库应用。在编写过程中，作者充分
考虑初学者的学习特点，在内容编排、叙述表达、例题选择、课后习题等方面做了精心设计，力争
做到文字通俗易懂、叙述深入浅出、例题选材合理。

为方便学习和训练，作者同时编写了配套的实验教材《Visual Basic 程序设计实验指导及考试指
南》一书，全书共四个部分，内容包括实验指导、典型习题、考试指南、参考答案。

本书适合作为高等院校非计算机专业的 Visual Basic 教材，也适合作为计算机等级考试的学习参
考书。

◆ 主　　编　黄洪超　黄瑾聘　储岳中
　　责任编辑　邹文波
　　执行编辑　吴　婷
　　责任印制　沈　蓉　彭志环

◆ 人民邮电出版社出版发行　　北京市丰台区成寿寺路 11 号
　　邮编　100164　电子邮件　315@ptpress.com.cn
　　网址　http://www.ptpress.com.cn
　　北京天宇星印刷厂印刷

◆ 开本：787×1092　1/16
　　印张：19　　　　　　　　2016 年 2 月第 1 版
　　字数：501 千字　　　　　2025 年 1 月北京第 10 次印刷

定价：42.00 元

读者服务热线：**(010)81055256**　印装质量热线：**(010)81055316**
反盗版热线：**(010)81055315**

前　言

Visual Basic 6.0 是 Microsoft 公司推出的基于 Windows 环境的计算机程序设计语言，它继承了 BASIC 语言简单易学的优点，又增加了许多新的功能。由于 Visual Basic 采用面向对象的程序设计技术，摆脱了面向过程语言的许多细节而将主要精力集中在解决实际问题和设计友好界面上，使开发 Windows 应用程序更迅速、更简捷。Visual Basic 在国内外各个领域中应用非常广泛，许多计算机专业和非计算机专业的人员常利用它来编制开发多媒体软件、数据库应用程序和网络应用程序等，因此，Visual Basic 成为众多计算机爱好者学习计算机程序设计的首选语言，也成为高等学校程序设计语言的入门语言。

本书是一本程序设计初学者的入门教材，在内容编排、叙述表达、例题选择、课后习题、实验选材等方面做了精心设计，目的是让非计算机专业的学生了解和掌握程序设计的基本原理、思路和方法，初步具备应用程序开发能力，更重要的是培养广大学生独立分析问题和解决问题的能力。本书作者均为多年从事 Visual Basic 程序设计课程教学的一线教师，编写过程中结合自身教学经验和体会，循序渐进、由浅入深地介绍 Visual Basic 中最基本、最常用的内容。书中例题大部分为作者原创，设计每个例题时，遵循程序设计语言学习规律、兼顾学生接受能力和学习习惯，既能涵盖知识点，又不失生动、有趣，既可以模仿巩固，又可以创新提高，旨在提高学生学习兴趣的基础上，逐步培养学习信心、编程思想和编程能力。

本书共 11 章，主要内容包括初识 Visual Basic、窗体和几个常用控件、Visual Basic 语言基础、Visual Basic 基本控制结构、常见算法、数组、过程、常用控件、界面设计、文件及文件系统控件、数据库应用。

本书配套的实验教材《Visual Basic 程序设计实验指导及考试指南》共四个部分，内容包括实验指导、典型习题、考试指南、习题答案。教材中所有例题源程序、每章习题参考答案、配套实验教材中所有实验源程序、习题及模拟试题参考答案均可在 http:/pan.baidu.com/s/1jHaagVO 上进行下载，RAR 文件解压密码为 ahut。

本书推荐授课学时为 32~40 学时，上机实验为 24~30 学时，课外上机实验为 30 学时。

本书由安徽工业大学的黄洪超、黄瑾娉、储岳中任主编，周义莲等老师参加编写。具体分工是：周义莲编写第 1 章、黄瑾娉编写第 2 章、黄洪超编写第 3 章、柯栋梁编写第 4 章、汪小燕编写第 5 章、苏小虎编写第 6 章、吴曼编写第 7 章、边琼芳编写第 8 章、赵幅英编写第 9 章，储岳中编写第 10 章、高云全编写第 11 章。全书由黄洪超统稿。

本书在编写过程中得到了许多从事 Visual Basic 程序设计教学工作的同仁的关心、支持和帮助，他们对本书提出了很多宝贵的建议，并给予了大力支持。在此表示感谢。

编　者

2015 年 10 月

目　录

第1章
初识 Visual Basic

【本章重点】

※ Visual Basic 集成开发环境

※ 几个重要概念

※ Visual Basic 程序创建步骤

1985 年，Microsoft 公司推出了 Windows 操作系统，以其为代表的图形用户界面（Graphic User Interface，GUI）在微型计算机市场上引发了一场革命。在图形用户界面中，用户只要通过鼠标的单击和拖动便可以便捷地完成各种操作，不必键入复杂的命令，深受用户的欢迎。但对程序员来说，开发一个基于 Windows 环境的应用程序，工作量非常大。可视化程序设计语言正是在这种背景下应运而生的。

1991 年 Microsoft 公司推出的 Visual Basic 语言以事件驱动为运行机制，除了提供常规的编程功能外，还提供了一套可视化的设计工具，便于程序员建立图形对象，巧妙地把 Windows 编程的复杂性"封装"起来。它的诞生标志着软件设计和开发的一个新时代的开始。

本章通过两个简单的实例，介绍了 Visual Basic 6.0 的特点、集成开发环境以及程序开发的过程。

1.1 Visual Basic 的发展

Visual Basic 是 Microsoft 公司开发的 Windows 应用程序开发工具，是在 BASIC 语言的基础上发展而来的，是一种可视化的编程语言，缩写为 VB。BASIC 的全称是 Beginner's All-purpose Symbolic Instruction Code，意为"初学者通用的符号指令代码"。BASIC 语言由十几条语句组成，简单易学，特别适合初学者学习。Visual 是"可视化"的意思，在 VB 提供的"可视化"集成开发环境中，用户只需要通过鼠标的单击和拖曳，就可以设计出专业的 Windows 界面的应用程序。

1.1.1 Visual Basic 的发展简介

Visual Basic 是一种可视化、面向对象和采用事件驱动方式的结构化高级程序设计语言，可用于开发 Windows 环境下的各类应用程序。它继承了 BASIC 语言简单易学、效率高等优点，又增加了许多新的功能，其强大的功能可以与 Windows 专业开发工具 SDK 相媲美。Visual Basic 经历了从 1991 年的 1.0 版至 1998 年的 6.0 版的多次版本升级，目前最新的版本是 Visual Basic 2010。自 5.0 版开始，Visual Basic 推出了中文版，全面支持面向对象的大型程序设计语言。在推出 6.0 版时，Visual Basic 又在数据访问、控件、语言、向导及 Internet 支持等方面增加了许多新的功能。在 Visual Basic 环境下，利用事件驱动的编程机制、新颖易用的可视化设计工具，使用 Windows 内部的应用程序接口（API）函数、动态链接库（DLL）、对象的链接与嵌入（OLE）、开放式数据链接（ODBC）等技术，可以高效、快速地开发 Windows 环境下功能强大、图形界面丰富的应用软件系统。

本书以 Visual Basic 6.0 中文版为蓝本。

1.1.2　Visual Basic 6.0 版本介绍

Visual Basic 6.0 包括三个版本，即学习版、专业版和企业版，这几个版本可以满足不同开发者的需要。

1．学习版

学习版是 Visual Basic 6.0 中最基本的版本。该版本包括所有的内部控件以及网格、选项卡和数据绑定控件。学习版提供了文档 Learn Visual Basic Now CD 和包含全部联机文档的 Microsoft Developer Network CD。

使用学习版可开发 Windows 和 Windows NT 操作系统下对界面要求不高、计算量不大的程序。学习版经济实惠，易学易用，是 Visual Basic 初学者的较好选择。

2．专业版

专业版为专业编程人员提供了一整套功能完备的开发工具。该版本包括学习版的全部功能以及 ActiveX 控件、Internet Information Server Application Designer、集成的 Visual Database Tools 和 Data Environment、Active Data Objects 和 Dynamic HTML Page Designer。专业版提供的文档有 Visual Studio Professional Features 手册和包含全部联机文档的 Microsoft Developer Network CD。开发在单机上运行的应用程序，可以使用专业版。

3．企业版

企业版是 Visual Basic 6.0 的最强版本，包括专业版的全部功能及 Back Office 工具，例如，SQL Server、Microsoft Transaction Server、Internet Information Server、Visual SourceSafe、SNA Server 等。企业版的印刷文档包括 Visual Studio Enterprise Features 手册以及包含全部联机文档的 Microsoft Developer Network CD。使用企业版能够创建远程自动对象链接和嵌入服务器应用程序，可以通过网络在远程调用并运行程序。

企业版可以开发一些大型的应用程序，是软件开发团队必备的开发工具之一。

1.2　Visual Basic 的特点

Visual Basic 是可视化的编程语言。使用 Visual Basic 语言进行编程时就会发现，在 Visual Basic 中无需编写代码，系统会自动完成许多设计步骤。因为在 Visual Basic 中引入了控件的概念。在 Windows 中，控件的身影无处不在，如窗体、命令按钮、文本框、列表框和单选按钮等。Visual Basic 把这些控件模式化，每个控件都有若干属性来控制控件的外观、工作方法，并且能够响应用户操作（事件）。这样就可以像在画板上作画一样，利用鼠标操作就可以创建按钮、文本框、列表框等。

这些在以前的编程语言中是要经过相当复杂的操作过程才能实现的。每次版本升级，Visual Basic 都提供了更多、功能更强的用户控件。

下面通过一个简单的例子来介绍 Visual Basic 语言的特点。

【例 1-1】挑战 Visual Basic 6.0。在 Visual Basic 开发环境中，设计一个窗体，窗体上有一个标签（Label），两个命令按钮（CommandButton）。启动窗体后，单击"显示"按钮时，在窗体的标签上显示"挑战 Visual Basic 6.0!"，效果如图 1-1 所示。当单击"关闭"按钮时，关闭窗体，结束程序运行。

窗体界面设计如图 1-2 所示，窗体界面上包含一个标签（Label1），两个命令按钮（Command1，Command2），各个控件的属性设置如表 1-1 所示。

图 1-1 例 1-1 的运行界面

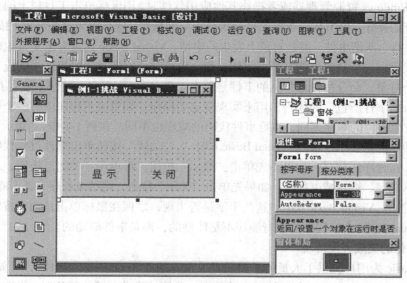

图 1-2 例 1-1 的设计界面

表 1-1 例 1-1 的对象属性设置

控件名称（Name）	属性名	属性值	控件名称（Name）	属性名	属性值
Label1	Caption	（空）	Command2	Caption	关闭
	FontSize	小四		FontSize	五号
Command1	Caption	显示	Form1	Caption	例 1-1 挑战 Visual Basic 6.0!
	FontSize	五号			

分别在命令按钮 Command1 和 Command2 的单击事件过程（Click）中编写程序代码。程序代码内容如图 1-3 所示。

通过设计和运行例 1-1 的过程，可以归纳出 Visual Basic 的主要特点。

1. 面向对象的程序设计语言

Visual Basic 是支持面向对象的程序设计语言。

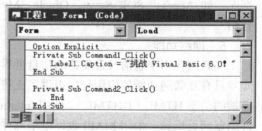

图 1-3 例 1-1 的代码窗口

Visual Basic 不同于其他的面向对象的程序设计语言，它不需要编写描述每个对象功能特征的代码，这些都已经被封装到各个控件中了，用户只需调用即可。Visual Basic 采用了面向对象的设计思想，它的基本思路是把复杂的设计问题分解为多个能够完成独立功能且相对简单的对象集合。所谓"对象"，就是一个可操作的实体，如窗体、窗体中的命令按钮、标签、文本框等。面向对象编程就是指程序员可以根据界面设计要求直接在界面上设计出窗口、菜单、按钮等对象并为每个对象设置属性。在例 1-1 中，只需要向窗体上添加两个按钮、一个标签，在属性窗口中适当修改一些属性值，就可以很快得到所需要的界面，而不需要编写任何代码。

Visual Basic 对象可以极大简化重复代码的编写，使开发人员不必把精力耗费于数量庞大的代码之上。Visual Basic 6.0 版本增强了该功能，并添加了许多新的面向对象的编程功能。

2. 事件驱动的编程机制

当打开 Windows 资源管理器或者操作其他应用软件时，用鼠标单击工具栏上的某一按钮就会完成一项相应的操作，单击某一菜单项也会执行相应的操作。这是因为这些对象（按钮或菜单项）触发了一个事件。所谓事件，就是对象上发生的事情。Visual Basic 通过对象上发生的事件来执行相应的事件代码。一个对象可能有多个事件，每个事件都可以通过一段程序来响应。例如，命令按钮就是一个对象，命令按钮最常见的事件是单击（Click），当在命令按钮上发生 Click 事件时，就会执行 Click 事件所包含的代码，用来实现规定的操作。如果应用程序中有多个事件，执行程序时，根据发生事件的顺序不同，执行事件代码的顺序也不同。在例 1-1 中，"显示"按钮单击事件过程代码的功能是显示"挑战 Visual Basic 6.0！"，"关闭"按钮单击事件过程代码的功能是结束程序运行。在程序运行时，如果是先单击"显示"按钮，再单击"关闭"按钮，那么看到的效果将是先显示文字，然后结束程序。如果先单击"关闭"按钮，则结束程序，就不能显示文字了。由此可见，"挑战 Visual Basic 6.0！"这几个字是否出现，掌握在鼠标单击这两个按钮的不同顺序中。因此 Visual Basic 中，程序的执行顺序不是线性的，而是事件驱动的。

3. 可视化的集成开发环境

Visual Basic 为用户提供了大量的界面元素（在 Visual Basic 中称为控件），例如"窗体""菜单""命令按钮"等，用户只需利用鼠标或键盘把这些控件拖动到适当的位置，设置它们的外观属性，就可以设计出所需要的应用程序界面了。相比传统的编程方式，由用户自己设计界面，具有简便快捷、所见即所得和编程效率高等特点。

Visual Basic 为编程者提供了集成开发环境，在这个环境中，编程者可以设计界面、编写代码、调试，直至把应用程序编译成可在 Windows 系统中运行的可执行文件，开发后的程序可以经过打包处理生成脱离 Visual Basic 环境可安装运行的可执行文件，为编程者提供了很大的方便。

4. 强大的数据库访问功能

Visual Basic 6.0 具有强大的数据库管理功能。利用其提供的数据库访问技术可以访问多种数据库，如 Access、SQL Sever、Oracle、MySQL 等。这方面的有关知识将在本书的第 11 章进行介绍。

5. 网络功能

互联网在当今通信日益发达的信息世界占据了重要的地位。Visual Basic 提供了许多功能，为开发具有互联网功能的应用程序提供了支持和帮助。Visual Basic 在开发过程中可以提供创建服务器端的动态 HTML（DHTML）、使用 Internet Transfer 控件检索和传输文件、利用 WebBrowser 控件浏览网页信息、采用 MAPI 收发电子邮件等一系列激动人心的功能。

6. 联机帮助功能

在 Visual Basic 中利用帮助菜单和 F1 功能键，用户可以随时方便地得到所需要的帮助信息。Visual Basic 帮助窗口中显示了有关举例代码，通过复制、粘贴操作可以获取大量举例代码，为用户学习和使用提供了方便。

1.3　Visual Basic 的安装和启动

1.3.1　Visual Basic 的安装

Visual Basic 6.0 可以在多种操作系统下运行，包括 Windows 95，Windows 98、Windows NT 4.0、Windows 2000 和 Windows XP 等。在这些操作系统环境下，用 Visual Basic 6.0 编译器可以生成 32 位应用程序。这样的应用程序在 32 位操作系统下运行，速度更快，更安全，并且更适合在多任务环境下运行。

硬件配置：586 以上处理器，16 MB 以上的内存，100 MB 以上的硬盘空闲空间等。

软件环境：Windows 95 或 Windows NT 4.0 以上版本的操作系统。

Visual Basic 6.0 系统可以单独放在一张 CD 盘上，也可以是 Visual Studio 6.0（Visual C++、Visual FoxPro、Visual J++、Visual InterDev）套装软件中的一个成员。它可以和 Visual Studio 6.0 一起安装，也可以单独安装。打开光盘后，找到 Visual Basic 6.0 文件夹，在该文件夹中双击 Setup.exe，根据安装向导的提示进行安装。初学者可采用"典型安装"方式。Visual Basic 6.0 的联机帮助文件使用 MSDN（Microsoft Developer Network Library）文档的帮助方式，与 Visual Basic 6.0 系统不在同一张 CD 上，在安装过程中，系统会提示插入 MSDN 盘。安装 MSDN 需要 67 MB 空间。

1.3.2　Visual Basic 的启动和退出

1. 启动

安装 VB 系统后，启动 VB 最常用的方法是通过"开始"按钮，选择"程序"菜单，然后打开"Microsoft Visual Studio 6.0 中文版"子菜单中的"Microsoft Visual Basic 6.0 中文版"程序，就可以启动 Visual Basic 6.0，启动完成后得到图 1-4 所示的窗口。

进入 Visual Basic 6.0 后，在图 1-4 所示窗口的"新建工程"对话框中列出了 Visual Basic 6.0 能够建立的应用程序类型，该对话框有三个选项卡。

（1）"新建"：新建工程。其中"标准 EXE"用来建立一个标准的 EXE 工程，本书将讨论这种工程类型。

（2）"现存"：选择和打开现有的工程。

（3）"最新"：列出最新的 Visual Basic 应用程序文件名列表，可从中选择要打开的文件名。

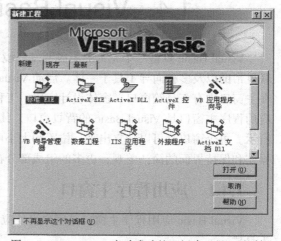

图 1-4　Visual Basic 启动成功的"新建工程"对话框

初学者只要选择默认的"新建"选项卡中的"标准 EXE",单击"打开"按钮后,就可创建一个新的 Visual Basic 工程,出现图 1-5 所示的 Visual Basic 集成开发环境。

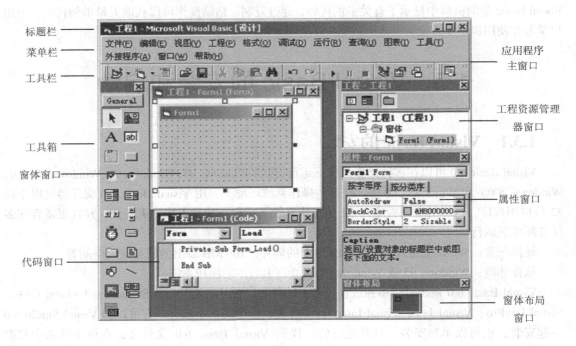

图 1-5　Visual Basic 集成开发环境

2. 退出

退出 Visual Basic 的方法通常有以下几种。

(1)单击 Visual Basic 6.0 窗口右上角的"关闭"按钮。

(2)执行菜单命令"文件|退出(X)"。

(3)按 Alt+Q 快捷键。

1.4　Visual Basic 的集成开发环境

Visual Basic 具备一个完善的集成开发环境,集界面设计、代码编辑、编译运行、跟踪调试、联机帮助以及多种向导工具于一体。启动 Visual Basic 后,屏幕上出现的窗口是应用程序主窗口,在主窗口内有工具箱窗口、窗体设计窗口、工程资源管理器窗口、属性窗口、窗体布局窗口等。应用程序主窗口是 Visual Basic 的背景窗口,其余窗口都包含在主窗口内,各窗口的分布如图 1-5 所示。每个窗口都可以独立出来,位置和大小可以自行设定,还可以控制显示和隐藏。为了方便操作和保持界面的简洁美观,更多的组成部分在需要时才打开。

1.4.1　应用程序主窗口

Visual Basic 应用程序主窗口是用户设计应用程序的界面,主要包括常规的标题栏、菜单栏和工具栏。

1. 标题栏

标题栏是屏幕顶部的水平条，它显示的是应用程序的名字。用户与标题栏之间的交互关系由 Windows 而不是应用程序来处理。启动 Visual Basic 后，标题栏中显示的信息是"工程 1-Microsoft Visual Basic [设计]"，如图 1-5 所示。方括号中的"设计"表示当前的工作状态是"设计阶段"。随着工作状态的不同，方括号中的信息也随之改变，可能会是"运行"或"Break"，分别代表运行阶段和中断阶段。

2. 菜单栏

菜单栏位于标题栏下面，是启动菜单命令的入口，Visual Basic 有 13 类主菜单，包括文件、编辑、视图、工程、格式、调试、运行、查询、图表、工具、外接程序、窗口和帮助。各菜单的功能如表 1-2 所示。

表 1-2　　　　　　　　　　　　　　Visual Basic 主菜单功能介绍

菜 单 项	功 能 介 绍
文件	用于工程的创建、打开、保存和生成可执行文件等操作
编辑	用于程序代码的编辑操作
视图	用于各种窗口的打开、查看和编辑等操作
工程	用于对控件、窗体和模块等对象的处理操作
格式	用于对窗体和控件在格式化方面的操作
调试	用于程序执行过程中的调试并检查错误等操作
运行	用于程序执行的启动、中断和停止等操作
查询	用于设计数据库应用程序时设置 SQL 属性
图表	用于设计数据库应用程序时编辑数据库的操作
工具	用于集成环境下工具的扩充和菜单的编辑等操作
外接程序	用于增加或删除外接程序的操作
窗口	用于对窗口排列方式的设置操作
帮助	用于提示 Visual Basic 的使用方法，帮助用户学习和使用

3. 工具栏

工具栏以快捷图标的形式提供了菜单中所包含的部分常用命令。单击图标，即可快速执行相应的命令。Visual Basic 提供了编辑、标准、窗体编辑器和调试四类工具栏，通常只显示标准工具栏。选择"视图"菜单中的"工具栏"命令可以打开其他工具栏。

每种工具栏都有固定和浮动两种形式。固定工具栏位于菜单栏的下方，浮动工具栏可以用鼠标选中并在屏幕上移动。两种形式可以相互转换：选中固定工具栏并拖动，可变成浮动式；在浮动工具栏的标题处双击鼠标，则变成固定形式。图 1-5 中的工具栏为标准工具栏界面。标准工具栏中的各个按钮的功能如表 1-3 所示。

表 1-3　　　　　　　　　　　　　　Visual Basic 标准工具栏功能介绍

按钮图标	名称	功 能 说 明
	添加工程	添加一个新的工程，相当于菜单命令"文件|添加工程(D)…"。单击右边的下拉按钮，可以选择添加工程的类型
	添加窗体	添加一个新的窗体，相当于菜单命令"工程|添加窗体(F)"。单击右边的下拉按钮，可以选择添加其他对象

按钮图标	名称	功能说明
	菜单编辑器	打开菜单编辑器，相当于菜单命令"工具|菜单编辑器(<u>M</u>)"
	打开工程	打开一个已有的 Visual Basic 工程文件，相当于菜单命令"文件|打开工程(<u>O</u>)…"
	保存工程	保存当前的工程文件，相当于菜单命令"文件|保存工程(<u>V</u>)"
	剪切	把当前选择的内容剪切到剪贴板，相当于菜单命令"编辑|剪切(<u>I</u>)"
	复制	把当前选择的内容复制到剪贴板，相当于菜单命令"编辑|复制(<u>C</u>)"
	粘贴	把剪切板的内容复制到当前插入位置，相当于菜单命令"编辑|粘贴(<u>P</u>)"
	查找	打开"查找"对话框，相当于菜单命令"编辑|查找(<u>F</u>)…"
	撤销	撤销前面的操作
	重复	恢复撤销的操作
	启动	运行当前工程，相当于菜单命令"运行|启动(<u>S</u>)"
	中断	暂停程序的运行，相当于菜单命令"运行|中断(<u>K</u>)"；可以按 F5 键或单击"运行"按钮继续
	结束	结束应用程序的运行，回到设计窗口，相当于菜单命令"运行|结束(<u>E</u>)"
	工程资源管理器	打开"工程资源管理器"窗口，相当于菜单命令"视图|工程资源管理器(<u>P</u>)"
	属性窗口	打开"属性"窗口，相当于菜单命令"视图|属性窗口(<u>W</u>)"
	窗体布局窗口	打开"窗体布局"窗口，相当于菜单命令"视图|窗体布局窗口(<u>F</u>)"
	对象浏览器	打开对象浏览器，相当于菜单命令"视图|对象浏览器(<u>O</u>)"
	工具箱	打开工具箱，相当于菜单命令"视图|工具箱(<u>X</u>)"
	数据视图窗口	打开"数据视图"窗口，相当于菜单命令"视图|数据视图窗口(<u>V</u>)"
	控件管理器	打开可视组件管理器，添加相关文档或控件

1.4.2　工具箱窗口

工具箱窗口由工具图标组成，一般位于窗体的左侧，主要用于应用程序的界面设计。借助工具箱窗口中的工具设计程序界面，然后编写功能代码。工具箱的工具分两类：内部控件（标准控件）和 ActiveX 控件。标准控件如图 1-6 所示。一般情况下，工具箱上有 20 个标准控件和 1 个指针，指针不是控件，它仅用于移动窗体和控件以及调整它们的大小。在设计阶段，工具箱一般是可见的，也可以单击工具箱的"关闭"按钮将其关闭，如果要显示工具箱，可以通过菜单命令"视图\|工具箱"显示。

图 1-6 所示为只有一个选项卡 General 的标准工具箱，用户还可以根据实际应用的需要往工具箱里面添加选项卡。添加选项卡的方法是在工具箱空白位置单击鼠标右键，选择快捷菜单中的"添加选项卡"命令，在弹出的对话框中输入新选项卡的名称。当一个新的选项卡添加完成后，就可以从已有的选项卡（包括 General 选项卡）里拖动所需控件到新建的选项卡，也可以通过菜单命令"工程\|部件"向任何一个选

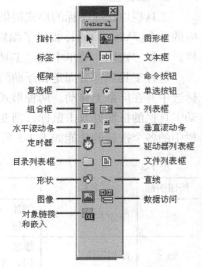

图 1-6　工具箱窗口的标准控件

项卡中添加 ActiveX 控件。

1.4.3　窗体设计窗口

图 1-5 所示的窗体窗口即为窗体设计窗口。窗体设计窗口又称对象窗口或窗体（Form），是用户设计的应用程序界面，对应于应用程序运行结果的界面，如图 1-7 所示。Visual Basic 中的可编程对象有 3 种：窗体、控件和系统对象。启动 Visual Basic 后，系统会自动建立一个名称为 Form1 的窗体（窗体名称由系统默认，用户也可以在属性窗口中修改）。窗体中布满了网格点，网格点可以方便用户对齐窗体上的控件。如果想去掉网格点或者改变网格点的间距，可以通过菜单命令"工具|选项"中的"通用"选项卡来调整。网格点的间距单位是缇（Twip），1 英寸=1440 缇。网格的默认高度和宽度均为 120 缇。

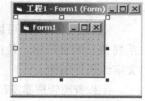

图 1-7　窗体设计窗口

在设计应用程序时，窗体就像一块画板，在这块画板上可以画出组成应用程序的各个控件，各种图形、图像、数据、按钮等都是通过窗体或窗体上的控件显示出来的。程序员根据程序界面设计要求，从工具箱中选择所需要的工具，并在窗体上画出来，这样就完成了应用程序设计的第一步。

1.4.4　工程资源管理器窗口

工程资源管理器窗口主要用于显示用户工程的层次以及工程中的所有文件，包括窗体、模块、类别模块、用户控件、用户文档、属性页、ActiveX 设计器、相关文档和资源等。工程资源管理器窗口中的文件分为 6 类：窗体文件（.frm）、程序模块文件（.bas）、类模块文件（.cls）、工程文件（.vbp）、工程组文件（.vbg）和资源文件（.res）。

1. 工程文件和工程组文件

工程文件就是与该工程有关的所有文件和对象的清单，这些文件和对象自动链接到工程文件上；每次保存工程时，与其相关的文件信息随之更新。当然，某个工程下的对象和文件也可以供其他工程共享使用。在工程的所有对象和文件被汇集在一起并完成编码以后，就可以编译工程，生成可执行文件了。

工程文件的扩展名为.vbp，每个工程对应一个工程文件。当一个程序包括两个以上的工程时，这些工程构成一个工程组，工程组文件的扩展名为.vbg。执行"文件|新建工程"菜单命令可以建立一个新的工程，执行"打开工程"命令可以打开一个已有的工程，而执行"添加工程"命令可以添加一个工程。

2. 窗体文件

窗体文件的扩展名为.frm，每个窗体对应一个窗体文件，窗体及其控件的属性和其他信息（包括代码）都存放在该窗体文件中。一个应用程序可以有多个窗体（最多 255 个），与此对应就有多个以.frm 为扩展名的窗体文件。

执行"工程|添加窗体"菜单命令，或单击工具栏中的"添加窗体"按钮，可以增加一个窗体；而执行"工程|移除窗体"菜单命令，可以删除当前的窗体。每建立一个窗体，工程资源管理器窗口中就增加一个窗体文件，每个窗体都有一个不同的名字，可以通过属性窗口设计（Name 属性），其默认名字依次为 Form1、Form2、Form3 等。

3. 程序模块文件

程序模块文件的扩展名是.bas，它是为合理组织程序而设计的。程序模块是一个纯代码性质的文件，它不属于任何窗口，主要在大型应用程序中使用。

程序模块文件由程序代码组成，主要用来声明全局变量和定义一些通用的过程，可以被多个不同窗体中的程序调用。程序模块通过"工程|添加模块"菜单命令来建立。

4．类模块文件

VB 中提供了大量预定义的类，同时也允许用户根据需要定义自己的类。用户通过类模块来定义自己的类，每个类都用一个文件来保存，其扩展名为.cls。

5．资源文件

资源文件是一种可以同时存放文本、图片、声音等多种资源的文件，其扩展名为.res。它由一系列独立的字符串、位图及声音文件（.wav、.mid）组成。资源文件是一种纯文本文件，可以用文字编辑器编辑。

工程资源管理器窗口的上方有 3 个图形按钮，分别是"查看代码""查看对象"和"切换文件夹"，如图 1-8 所示。单击"查看代码"按钮，则打开所选对象的代码窗口；单击"查看对象"按钮，则显示对象窗口；单击"切换文件夹"按钮，则可以隐藏或显示包含在对象文件夹中的个别项目。

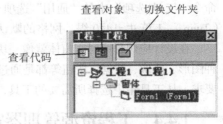

图 1-8　工程资源管理器窗口

在工程资源管理器窗口中单击鼠标右键，在弹出的快捷菜单中选择"工程属性"，则弹出一个对话框，该对话框包含当前工程的各种信息，例如工程名称、启动对象名、工程的版本信息、编译条件等。按 Ctrl+R 快捷键，或在"视图"菜单中选择"工程资源管理器"命令，都可以打开工程资源管理器窗口。

在设计应用程序时，通常先设计窗体（即界面），然后编写程序。窗体设计完成后，只要双击窗体中的对象，就可以切换到代码编辑器窗口中，与单击"查看代码"按钮的作用相同。

1.4.5　属性窗口

属性窗口是用来设置窗体和窗体中的控件属性的，如图 1-9 所示。除窗口的标题栏外，属性窗口由 4 部分组成：对象下拉列表框、属性排列方式、属性列表框和属性含义说明。

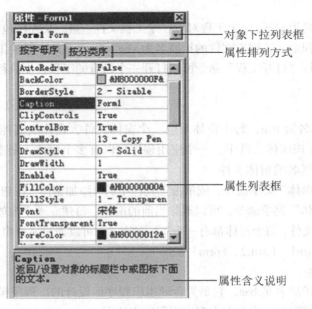

图 1-9　属性窗口

1. 对象下拉列表框

单击其右边的下拉按钮，可以显示所选窗体所包含的对象列表，其内容为应用程序中每个对象的名字及对象的类型。随着窗体中控件的增加，将把这些新增对象的信息加入到对象列表框中。

2. 属性排列方式

属性排列方式有字母顺序显示和按分类顺序显示两种。

3. 属性列表框

列出所选对象在设计模式下可以更改的属性以及默认值，属性列表框左边部分列出的是属性名称，右边部分列出的是对应的属性值。不同的对象具有不同的属性名称，在属性列表部分可以滚动显示当前对象的所有属性，以便观察和设置每项属性的当前值。属性值的变化将改变相应对象的特征。有些属性值的取值有一定限制，必须从默认的属性值中选择；有些属性值必须由用户自行设置。在实际应用中，用户根据需要设置对象的部分属性，大部分属性使用默认值。

4. 属性含义说明

当在属性列表框中选择某种属性时，此处会显示属性名称和属性含义。

在设计模式下，用户利用属性窗口修改可编程对象的属性值的方法是：先选定要修改的对象（用户可以在对象窗口中选定对象，也可以在属性窗口上方的对象下拉列表框中进行选择），然后在属性窗口中找到要修改的属性，输入新的属性值。如果要同时修改多个对象的属性，方法是：首先选择要修改的多个对象（一般为同一类对象），这时在属性列表框中会列出这些对象所共有的属性。如果属性值为空，则表明这些对象的该属性不完全相同，用户可以重新对其赋相同的属性值。按 F4 键或者在"视图"菜单中选择"属性窗口"命令，可以打开属性窗口。

1.4.6 代码窗口

代码窗口如图 1-10 所示，专门用来显示和编写代码。每个窗体都有一个代码窗口，代码窗口由以下 5 个主要部分构成。

图 1-10 代码窗口

（1）对象列表框：单击右边的下拉按钮，可以显示选中窗体上所有对象的名称。其中"通用"表示与特定对象无关的通用代码，一般在此声明窗体级变量或用户自定义的过程。

（2）过程列表框：单击右边的下拉按钮，可以显示对象列表框中对象的所有事件过程名称。

（3）代码编辑区：编写和修改各个事件过程代码。

（4）过程查看按钮：只能显示所选的一个过程代码。

（5）全模块查看按钮：显示模块中的全部过程代码。

设计 Visual Basic 应用程序时，通常先设计窗体，然后编写代码。设计完窗体后，可以通过以下 4 种方法打开代码窗口。

（1）双击窗体的任一部分切换到代码窗口。

（2）单击工程资源管理器中的"查看代码"按钮切换到代码窗口。

（3）单击菜单命令"视图|代码窗口"切换到代码窗口。

（4）按 F7 键切换到代码窗口。

1.4.7 窗体布局窗口

窗体布局窗口如图 1-11 所示，它主要用于指定程序运行时窗体相对于显示屏幕的初始位置以及窗体之间的相对位置。用户在设计模式下只需要用鼠标拖动窗体布局窗口中 Form 的位置，就可以决定该窗体运行时的初始位置。在多窗体应用程序中，窗体布局窗口的作用比较明显。

图 1-11　窗体布局窗口

1.4.8 立即窗口

使用立即窗口可以在中断模式下查询对象的值，也可以在设计时查询表达式的值或命令的结果。立即窗口如图 1-12 所示，前 3 行是输入的命令，第 4 行是输出的结果。

图 1-12　立即窗口

1.4.9 其他窗口

除上面介绍的窗口外，集成开发环境还包括本地窗口、监视窗口等。由于篇幅限制，不再赘述，读者可以查阅相关资料。

1.4.10 单文档界面和多文档界面

VB 应用程序界面有两种不同的类型：单文档界面（SDI）和多文档界面（MDI）。对于单文档界面（SDI），所有窗口可在屏幕上任何地方自由移动，但是同一时间内只能打开一个窗口，并且只要 VB 是当前应用程序，它们将位于其他应用程序之上。对于多文档界面（MDI），有一个包含多个子窗口的、大小可调的父窗口，可以同时打开多个窗口。

1.4.11 Visual Basic 集成开发环境的工作模式

Visual Basic 集成开发环境共有 3 种工作模式：设计模式（Design）、运行模式（Run）和中断模式（Break）。从一种环境模式转换到另一种环境模式的方法有以下两种。

● 单击工具栏上的"启动""中断"和"结束"模式转换按钮，可以用来进行模式转换。

● 选择"运行"菜单中的"启动""中断"和"结束"命令，同样可以进行环境模式的转换。

1. 设计模式

启动 Visual Basic 后首先进入的是设计模式。在该模式下，用户可以进行程序设计、创建窗体、添加对象、设置属性、编写代码、保存文件和编译文件等操作。在设计模式下只有"启动"按钮可以使用，"中断"按钮和"结束"按钮不能使用，也就是说，由设计模式不能直接进入中断模式。

2. 运行模式

在完成了程序设计或完成了部分程序设计后，想要看一下运行结果，可以单击"启动"按钮运行程序（或选择"运行"菜单中的"启动"命令），即从设计模式进入运行模式。在该模式下，集成环境窗口中只保留菜单栏和工具栏，其他窗口都消失。这时，"启动"按钮不能使用，"中断"按钮和"结束"按钮可以使用。如果程序运行不能正常结束或者因运行时间过长而要停止程序运行，这时需要人工干预。单击"中断"按钮可以中断程序运行，单击"结束"按钮可以结束程序运行。中断程序和结束程序不同，程序中断后进入中断模式，程序结束后返回到设计模式。

如果程序存在语法错误，当程序运行到错误处时，系统会弹出信息框，单击信息框中的"调试"按钮可以转换到中断模式，单击信息框中的"结束"按钮可以回到设计模式。

3. 中断模式

在运行模式下，当程序出现错误或单击"中断"按钮时，Visual Basic 都会进入中断模式。在该模式下，可以修改程序代码，这时鼠标指针指向"启动"按钮，屏幕显示该功能按钮的提示信息是"继续"，单击"继续"按钮后，程序将从中断处继续运行。

在中断模式下，"启动"按钮和"结束"按钮都可以使用。单击"启动"按钮将回到运行模式，单击"结束"按钮将回到设计模式。进入中断模式时，在窗体下方将弹出立即窗口。使用立即窗口可以检查或修改变量的值或修改代码。

1.4.12　Visual Basic 帮助系统

在使用 VB 进行程序设计时，经常会遇到一些问题，对于初学者更是如此。MSDN Library 为用户提供了包括 VB 在内的，近 1GB 的编程技术信息和大量的示例程序代码。当用户遇到问题时可以随时查阅。所以掌握和使用好 VB 的帮助系统是十分重要的。

1. 使用 MSDN Library 在线帮助

在"帮助"菜单中选择"内容""索引"或"搜索"命令后，将打开类似于 IE 的 MSDN Library 在线帮助窗口，如图 1-13 所示。

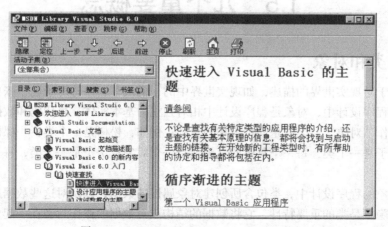

图 1-13　MSDN Library Visual Studio 6.0 窗口

该窗口中包含定位和主题两个窗格。在定位窗格中有"目录""索引""搜索"和"书签"4个选项卡，选择了某个选项卡后，即可在主题窗格中查看有关的信息。例如，选择"搜索"选项卡后可以输入单词或短语，以便快速获得需要的帮助信息。

在主题窗格中,有些文字带下画线(超链接文字),单击这些文字可以获得进一步的解释和说明或链接到其他主题和网页。

2. 上下文相关帮助

VB 的许多部分是上下文相关的。上下文相关意味着不必搜寻"帮助"菜单就可直接获得有关帮助。例如,选中窗体,如图 1-14 所示,按 F1 键,将显示图 1-15 所示的帮助信息。

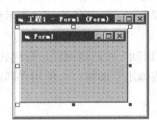

图 1-14　选中窗体

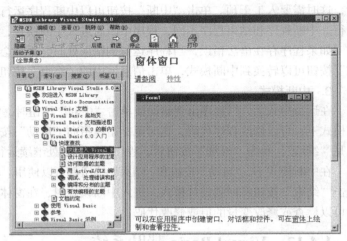

图 1-15　按 F1 键取得帮助

3. 运行"帮助"中的代码示例

为了帮助对概念的理解,VB 帮助系统中包含一些可以在 VB 中直接运行的代码示例,可以通过 Windows 的剪贴板将这些代码复制到代码窗口中,并按 F5 键运行。但有些需要先建立窗体和控件,设置属性后才能运行示例代码。

1.5　几个重要概念

1.5.1　类和对象

对象是源于对现实世界的描述,如现实世界中的一辆汽车、一栋房子、一张桌子等,都可以称为对象。在程序设计中,对象是程序设计中相对独立的基本实体,是代码和数据的集合。任何事物都可以看作"对象"。"类"是同种事物的总称。例如,松树是一个类,一棵松树就是一个具体的对象;凳子是一个类,每一个具体的凳子就是一个对象;房子是一个类,每一栋具体的房子就是一个对象。

在面向对象的程序设计中,类包含所创建对象属性的数据,以及对这些数据进行操作的方法定义。封装和隐藏是类的重要特性,它将数据的结构或对数据的操作封装在一起,实现了类的外部特性和类内部的隔离。Visual Basic 中的类可以分为 3 种,一类是由系统设计、用户直接使用的标准控件;另一类是 ActiveX 控件;第三类是可插入对象。本书重点是标准控件和部分 ActiveX 控件。

窗体和控件就是 Visual Basic 中预定义的标准控件类。通过将控件类实例化,可以得到真正的控件对象,也就是在窗体上画一个控件时,就将控件类实例化为对象,即创建了一个控件对象,简称控件。比如用工具箱的文本框控件在窗体上画一个文本框 Text1，画好的控件 Text1 继承了 TextBox 类的所有属性和方法，如：Font 属性、SetFocus 方法等。

窗体是个特例，它既是类，也是对象。当向一个工程添加一个新窗体时，实质就是由窗体类创建一个窗体对象。除窗体和控件外，Visual Basic 还提供了其他一些系统对象，例如打印机（Printer）、剪贴板（Clipboard）、屏幕（Screen）和应用程序（App）等。

1.5.2 属性

属性是指一个对象的性质和特性，不同的对象拥有不同的特征，属性就是以数值、字符串等形式描述这些特征的。在 Visual Basic 中，常见的属性有标题（Caption）、名称（Name）、颜色（Color）、字体大小（FontSize）、是否可见（Visible）等，这些属性决定了对象在界面中具有的外观及功能。在程序设计中，需要合理、正确地设置对象的属性值。

图 1-16 描述了现实世界中一个"汽车"对象的属性。读者可以根据现实世界中对象的属性来理解程序设计中对象的属性。

名称：宝马X6
宽度：1983 mm
长度：4880 mm
高度：1709 mm
颜色：红色
产地：德国

属性

一个"汽车"对象

图 1-16 一个"汽车"对象的属性（静态特征）

属性是一个对象具有的静态特征。在 Visual Basic 中设置对象的属性可以通过属性窗口来完成，也可以在代码窗口中通过输入语句来进行设置。在代码窗口中设置属性的语句格式如下：

对象名．属性名称=新设置的属性值

例如，将按钮 Command1 的 Caption 属性值设置为"显示"，其对应的语句为：

Command1.Caption = "显示"

1.5.3 事件和事件过程

1．事件

事件是对象能够识别并做出反应的外部刺激，主要作用是传递信息。图 1-17 描述了现实世界中一个"汽车"对象的事件。读者可以根据此图来理解程序设计中对象的事件。

被清洗
被扎
爆炸
参加婚礼车队
掉进河里

事件

一个"汽车"对象

图 1-17 一个"汽车"对象的事件

在 Visual Basic 中，系统为每个对象定义好了一系列事件。不同的对象具有不同的事件，常见的事件有单击（Click）、双击（Dblclick）、改变（Change）和装载（Load）等。用户的每一个动作都是通过事件反应给系统的，从而决定程序的运行流程，形成了适合图形用户界面编程方式的事件驱动机制。这也是 Visual Basic 系统的一个显著特点。

2．事件过程

当在对象上发生事件时，应用程序对这个事件所能做出的反应以及处理步骤就是事件过程。在 Visual Basic 中，设计应用程序的主要工作就是为对象编写事件过程的程序代码。事件过程的语法形式如下：

```
Private Sub 对象名称_事件名称( )
    ' 事件响应程序代码
End Sub
```

其中：

- 对象名称：对象的 Name 属性。
- 事件名称：由 Visual Basic 预先定义好的赋给该对象的事件，并且该事件必须是该对象所能识别的。

例如，单击 Command1 命令按钮时，将命令按钮的标题改为"显示"，则对应的事件过程程序代码如下：

```
Private Sub Command1_Click()
    Command1.Caption = "显示"              ' 命令按钮的标题改为"显示"
End Sub
```

值得注意的是，当用户对一个对象发出一个动作时，可能同时在该对象上发生多个事件。例如，单击一下鼠标左键，同时发生了 Click、MouseDown 和 MouseUp 事件。写程序时，并不要求对这些事件都编写代码，只需要对感兴趣的事件过程编写代码。没有编写代码的为空事件过程，在程序运行时，系统也就不处理该事件过程。

1.5.4 方法

方法是对象可以执行的操作，也就是说，当给对象一个命令后，对象所做出的相应动作或反应就是对象的一个方法。图 1-18 描述的是现实世界中一个"汽车"对象的方法。

在面向对象程序设计中，系统为程序设计人员提供了一种特殊的过程和函数，这些过程和函数所包含的数据代码被封装起来，用户可以按照规定的格式直接使用，这些特殊的过程和函数称为方法。不同的对象拥有不同的方法，

一个"汽车"对象

图 1-18 一个"汽车"对象的方法（动态特征）

一个对象可以拥有多个方法，一个方法可以被多个对象使用。方法是面向对象的，所以在调用时一定要有对象。根据方法是否有返回值，调用对象的方法有两种方式。

1．有返回值

如果使用对象的方法有返回值，则需要把参数用括号括起来，其调用语法如下：

变量名称=对象名称. 方法名称（参数列表）

例如，使用 Point 方法获取窗体某个位置的颜色，代码如下：

FormColor1 = Form1.Point(25, 53)

需要说明的是，当对象的方法有多个参数时，参数之间应该用逗号分隔。

2. 无返回值

如果使用的方法没有返回值或不使用返回值，其调用语法如下：

对象名称. 方法名称

例如：Text1.SetFocus   ' 将光标定位在 Text1 文本框中

   Form1.Print "你好！"   ' 在 Form1 窗体上打印"你好！"

需要说明的是，在调用对象方法时，若省略对象名，那么程序将把当前窗体作为对象。

1.5.5 事件驱动和 Visual Basic 程序执行过程

在传统的面向过程的应用程序中，应用程序本身控制了执行哪一部分代码和按何种顺序执行代码，即代码的执行是从第一行开始，按照程序流程执行代码的不同部分。程序执行的先后次序由设计人员编写的代码决定，用户无法改变程序的执行流程。

在 Visual Basic 中，程序的执行发生了根本的变化。程序执行后，系统等待某个事件的发生，然后去执行处理此事件的事件过程，待事件过程执行完毕后，系统又处于等待某个事件发生的状态，这就是事件驱动程序设计方式。这些事件发生的顺序决定了代码执行的顺序，因此应用程序每次运行时所经过的代码的路径可能都是不同的。

Visual Basic 程序执行过程如下：

（1）启动应用程序，装载和显示窗体；

（2）窗体（或窗体上的控件）等待事件的发生；

（3）事件发生时，执行对应的事件过程；

（4）重复执行步骤（2）和步骤（3）。

如此周而复始地执行，直到遇到 End 结束语句结束程序的运行或单击"结束"按钮强行停止程序的运行。

1.6 Visual Basic 程序创建步骤

本节通过创建一个简单的 Visual Basic 程序，介绍开发 Visual Basic 应用程序的一般过程和方法。

【例 1-2】计算标准体重。编写一个已知身高、求标准体重的程序。

计算公式：标准体重=（身高-100）×0.9。窗体界面如图 1-19 所示。

操作要求：当运行程序后，在"身高"对应的文本框里输入一个代表身高的数值，然后单击"计算"按钮，则根据给出

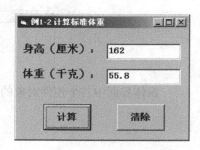

图 1-19 例 1-2 的运行界面

的计算公式计算出一个标准体重，并在"体重"对应的文本框中显示出该数值。单击"清除"按钮时清除两个文本框中的内容。

1.6.1　启动 Visual Basic 创建工程文件

创建工程文件有两种方法，一种是通过运行 Visual Basic 6.0 创建，另一种是在已打开的工程文件中单击菜单"文件|新建工程"命令实现。在弹出的窗口中选择"标准 EXE"图标，即可创建一个新的工程。工程新建后界面如图 1-5 所示。

1.6.2　添加对象

根据图 1-19 可知，窗体上需要有两个标签（Label）、两个文本框（TextBox）和两个命令按钮（CommandButton）。标签用来显示提示文本信息，运行程序时标签上的文本不能修改；文本框用来显示或者输入信息；命令按钮用来执行有关操作。

向窗体上添加标签（Label）控件的方法是：单击工具箱中的 Label 图标，然后在窗体适当位置按下鼠标左键拖动，松开鼠标左键就创建了一个名称为 Label1 的控件。其他控件用同样的方法向窗体添加。完成后的窗体如图 1-20 所示。

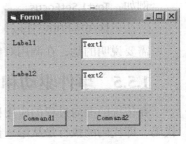

图 1-20　例 1-2 的设计界面

1.6.3　设置属性

控件对象属性的设置方法是：首先单击需要设置属性的控件，属性窗口会自动定位该控件对象，并在属性窗口中列出该控件的所有属性，从属性列表中找到需要设置或者修改的属性名称，在属性窗口右侧对应位置输入或者选择属性值即可。例如，将改命令按钮 Command1 的"Caption"属性修改为"计算"的操作过程如图 1-21 所示，先在窗体上选中命令按钮 Command1，再在属性窗口将"Caption"属性值设置为"计算"。

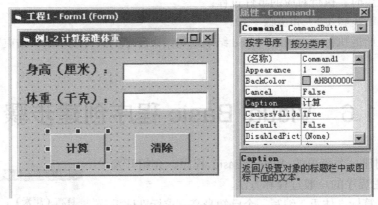

图 1-21　例 1-2 的对象属性设置界面

窗体界面中各个控件对象的有关属性设置如表 1-4 所示。

表 1-4 　　　　　　　　　　　　　　　　　例 1-2 的对象属性设置

控件名称（Name）	属性名	属性值	控件名称（Name）	属性名	属性值
Label1	Caption	身高（厘米）	Command1	Caption	计算
	FontSize	小四		FontSize	五号
Label2	Caption	体重（千克）	Command2	Caption	清除
	FontSize	小四		FontSize	五号
Text1	Text	（空）	Form1	Caption	例 1-2 计算标准体重
	FontSize	五号			
Text2	Text	（空）			
	FontSize	五号			

1.6.4　添加代码

窗体的控件属性设置好之后，就要分析题目要求，判断用什么事件来驱动程序的执行。程序代码是针对某个对象事件编写的，每个事件对应一个事件过程。事件代码如何编写，决定于窗体界面的操作要求，这是开发 Visual Basic 应用程序的关键。很明显，例 1-2 是通过单击名称为 Command1 的命令按钮来完成计算并显示结果的，所以需要将计算显示代码写在 Command1 的 Click 事件过程中。单击名称为 Command2 的命令按钮实现将两个文本框清空，所以应该将清除代码写在 Command2 的 Click 事件过程中。

双击 Command1，打开代码窗口，在代码窗口左边的对象列表框中选择 Command1，然后在右边的过程列表框中选择 Click，系统会自动产生事件过程模板：

```
Private Sub Command1_Click()
    ' 用户编写代码区域
End Sub
```

其中，用户编写代码区域是用户编写代码的地方，不同的效果要求的代码也不相同。这里要解决的问题是找到写代码的位置就可以了，即学会判断在什么对象的什么事件过程写什么功能的代码。至于"代码怎么写，写什么样的代码"是本书要解决的问题，将通过后续章节的学习逐渐掌握。此处，直接给出例 1-2 的代码，如图 1-22 所示。

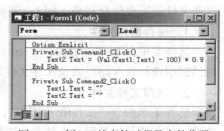

图 1-22　例 1-2 的事件过程及事件代码

1.6.5　运行和调试

运行程序有两个目的：一是输出结果，二是发现错误。在 Visual Basic 环境中，程序有两种运行模式，即编译模式和解释模式。

1. 解释模式

Visual Basic 支持解释模式，在输入代码的同时，解释系统将高级语言语句分解翻译成计算机可以识别的机器指令，并判断每个语句的语法错误。这种智能化的特点节省了编程人员的调试时间。

解释模式可以通过执行菜单命令"运行|启动"，或者单击常用工具栏上的"启动"按钮，或

者按 F5 键来实现。运行解释模式时，系统读取 Visual Basic 程序源代码，将其转换为机器代码，然后执行该机器代码。当退出程序的执行时，机器代码不被保存，所以如果需要再次执行该程序，必须再将代码解释一遍，运行速度比编译模式慢。在开发阶段，由于需要反复调试程序，一般使用解释模式。

2．编译模式

执行菜单命令"文件|生成…exe"，显示图 1-23 所示的对话框，在该对话框的"文件名"框中输入文件名"体重计算. exe"，然后单击"确定"按钮，即可生成一个名为"体重计算. exe"的可执行文件，该文件可以脱离 Visual Basic 环境，在 Windows 环境下运行。

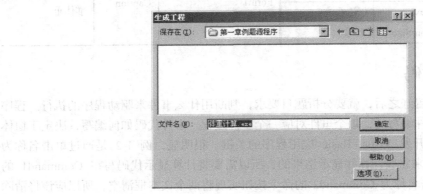

图 1-23　生成"体重计算. exe"命令对话框

1.6.6　保存文件

在 Visual Basic 中，一个应用程序以工程文件的形式保存在磁盘上。在存盘时，一定要清楚文件保存的位置和文件名，系统默认位置是 VB98 目录。一个工程设计由多种类型的文件组成，这些文件都需要保存起来。例 1-2 需要保存两种类型的文件，即窗体文件和工程文件。

1．保存窗体文件

选择菜单命令"文件|保存 Form1.frm"，打开"文件另存为"对话框，如图 1-24 所示。在该对话框中选择保存路径以及保存文件名，窗体文件的扩展名默认是.frm。

2．保存工程文件

选择菜单命令"文件|保存工程"，打开"工程另存为"对话框，如图 1-25 所示。在该对话框中选择保存路径以及保存文件名，工程文件的扩展名默认是.vbp。

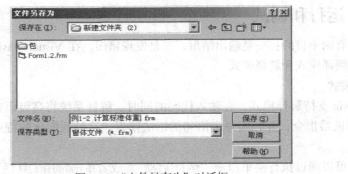

图 1-24　"文件另存为"对话框

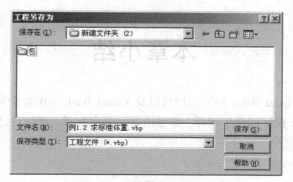

图 1-25 "工程另存为"对话框

（1）需要对文件改名存盘时，选择"文件|Form1 另存为"（保存窗体文件）和"文件|工程另存为"（工程文件）命令。

（2）存盘前，最好创建一个文件夹，将该工程所包含的所有文件都保存在此文件夹中，这样既可以看见该工程文件的组成，又便于文件的查找。

（3）如果工程含有多个窗体、标准模块和类模块，通常先保存窗体文件和标准模块文件，再保存工程文件。但是在实际中为了提高效率，不必严格按这个步骤保存。

（4）如果要打开一个 Visual Basic 工程文件，只要双击扩展名为.vbp 的工程文件即可。

1.7 如何学好 Visual Basic

如何学习好 Visual Basic 语言？这是所有初学者共同面对的问题，其实每种语言的学习方法都大同小异，需要注意的主要有以下几点。

（1）明确自己的学习目标和主要方向，选择并锁定一门语言，按照自己的学习方向努力学习、认真研究，其中，Visual Basic 语言是初学者最好的选择。

（2）初学者不需要看太多的书，先找一本基础书系统地学习。很多程序开发人员工作了很久也只熟悉部分基础而已，并没有系统地学习过 Visual Basic 语言。

（3）不要死记语法。在刚接触一门语言，特别是 Visual Basic 语言的时候，掌握好基本语法，并大概了解一些功能即可。借助开发工具（Visual Basic 集成开发环境）的代码辅助功能，完成代码的录入，这样可以快速地进入学习状态。

（4）多实践，多思考，多请教。光读懂书本中的内容和技术是不行的，必须动手编写程序代码，并运行程序、分析运行过程，从而对学习内容有整体的认识和掌握。用自己的方式去思考问题，通过编写代码来提高编程思想。平时多与他人沟通思想，提高自己的编程技术和见识。

（5）遇到问题，首先尝试自己解决，这样可以提高自己的程序调试能力，并对常见问题有一定的了解，明白错误的原因，甚至举一反三，解决其他相关的错误问题。如果问题暂时解决不了，必须冷静对待，不要让自己的思维混乱，保持清醒的头脑才能分析和解决各种问题。可以尝试听歌、散步等活动来放松自己，或者干脆先将问题放下，过几天再重新思考，往往会有惊奇的发现。

本章小结

本章主要介绍了 Visual Basic 的发展过程以及 Visual Basic 6.0 的安装、集成开发环境、几个重要概念、Visual Basic 程序创建步骤等。希望读者学习完本章，可以自己独立配置开发环境并编写第一个自己的应用程序。

习 题 一

一、选择题

1. Visual Basic 是一种可视化、面向对象的程序设计语言，采取了_____的编程机制。
   - A. 事件驱动
   - B. 从主程序开始执行
   - C. 按模块顺序执行
   - D. 按过程顺序执行

2. 工程文件的扩展名是_____。
   - A. .vbg
   - B. .vbp
   - C. .vbw
   - D. .frm

3. 在 Visual Basic 6.0 设计模式下，双击窗体上的某个控件，打开的窗口是_____。
   - A. 工程资源管理器窗口
   - B. 代码窗口
   - C. 属性窗口
   - D. 工具箱窗口

4. 以下叙述错误的是_____。
   - A. 打开一个工程文件时，系统自动装入与该工程有关的窗体、标准模块等文件
   - B. 程序运行时，双击一个窗体，则触发该窗体的 DblClick 事件
   - C. Visual Basic 应用程序只能以解释模式运行
   - D. 事件可以由用户触发，也可以由系统触发

5. 在 Visual Basic 集成开发环境中，如果工具箱关闭，可在_____菜单中操作使它可见。
   - A. 视图
   - B. 窗口
   - C. 文件
   - D. 编辑

6. Visual Basic 有 3 种工作模式，下面不属于 Visual Basic 工作模式的是_____。
   - A. 设计
   - B. 运行
   - C. 中断
   - D. 视图

7. 在设计应用程序时，通过_____窗口可以查看到应用程序工程的所有组成部分。
   - A. 代码
   - B. 窗体
   - C. 属性
   - D. 工程资源管理器

8. 当一个工程含有多个窗体时，其中的启动窗体是_____。
   - A. 启动 Visual Basic 时建立的窗体
   - B. 第一个添加的窗体
   - C. 最后一个添加的窗体
   - D. 在"工程属性"对话框中指定的窗体

9. Visual Basic 有两种运行模式，分别是_____。
   - A. 解释模式和中断模式
   - B. 编译模式和中断模式
   - C. 设计模式和运行模式
   - D. 解释模式和编译模式

10. Visual Basic 窗体窗口的主要功能是_____。
    - A. 建立用户界面
    - B. 编写程序代码
    - C. 显示文字
    - D. 画图

11. Visual Basic 有 3 种工作模式，在_____模式下，可以修改代码，但不可以修改窗体界面。

    A. 设计   B. 运行   C. 中断   D. 编译

12. Visual Basic 有两种运行模式，在_____模式下产生的文件可以脱离 Visual Basic 环境无数次地被运行。

    A. 编译   B. 解释   C. 运行   D. 中断

13. 在保存文件时，窗体的所有数据以_____文件存储。

    A. *.prg   B. *.frm   C. *.vbp   D. *.exe

14. 下列操作不可以打开属性窗口的是_____。

    A. 按 F4 键   B. 双击任何一个对象

    C. 单击鼠标右键   D. 执行"视图"菜单中的"属性窗口"命令

15. 关于窗体窗口的网格点，下列叙述正确的是_____。

    A. 便于对齐窗体上的控件   B. 网格点起到美观作用

    C. 网格点的距离无法人为设置   D. 以上说法都不对

16. 刚建立一个新的标准 EXE 工程后，不在工具箱中出现的控件是_____。

    A. 单选按钮   B. 图片框   C. 通用对话框   D. 文本框

17. 以下叙述错误的是_____。

    A. Visual Basic 是事件驱动型可视化编程工具

    B. Visual Basic 应用程序不具有明显的开始和结束语句

    C. Visual Basic 工具箱中的所有控件都具有宽度（Width）和高度（Heigth）属性

    D. Visual Basic 中控件的某些属性只能在运行时设置

18. 一个对象可以执行的动作与可被对象识别的动作分别称为_____。

    A. 事件、方法   B. 方法、事件   C. 属性、方法   D. 过程、事件

19. 一只白色的足球被踢进球门，则白色、足球、踢、进球门是_____。

    A. 属性、对象、方法、事件   B. 属性、对象、事件、方法

    C. 对象、属性、方法、事件   D. 对象、属性、事件、方法

20. 以下不属于 Visual Basic 系统的文件类型是_____。

    A. .frm   B. .bat   C. .vbg   D. .vbp

二、简答题

1. 简述 Visual Basic 6.0 的功能特点。

2. Visual Basic 开发环境主要由哪几个窗体组成？如何切换各个窗口？

3. 请详细叙述代码窗口打开的 4 种方法。

4. 简述 Visual Basic 工程的 3 种工作模式。

5. 在 Visual Basic 中，对象的方法和事件有什么区别？

6. 简述 Visual Basic 应用程序设计的一般步骤。

三、编程题

    编写一个程序，在窗体上添加 2 个命令按钮和 1 个标签控件对象，并按表 1-5 设置相关属性。运行程序时，单击"显示"按钮，则在标签上显示"这是我的第一个 VB 程序"，单击"隐藏"按钮时，则标签上的字符消失。参考界面如图 1-26 所示。

图 1-26　习题 1-1 的运行界面

表 1-5　　　　　　　　　　　　　　　编程题的对象属性设置

控件名称 （Name）	属性名	属性值	控件名称 （Name）	属性名	属性值
Label1	Caption	这是我的第一个 VB 程序！	Command2	Caption	隐藏
	FontSize	小四		FontSize	五号
Command1	Caption	显示	Form1	Caption	第 1 章课后编程题
	FontSize	五号			

第2章
窗体和几个常用控件

【本章重点】

※ 窗体对象的基本属性

※ 有关窗体操作的语句和方法

※ 标签、命令按钮、文本框等常用控件的基本属性、事件和方法

Visual Basic 是面向对象的可视化编程语言，开发应用程序首先要建立用户界面。对用户来说，界面就是应用程序，而应用程序的可用性很大程度上依靠界面。在 Visual Basic 的应用程序中，用户界面是由窗体及窗体中的各个控件对象构成的。

2.1 窗   体

在 VB 中建立一个程序主要包括两部分工作，即设计窗体和编写代码。窗体是计算机应用程序与用户进行信息交互的图形界面，即用户进行人机对话的接口界面，是应用程序的基石。

窗体是窗体设计器窗口的简称，是应用程序面向用户的最终窗口。窗体也是一种对象，由其属性定义外观，用方法定义其行为，通过事件设定与用户实现交互，因此，设计窗体也就是设计一个应用程序的操作界面。

当启动一个新的工程文件时，VB 自动创建一个带图标的新窗体，命名为"Form1"。窗体内带有网点（称为网格）的窗口就是用户的窗体，一般也是程序运行时的主窗口。重新对该窗体进行大小的调整及属性值设置等操作，称为定制窗体。对窗体、控件的定制，在设计期间称为设计模式，程序运行期间称为运行模式。

在设计应用程序时，窗体相当于一块画布，能够以"所见即所得"的方式，利用控件工具在窗体上直接创建各种对象，并进行整体布局，最后形成美观实用的用户界面。一个应用程序至少包含一个窗体，一个窗体对应一个窗体模块。下面逐一介绍窗体的属性、事件和方法。

2.1.1 窗体的基本属性

窗体的属性决定了窗体的外观与操作。窗体的属性很多，其中一些属性其他控件也具有，加深对窗体属性的了解，对于学习其他控件也是很有必要的。常用的窗体属性名称及含义如表 2-1 所示。

表 2-1　　　　　　　　　　　　　窗体常用属性名称及功能表

属 性 名 称	属性值及功能
窗体名称	设置和获取窗体名称
Appearance	设置窗体运行时是否以 3D 效果显示 0-Flat：窗体以平面的形式显示 1-3D：窗体以 3D 的形式显示（默认值）
BackColor	设置对象中文本和图形的背景色
BorderStyle	设置窗体等对象边框的式样 0-None：窗体无边框 1-FixeSingle：程序运行后窗体大小不被改变，单线边框 2-Sizable：程序运行后窗体大小可以被改变，双线边框（默认值） 3-FixedDouble：程序运行后窗体大小不被改变，双线窗体 4-FixedToolWindow：程序运行后窗体大小可以被改变，单线边框 5-SizableToolWindow：程序运行后窗体大小可以被改变
Caption	设置窗体标题栏显示的文本
ControlBox	运行程序时该属性有效 在窗体标题栏左边设置一个任务列表，单击窗体图标左上角显示控制菜单 True：能显示控制菜单 False：不能显示控制菜单
Enabled	设置一个对象是否对用户生成的事件做出响应 True：用户操作被响应（默认值） False：用户操作不被响应
Font	设置窗体上的字形、字号等
ForeColor	设置对象中文本和图形的前景色
Height	设置窗体的高度
Icon	设置窗体左上角的小图标
Left	设置窗体内部最左端与屏幕最左边之间的距离
MaxButton	设置窗体是否有最大化按钮 True：窗体有最大化按钮（默认值） False：窗体无最大化按钮
MinButton	设置窗体是否有最小化按钮 True：窗体有最小化按钮（默认值） False：窗体无最小化按钮
Moveable	设置是否能移动窗体 True：可以移动（默认值） False：不可以移动
Picture	设置在窗体中显示的图片
Top	设置窗体内部最上端与它的容器最上端之间的距离
Visible	设置窗体是被显示还是被隐藏 True：窗体被显示（默认值） False：窗体被隐藏

续表

属 性 名 称	属性值及功能
Width	设置窗体的宽度
WindowState	设置窗体运行时的大小状态 0-Normal：此时的窗体大小由 Width、Height 等属性决定（默认值） 1-Minimized：使窗体最小化成图标 2-Maximized：使窗体以全屏方式显示

同 Windows 环境下其他应用程序窗口一样，Visual Basic 中的窗体在其默认设置下具有控制菜单、最大化/还原按钮、最小化按钮、关闭按钮等，如图 2-1 所示。

决定窗体大小和运行时位置的属性分别是 Height、Width 和 Top、Left，其值的默认单位是 Twip，1 Twip=1/20 点 = 1/1440 英寸 = 1/567 厘米。

窗体的位置是指运行时窗体上边框离屏幕顶端的距离（Top）和窗体的左边框离屏幕左边的距离（Left），窗体的大小是指窗体的高度（Height）和宽度（Width），如图 2-2 所示。

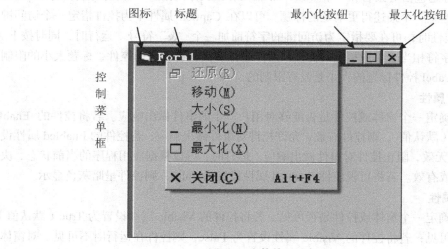

图 2-1　窗体外观示意图

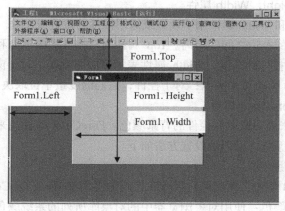

图 2-2　窗体的 Height、Width 、Top、Left 的属性

对于初学者来说，要马上掌握这么多属性有一定的困难，最好的办法就是上机练习。在属性窗口中设置属性的值，然后运行程序，观察窗体的变化，从而理解并记住这些属性的用法。下面将大部分控件都具有的共有属性做一个说明。

1．Name 属性

Name 属性在代码中用于标识窗体、控件或数据访问对象的名称，在运行时是只读的。每当建立一个新控件时，VB 为其建立一个默认名称，该名称由一个表示控件类型的标识符加上一个唯一的整数组成。例如，第一个新的命令按钮名称是 Command1，第二个新的命令按钮名称是 Command2，第一个新的标签名称是 Label1，而在窗体上创建的第三个文本框的名称是 Text3 等。控件的 Name 属性必须以字母或汉字开始，由字母、汉字、数字和下划线组成，不能出现标点符号或空格。为同类型的控件取相同的 Name 属性，可以创建控件数组。

2．Caption 属性

Caption 属性用于确定对象的标题。对于窗体，该属性表示要显示在标题栏中的文本。当窗体最小化时，该文本被显示在窗体图标中。当创建一个新的对象时，默认标题与默认的 Name 属性值相同，该默认标题包括对象名和一个整数，如 Command1 或 Form1。一般要对默认的 Caption 属性进行修改，以产生一个描述得更清楚的标题。可以在 Caption 属性中为控件指定一个访问键。在设置 Caption 属性时，可在要指定为访问键的字符前加一个 "&" 符号。运行时，同时按下 Alt 键和带下划线的字符相当于单击相应的控件。对于窗体和其他有标题的控件，标题大小的限制是 255 个字符，而 Label 控件标题的大小是没有限制的。

3．Enabled 属性

该属性用来确定一个窗体或控件是否能够对用户产生的事件做出响应。若将控件的 Enabled 属性设置为 True（默认值），则控件有效，允许控件对事件做出响应；若控件的 Enabled 属性设置为 False，则控件无效，阻止控件对事件做出响应。运行时，可以根据应用程序的当前状态，决定使某些控件无效或有效。若将可视控件 Enabled 属性设置为 False，则控件呈暗灰色显示。

4．Visible 属性

该属性用来确定一个窗体或控件是否可见。若将控件的 Visible 属性设置为 True（默认值），则控件在运行时可见；若将控件的 Visible 属性设置为 False，则控件在运行时不可见。对窗体用 Show 或 Hide 方法，分别和在代码中将窗体的 Visible 属性设置为 True 或 False 的效果是一样的。

5．Left、Top、Height、Width 属性

Left、Top、Height 和 Width 属性用于设置或返回控件的位置或尺寸。其中 Left 属性表示控件内部的左边与它的容器的左边之间的距离。Top 属性表示控件的内顶部和它的容器的顶边之间的距离，Height 属性表示控件的高度，Width 属性表示控件的宽度。对于窗体，Left、Top、Height 和 Width 属性总以 Twip 为单位来表示；对于控件，它们的度量单位取决于它的容器的坐标系统。

6．BackColor、ForeColor 属性

BackColor 属性用来设置或返回控件的背景颜色。ForeColor 属性用来设置或返回在控件里显示图片和文本时的前景颜色。颜色的设置方法如下。

（1）直接输入一个颜色值。

（2）使用标准 RGB 颜色：使用调色板或在代码中使用 RGB 或 QBColor 函数指定的颜色。

（3）使用系统默认颜色：使用对象浏览器中的对象库所列的系统颜色常量指定的颜色。

对于所有的窗体和控件，BackColor 属性的默认设置值为由常量 vbWindowBackground 定义的系统默认颜色，而 ForeColor 属性的默认设置值为由常量 vbWindowText 定义的系统默认颜色。在

Label 和 Shape 控件中，如果 BackStyle 属性的设置值为 0（透明），则忽略 BackColor 属性。若在 Form 对象或 PictureBox 控件中设置 BackColor 属性，则所有已经打印的文本或用绘图方法绘制的图形都将被擦除掉。设置 ForeColor 属性值不会影响已经打印的文本或绘制的图形。

7. FontName、FontSize、FontBold、FontItalic、FontStrikethru、FontUnderline 属性

FontName：决定在控件中显示的文本所用的字体。

FontSize：决定在控件中显示的文本所用的字体大小。

FontBold：决定在控件中显示的文本是否为粗体样式。

FontItalic：决定在控件中显示的文本是否为斜体样式。

FontStrikethru：决定在控件中显示的文本是否带有删除线。

FontUndedine：决定在控件中显示的文本是否带有下划线。

对于 PictureBox 控件及 Form 和 Printer 对象，设置这些属性不会影响在控件或对象上已经打印的文本。对于其他控件，这些属性的改变会在屏幕上立刻生效。

8. Font 对象属性

Font 对象在设计时不能直接使用。取而代之的是，在"属性"窗口中通过选择控件的 Font 属性并单击属性按钮"…"，在打开的对话框中直接设置其属性。在代码中，可以使用以下格式引用该对象的属性：

<控件名>. Font<属性名>

属性名，可以是：Name，设置或返回 Font 对象的字体名称；Size，设置或返回 Font 对象使用的字体大小；Bold，设置或返回 Font 对象的字形是粗体或非粗体；Italic，设置或返回 Font 对象的字形为斜体或非斜体；Underline，设置或返回 Font 对象的字形为带下画线或不带下画线；Strikethrough，设置或返回 Font 对象的字形为有删除线或无删除线。

【例 2-1】编写程序，将窗体的大小设置为屏幕大小的 50%，并居中显示。窗体的标题设置为"VB 窗体实例一"，窗体的背景设置为蓝色，并在窗体上显示红色、黑体、二号字的"欢迎使用 VB"。程序运行界面如图 2-3 所示。

图 2-3　例 2-1 运行界面

根据题目要求进行程序分析：做什么、怎么做。

（1）做什么：

① 改变窗体大小以及显示位置；

② 设置窗体标题；

③ 设置窗体的背景色和前景色；

④ 设置窗体上显示字的字体；

⑤ 在窗体上输出文字。

（2）怎么做：

① 设置决定窗体大小和位置的属性 Height、Width、Top、Left 的值。屏幕的高度和宽度分别是 Screen.Height 和 Screen.Width，根据题目要求，窗体的大小是屏幕的一半，所以窗体的高度和宽度分别是 Screen.Height/2 和 Screen.Width/2。而窗体的 Top 和 Left 分别是（Screen.Height-Form1. Height）/2 和（Screen.Width-Form1. Width）/2。这些设置可以在属性窗口中设置，也可以在窗体的装载（Load）事件中通过代码来设置。

② 窗体的标题通过设置窗体的 Caption 属性值来完成，可以直接在属性窗口中设置，也可以在窗体的装载（Load）事件中通过代码来设置。

③ 可以直接在属性窗口中设置窗体的背景色 BackColor、前景色 ForeColor 的属性值，也可以在窗体的装载（Load）事件中通过代码来设置。

④ 窗体上显示的文字的字体可以在属性窗口中对窗体的字体 Font 属性进行设置，这个属性也可以通过代码来设置。

⑤ 在窗体上输出内容要通过窗体的 Print 方法来实现，这需要通过在窗体的装载 Load 事件中编写代码实现。

> **注意** 如果要在窗体的装载事件中使用 Print 方法，必须将窗体的 AutoRedraw 属性设置为 True（真值）。

通过上面的分析可以得知有些操作可以直接在属性窗口中完成，而有些操作则必须通过编写代码实现。一般情况下，能在属性窗口中设置的就直接在属性窗口中设置。例 2-1 中第 1 步、第 5 步通过代码实现，其他操作都在属性窗口中直接设置完成。具体步骤如下。

① 启动 Visual Basic 6.0，新建一个标准工程文件。

② 在窗体的属性窗口中进行如下属性的设置。

AutoRedraw：True

BackColor：蓝色

ForeColor：红色

Font：黑体、二号

Caption ：VB 窗体实例一

③ 在窗体的装载（Load）事件中编写如下代码。

```
Private Sub Form_Load()
    Form1.Height = Screen.Height / 2              '窗体的高度为屏幕的一半
    Form1.Width = Screen.Width / 2                '窗体的宽度为屏幕的一半
    Form1.Left = (Screen.Width - Form1.Width) / 2  '窗体在屏幕上水平居中
    Form1.Top = (Screen.Height - Form1.Height) / 2 '窗体在屏幕上垂直居中
    Print "欢迎使用 VB"
End Sub
```

④ 保存、运行。

2.1.2 窗体的常用事件

Visual Basic 程序是以事件驱动来执行的，即事件驱动的编程机制。当没有事件发生时，程序处于等待状态，一旦有事件发生，程序就会执行相应的事件过程。因此，了解窗体事件的应用对学习 VB 程序设计有着重大的意义。VB 中的事件通常可分为鼠标事件、键盘事件和系统事件。窗体事件主要针对鼠标、键盘的动作进行响应，如鼠标的单击、双击，键盘按键的按下、放开等。下面介绍几个常用的窗体事件。

1. 鼠标事件

鼠标事件主要有以下几种。

Click：单击事件，即单击鼠标时发生的事件。而单击窗体中的其他控件，该事件不会触发。例如：

```
Private Sub Form_Click()
    Print "现在执行的是窗体的 Click 事件"
End Sub
```

程序运行后，单击窗体，窗体上会输出"现在执行的是窗体的 Click 事件"。

DblClick：双击事件，即双击鼠标时发生的事件。

MouseDown：鼠标按下时发生的事件。用户一旦按下键，这个事件就发生。例如：

```
Private Sub Form_MouseDown(Button As Integer, Shift As Integer, X As Single, Y As Single)
    Print "现在执行的是窗体的 MouseDown 事件"
End Sub
```

程序运行时，用户按下鼠标键，窗体上就会输出"现在执行的是窗体的 MouseDown 事件"。

MouseUp：鼠标抬起时发生的事件。当用户松开鼠标键时触发该事件，例如：

```
Private Sub Form_MouseUp(Button As Integer, Shift As Integer, X As Single, Y As Single)
    Print "现在执行的是窗体的 MouseUp 事件"
End Sub
```

程序运行时，用户松开鼠标键，窗体上就会输出"现在执行的是窗体的 MouseUp 事件"。

MouseMove：鼠标移动时发生的事件，对某控件的此事件进行编程，则当鼠标移过此控件时就会触发此事件，执行其相应代码。

这里要提醒大家注意的是，进行鼠标操作时，会触发多个事件，所以要弄清楚鼠标事件的发生顺序，依次是：首先发生的是 MouseMove 事件，当鼠标移动时，将会连续触发 MouseMove 事件。当鼠标按下时发生 MouseDown 事件。当鼠标松开时发生 MouseUp 事件。如果按住的是鼠标左键，则 Click 事件在 MouseUp 之后发生。

双击鼠标时，事件发生顺序是：当鼠标按下时发生 MouseDown 事件；鼠标松开时发生 MouseUp 事件；单击鼠标发生 Click 事件；双击鼠标发生 DblClick 事件；完成鼠标双击时发生 MouseUp 事件。

在鼠标的 MouseDown 和 MouseUp 事件中的过程参数 Button 是用来标识事件的产生是由哪个鼠标键触发的，它返回一个整数，按下左键，Button=1，按下右键 Button=2，按下中间键 Button=4。

2．键盘事件

键盘事件则是在键盘的某个键按下去时触发。键盘事件主要有以下 3 种。

KeyDown：当键盘上某个键被按下去时发生。

KeyUp：键盘上的键抬起来时发生。

KeyPress：此事件发生在键盘被按下后和字符被显示出来之前发生。KeyPress 事件会得到按下的键的 ASCII 值，这样可以编程判断出按下的是哪个键，例如：

```
Private Sub Form_KeyPress(KeyAscii As Integer)
    Print "现在按下的是" & Chr(KeyAscii)
End Sub
```

程序运行时，当用户在键盘上按下一个键时，窗体上就会显示用户按下的是哪个键。对于控制键，只识别 Enter、Tab 和 BackSpace 键。

3．系统事件

窗体的系统事件主要有以下几种。

Load 事件：运行程序，当系统把窗体由外部存储介质装入内存时，引发该窗体的 Load 事件，所以该事件也称窗体的装载事件，通常程序中的一些初始化工作都可以放在该事件过程中。

Unload 事件：当窗体被从内存中卸载时，引发该窗体的 Unload 事件，所以该事件也称卸载事件。

Activate 事件：程序运行时，当窗体变为当前窗体时，引发该窗体的 Activate 事件，该事件也称激活事件。

Deactivate 事件：程序运行时，当窗体 2 取代窗体 1 变成当前窗体时，引发窗体 1 的 Deactivate 事件。

Initialize 事件：当应用程序创建一个窗体时，触发该窗体的 Initialize 事件，通常将窗体的初始化代码放在 Initialize 事件过程中，窗体的 Initialize 事件发生在窗体的 Load 事件之前。

2.1.3　窗体的常用方法

VB 窗体常用的方法有：打印输出 Print 、清除 Cls、移动 Move、显示 Show、隐藏 Hide 等。

1．Print 方法

Print 方法可用于窗体、图片框、立即窗口、打印机等对象。此方法用于显示文本字符串和表达式的值。Print 方法的调用格式为：

　　[对象].Print[Spc(n)|Tab(n)][表达式表][;|,]

对象：可以是窗体（Form）、图片框（PictureBox）、立即窗口（Debug）、打印机（Printer）等。如果对象默认，则表示在当前窗体上输出，例如：

　　Form1. Print　"欢迎使用 Visual　Basic"

　　　　　　　　　在窗体 Forml 上显示字符串"欢迎使用 Visual Basic"

　　Picture1. Print　"欢迎使用 Visual　Basic"

　　　　　　　　　　在图片框 Picturel 上显示字符串"欢迎使用 Visual Basic"

　　Debug. Print　"欢迎使用 Visual　Basic"

　　　　　　　　　在立即窗口中显示"欢迎使用 Visual　Basic"

　　Printer. Print　"欢迎使用 Visual　Basic"

　　　　　　　　　在打印机上打印字符串"欢迎使用 Visual Basic"

Spc(n)函数：内部函数，表示从当前位置起空 n 个空格输出；

Tab(n)函数：内部函数，表示从最左端开始计算的第 n 列输出，若 n 小于当前显示位置，则自动移到下一个输出行的第 n 列上；若 n 小于 1，则打印位置在第 1 列；若 n 大于输出行的宽度，则利用公式 n Mod Width 计算下一个打印位置；若省略此参数，则将插入点移到下一个打印区的起点。

分号：按紧凑格式输出数据，后一项紧跟前一项输出。

逗号：按区分格式显示数据项，以 14 个字符位置为单位把一个输出行分成若干区段，每个区段输出一个表达式的值。

表达式表：<表达式表>中的表达式可以是算术表达式、字符串表达式、关系表达式或者逻辑表达式，多个表达式之间的分隔符为逗号(，)或分号(；)。

一般情况下，每执行一次 Print 方法都要自动换行，即每一次执行 Print 时，都会在新的一行上输出数据。若要在同一行上输出数据，则可以在末尾加上分号或逗号。

Print 方法具有计算和输出双重功能：对于表达式，先计算表达式的值，然后输出。输出时，数值型数据前面有一符号位（正号不显示），后面留一个空格位；字符串原样输出，前后无空格。

【例 2-2】在窗体的单击事件中编写如下代码，运行后，单击窗体，窗体上的输出效果如图 2-4 所示。

```
Private Sub Form_Click()
    Print "12345678901234567901234567890123456789"
    Print "Visual", "Basic"
    Print "Visual"; "Basic"
    Print Tab(5); "Visual", Tab(15); "Basic"
    Print Spc(5); "Visual", Spc(15); "Basic"
    Print Tab(-5); "Visual"
End Sub
```

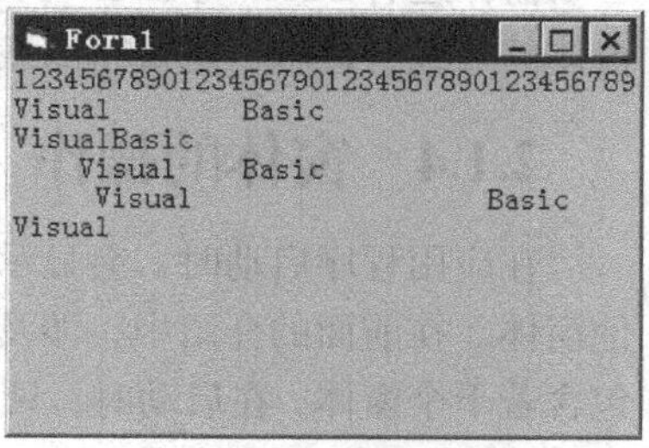

图 2-4　例 2-2 程序运行结果

2. Cls 方法

此方法是将窗体、立即窗口、图片框等内使用 Print 方法显示的文本或用作图方法在窗体、图片框中显示的图形清除。Cls 方法的调用方式：

[对象.]Cls

对象的默认值是窗体，例如：

```
Private Sub Form_Click()
    Cls                  '清除窗体上的文字和图形，同 Form1.Cls
    Picture1.Cls         '清除图片框上的文字和图形
End Sub
```

当程序运行时，单击窗体，会将窗体和图片框中显示的文字和图形清除。

注意　Cls 方法不能清除窗体或图片框中加载的图形文件，也不能清除文本框中的文字。

3. Move 方法

此方法用于移动窗体等 VB 的对象（时钟控件不包括在内），同时可以改变被移动的对象的尺寸，Move 方法的调用方式：

[对象.]Move Left [,Top[,Width[,Height]]]

对象的默认值是窗体。

Left、Top、Width、Height 四个参数均为单精度数值，Left 不可省略，用于确定被移动的对象左边的水平坐标，其他参数可以省略，Top 用于确定被移动的对象顶边的垂直坐标，而 Width、Heigh 分别确定被移动的对象的宽度和高度。例如：

```
Private Sub Form_Load()
    Form1.Move 1000, 1000, 8000, 8000
End Sub
```

```
Private Sub Form_Click()
    Form1.Move Form1.Left + 500, Form1.Top + 500, Form1.Width / 2, Form1.Height / 2
End Sub
```

程序运行时，窗体的装载事件将窗体的位置和大小设置为离屏幕左边 1000 twip，离屏幕顶部 1000 twip，窗体高 8000 twip，宽 8000 twip。当单击窗体后，窗体的位置和大小都发生了变化，窗体的位置和大小为离屏幕左边 150 twip，离屏幕顶部 1500 twip，窗体高 4000 twip，宽 4000 twip。

窗体还有 Show 与 Hide 等方法，它们的功能分别是显示与隐藏窗体。下一节将专门介绍有关窗体的加载、显示、隐藏与卸载等内容。

2.1.4 窗体的操作

在应用程序启动时，会显示应用程序的一个主窗体；在运行过程中，通常还会显示或隐藏其他窗体。在前面的介绍中，涉及的只是一个窗体，在程序运行时它自动显示出来。如果应用程序包含若干个窗体，在启动时，只显示其中的一个窗体（启动窗体），而其他窗体的显示则需要使用相应的语句来执行。

窗体的状态有以下 3 种。

（1）未装入：窗体在磁盘文件中，不占用内存资源。

（2）装入但未显示：窗体已装入内存，占用了所需资源，准备显示。

（3）显示：窗体已显示，用户可以对窗体进行交互操作。

可以使用窗体的以下几个方法来在应用程序中实现窗体的加载、显示、隐藏与卸载。

Load 与 UnLoad 要装载/卸载某个窗体，需要使用 Load/UnLoad 方法，装载/卸载窗体的语句如下：

Load/UnLoad 窗体名

Show 与 Hide 要显示/隐藏某个窗体，需要使用 Show/Hide 方法，显示/隐藏窗体的语句如下：

窗体名.Show/Hide.

例如，要显示窗体 Form2，语句为 Form2.Show。

调用 Show 方法与设置窗体 Visible 属性为 True 具有相同的效果。语句 Form2.Visible=True 也可以使窗体 Form2 显示出来。

使用 Load 方法将窗体装载后，窗体并不显示出来，而使用 Show 方法则可以使指定的窗体显示在最上面。单独使用 Show 方法也可以将窗体装载并显示。那么窗体装载的意义又是什么呢？单独装载窗体的原因有两个。

（1）有些窗体是不需要显示的，只需装载即可。如某些用于做一些后台操作的窗口。

（2）事先装载的窗体能更快地显示。对于复杂的如包含大型位图或包含许多控件的窗体，如果直接调用 Show 方法来显示窗体，则会出现一定的时间延迟；如果事先装载了窗体，在需要显示窗体的时候再使用 Show 方法，就不会产生明显的延迟了。

2.2 标 签

标签（Label）控件用于显示文本的控件，该控件和后面要介绍的文本框控件都是专门对文本进行处理的控件，但标签控件没有文本输入功能。

标签控件在界面设计中用途很广，主要用来标注和显示提示信息。通常标注那些本身没有标题（Caption）属性的控件。例如可以用标签（Label）控件为文本框、列表框、组合框等控件添加描述性文字，还可以用来显示处理结果、事件进程等信息。标签控件显示的内容可以直接在属性窗口中设置，也可以在程序运行中通过代码设置。

2.2.1　标签的基本属性

标签控件的基本属性有名称、Caption、BackColor、ForeColor、Left、Top、Height、Width、Visible等，这些属性的功能和窗体类似，这里就不再赘述。其他常见属性如表 2-2 所示。

表 2-2　　　　　　　　　　　　　　　标签控件的几个属性名称及功能表

属　性　名　称	属性值及功能
Alignment	设置 Caption 属性文本的对齐方式 0：左对齐（默认值） 1：右对齐 2：中间对齐
Appearance	设置一个窗体运行时是否以 3D 效果显示 0-Flat：窗体以平面的形式显示 1-3D：窗体以 3D 的形式显示（默认值）
AutoSize	设置控件对象的大小是否随标题内容的大小自动调整 True：控件对象的大小随标题内容的大小自动调整 False：控件对象的大小不随标题内容的大小自动调整（默认值）
BackStyle	设置背景样式 0：Transparent（透明） 1：Opaque（不透明）（默认值）
BorderStyle	设置边界样式，取值为： 0：None（无边界线）（默认值） 1：FixedSingle（固定单线框）
Enabled	用于设定是或对事件产生响应，取值为： True：可用（默认值） False：不可用，在执行程序时，该对象用灰色显示，并且不响应任何事件
WordWrap	设置对象的显示区域在什么方向自动调整大小，当 AutoSize 属性为 True 时，该属性才有效 True：垂直方向自动改变大小 False：水平方向自动改变大小（默认值）

在标签控件中，最主要的属性是 Caption 属性，用来设置 Label 控件中显示的文本。默认情况下，当文本超过控件的宽度时，文本会自动换行；当文本超过控件高度时，超出部分将被裁减掉。

标签控件的 BackStyle 属性设置标签的背景是否透明，默认值是 1，不透明，标签后的背景和图形不可见；当 BackStyle 值为 0 是，标签的背景透明，标签后面的背景和图形可见。

2.2.2　标签的常用事件

标签的常用事件有：单击（Click）事件和双击（DblClick）事件。标签的事件比较简单，下面通过一个实例来说明标签的事件。

【例 2-3】

```
Private Sub Form_Load()
    Label1.BorderStyle = 1                          '设置标签边框样式
    Label1.BackColor = RGB(0, 0, 255)               '设置标签背景色为蓝色
    Label1.ForeColor = RGB(255, 0, 0)               '设置标签前景色为红色
    Label1.Caption = "VB 标签"                       '设置标签标题为"VB 标签"
    Label1.FontSize = 20                            '设置标签显示字号为 20
End Sub
Private Sub Label1_Click()
    Label1.BorderStyle = 0                          '设置标签边框样式
    Label1.BackColor = RGB(0, 255, 0)               '设置标签背景色为绿色
    Label1.ForeColor = RGB(255, 0, 0)               '设置标签前景色为红色
    Label1.Caption = "VB 标签"                       '设置标签标题为"单击 VB 标签"
    Label1.FontSize = Label1.FontSize + 10          '设置标签显示字号为原字号加 10
End Sub
Private Sub Label1_DblClick()
    Label1.BorderStyle = 1                          '设置标签边框样式
    Label1.BackColor = RGB(0, 0, 255)               '设置标签背景色为蓝色
    Label1.ForeColor = RGB(255, 0, 0)               '设置标签前景色为红色
    Label1.Caption = "VB 标签"                       '设置标签标题为"双击 VB 标签"
    Label1.FontSize = 20                            '设置标签显示字号为 20
End Sub
```

程序运行后，窗体的装载事件触发，界面显示
如图 2-5 所示。

当用户单击窗体上的标签控件时，触发标签
Label1 的单击事件，执行 Label1_Click()事件过程代
码，界面显示如图 2-6 所示。

当用户双击窗体上的标签控件时，触发标签

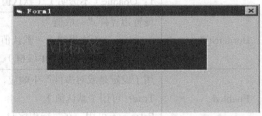

图 2-5　运行程序触发窗体 Load 事件结果

Label1 的单击事件，执行 Label1_DblClick()事件过程代码，界面显示如图 2-7 所示。

图 2-6　运行程序触发 Click 事件结果

图 2-7　运行程序触发 DblClick 事件结果

 注意　　标签控件的标题属性的字体只能是一种，如果想要显示各种不同字体的效果，就要分成几个标签来完成。

2.2.3 标签的常用方法

（1）LinkPoke：在 DDE 对话中将 Label 控件中的内容送给发送端应用程序。

（2）LinkSend：在 DDE 对话中将 Label 控件中的内容送给接收端应用程序。

（3）Move：移动标签在窗体中的位置，例如：

```
Private Sub Label1_Click()
    Label1.Move Label1.Left + 100, Label1.Top + 100, Label1.Width * 2, Label1.Height * 2
End Sub
```

该程序是在单击标签（Label1）后，标签（Label1）的向左、向下移动了 100 Twip，标签（Label1）高度和宽度分别扩大了一倍。

2.3　命　令　按　钮

命令按钮是 Visual Basic 中最常用的控件之一。常用来接受用户的操作信息，激发相应的事件过程，实现一个命令的启动、中断和结束等操作，是用户与程序交互的最简便的方法。

命令按钮接受用户输入的命令可以有 3 种方式。

（1）鼠标单击。

（2）按 Tab 键，焦点跳转到该按钮，然后按回车键。

（3）快捷键（Alt+有下划线的字母）。

2.3.1 命令按钮的基本属性

命令按钮控件的基本属性有名称、Left、Top、Height、Width、Font、Enabled、 Visible 等，这些属性与在窗体中使用相同。其他常见属性如表 2-3 所示。

表 2-3　　　　　　　　　　　　　　命令按钮的属性及功能

属性名称	属性值及功能
Caption	设置命令按钮上显示的文本。最多包含 255 个字符，超过命令按钮宽度则换行显示，如果超出 255 个字符则标题超出部分被截去。该属性可以在属性窗口中设置，也可以在程序中设置
Cancel	设置命令按钮是否为窗体的取消按钮 True：不论焦点在窗体的哪个控件上，只要用户按 Esc 键，就产生这个按钮的单击事件 False：该命令按钮不是默认取消命令按钮（默认值） 在一个窗体中，只允许一个命令按钮的 Cancel 属性被设置为 True，其他命令按钮的 Cancel 属性将自动设为 False
Default	设置窗体的默认命令按钮 True：不论焦点在窗体的哪个控件上，只要用户按 Enter 键，就产生这个按钮的单击事件 False：该命令按钮不是默认命令按钮（默认值） 一个窗体只允许一个命令按钮的 Default 属性被设置为 True，当把一个命令按钮的 Default 属性设置为 True 时，会自动将其他命令按钮的 Default 属性设为 False
Style	设置设置命令按钮外观 0：不显示图形只显示标题（默认值） 1：可同时显示文本和图形

续表

属性名称	属性值及功能
ToolTipText	设置当鼠标在控件上暂停时显示的文本 当用户不清楚某个图标按钮的作用时，可以把光标移到该图标按钮上停留，这时图标按钮下方会出现文字提示，说明这个图标按钮的作用。一旦光标移开，提示立即消失
Picture	使命令按钮中显示图片文件（.bmp 和 .ico），此属性只有当 Style 属性为 1 才有效
DownPicture	该属性用来设置命令按钮被单击并处于按下状态时，在控件中所显示图形，可用于复选框、单选按钮和命令按钮。只有当 Style 属性设置为 1 时，此属性才有效，否则无效
Value	在程序代码中也可触发命令按钮，使之在程序运行时自动按下，只需将该按钮的 Value 属性设置为 True 即可。该属性设计时无效

这里要说明一下在命令按钮上装载图片的方法：首先要将装载图片的命令按钮的 Style 属性设置为 1，在普通状态是 Picture，按下时的状态是 DownPicture，不可用时的状态是 DisabledPicture，这三个状态下都可以装入图片，前提是在 Style 属性为 1 的情况下。

【例 2-4】进入 VB，在窗体上设置一个命令按钮 Command1 控件，在属性窗口中设置 Command1 的 Style=1，Picture 属性加载图片 1，DownPicture 属性加载图片 2，DisabledPicture 属性加载图片 3，在窗体的单击事件过程中设置命令按钮 1 不可用。

```
Private Sub Form_Click()
    Command1.Enabled = False
End Sub
```

程序运行后的界面，命令按钮上显示图片 1，单击命令按钮，命令按钮上显示图片 2，单击窗体，命令按钮 1 不可用，上面显示图片 3，界面分别如图 2-8、图 2-9 和图 2-10 所示。

图 2-8　装载窗体显示钮图片 1

图 2-9　单击命令按钮显示图片 2

图 2-10　命令按钮不可用显示图片 3

2.3.2　命令按钮的常用事件

命令按钮的常用事件是单击（Click）事件，单击命令按钮时，触发该命令按钮的单击事件，调用和执行 Click 事件中的代码，一般情况下，主要是针对命令按钮控件的单击事件过程来编写代码。

2.3.3　命令按钮的常用方法

在程序代码中，通过调用命令按钮的方法，来实现与命令按钮相关的功能。与命令按钮相关的常用方法主要有：

1. Move 方法

该方法的使用与窗体控件的 Move 方法一样，Visual Basic 中所有可视控件都有该方法，不同的是窗体的移动是相对于屏幕，而命令按钮的移动是相对于窗体而言。

2．SetFocus 方法

该方法是设置指定的命令按钮获得焦点。一旦使用 SetFocus 方法，用户的输入（如按 Enter 键）被立即引导到成为焦点的按钮上。因此，在使用该方法之前，必须保证命令按钮当前处于可见和可用状态，即其 Visible 和 Enabled 属性应设置为 True。

2.4　文　本　框

文本框（TextBox）是一种常用控件。在 Visual Basic 中，使用文本框控件作为输入控件，在运行时接收用户输入的数据。文本框可以供用户输入文本或显示文本。默认时，文本框中输入的字符最多为 2048 个。若将控件的 Multiline 属性设置为 True，则可输入多达 32KB 的文本。

2.4.1　文本框的基本属性

文本框控件的基本属性有名称、Left、Top、Height、Width、Font、Enabled、 Visible 等，这些属性与在窗体中使用相同。其他常用属性如表 2-4 所示。

表 2-4　　　　　　　　　　　　　　　　　文本框控件的常用属性

属性名称	属性值及功能
Alignment	设置 text 属性文本的对齐方式 0：左对齐（默认值） 1：右对齐 2：居中
Appearance	设置运行时控件是否以 3D 效果显示 0-Flat：窗体以平面的形式显示 1-3D：窗体以 3D 的形式显示（默认值）
BackColor	设置对象中文本和图形的背景色
BorderStyle	设置边界样式，取值为 0：None（无边界线） 1：FixedSingle（固定单线框）（默认值）
Locked	设置文本框的内容是否可以编辑，取值为 True：锁住文本框的 Text 属性内容，只能显示，不能通过键盘做任何更改，成为只读文本。此时在文本框中可以使用"复制"命令，不能使用"剪切"和"粘贴"命令。但是通过程序代码仍可以改变文本框的内容 False：能通过键盘修改文本框的 Text 属性内容（默认值）
MaxLength	获得或设置 Text 属性中所能输入的最大字符数。如果输入的字符数超过 MaxLength 设定的数目时，系统将不接受超出部分，并且发出警告声
MultiLine	设置文本框对象是否可以输入多行文字，取值为 True：当文本超过控件边界时，自动换行 False：单行输入（默认值）。需要注意的是：若该属性为 False 时，文本框控件对象的 Alignment 属性无效 注意：设计阶段，在属性窗口设置 Text 属性值时，通过按下 Ctrl+Enter 快捷键实现文本的换行在运行阶段，如果窗体上没有默认按钮，则在多行文本框（TextBox）控件中按下回车键可以把光标移动到下一行；如果有默认按钮存在，则必须按下 Ctrl+Enter 组合键才能移动到下一行

属性名称	属性值及功能
PasswordChar	当 MultiLine 属性值为 False 时，该属性可以用于口令输入。在默认状态下，该属性被设置为空串，用户从键盘输入时，每个字符都可以在文本框中显示出来。如果把 PasswordChar 属性设置为一个字符，如星号(*)，则在文本框中键入字符时，只显示星号，不显示键入的字符。Text 属性接收的仍是用户输入的文本
ScrollBars	设置边框滚动条模式 0：无滚动条（默认值） 1：水平滚动条 2：垂直滚动条 3：水平和垂直滚动条 只有当 MultiLine 属性值为 True 时，文本框才显示滚动条
SelLength	返回或设置选定文本的长度（字符数） 该属性没有列在属性窗口中，但在程序中可以使用这些属性
SelStart	返回或设置选定文本的起始位置，如果没有文本被选中，则指出插入点的位置 该属性没有列在属性窗口中，但在程序中可以使用这些属性
SelText	返回或设置选定文本，如果没有字符串被选中，则为空字符串 该属性没有列在属性窗口中，但在程序中可以使用这些属性
Text	显示的文本内容

这里要提醒大家注意的是 SelLength、SelStart、SelText 这三个属性，在属性窗口中没有，只能在程序中设置或使用，还有文本框中第一个字符的位置为 "0"。

2.4.2 文本框的常用事件

1．Change 事件

当用户向文本框输入新的内容，或在程序代码中对文本框的 Text 属性进行赋值，从而改变了文本框的 Text 属性时，将触发 Change 事件。程序运行后，在文本框中每输入一个字符，就会引发一次 Change 事件。

2．KeyPress 事件

当用户按下并释放键盘上的一个键时，就会引发文本框的 KeyPress 事件，此事件会返回一个 KeyAscii 参数到该事件过程中。例如，当用户输入字符 "a"，返回 KeyAscii 的值为 97，通过 Chr(KeyAscii)可以将 ASCII 码转换为字符 "a"，KeyPress 事件同 Change 事件一样，每输入一个字符就会引发一次该事件；事件中最常用的是对输入的是否为回车符（KeyAscii 的值为 13）的判断，表示文本的输入结束。

3．GotFocus 事件

当运行时用 Tab 键或用鼠标选择对象，或用 SetFocus 方法使光标落在对象上时，触发该事件，称之为 "获得焦点"。该事件适用于窗体和大部分可接受键盘输入的控件。

4．LostFocus 事件

当按下 Tab 键使光标离开当前文本框或者用鼠标选择窗体中的其他对象时，触发该事件，用 Change 事件和 LostFocus 事件过程都可以检查文本框的 Text 属性值，但后者更有效。

2.4.3 文本框的常用方法

SetFocus 是文本框中常用的方法。

格式：[对象.]SetFocus

功能：该方法可以把光标移到指定的文本框中，当在窗体上建立了多个文本框后，可以用该方法把光标置于所需要的文本框中。

如果程序运行后，希望将光标插入点在第一个文本框（Text1）中，可以在窗体的 Activate 事件中编写代码 Text1. SetFocus 即可，但该语句不能出现在窗体的 Load 事件过程中。

【例 2-5】打开 VB，在窗体上设置两个标签 Label1 和 Label2，三个文本框 Text1、Text2 和 Text3，六个命令按钮名称为 Command1、Command2、 Command3、 Command4 、Command5 和 Command6。

程序要求：在 Text1 和 Text2 中输入 2 个数，单击下面的 "+" "-" "*" "/" 命令按钮，将计算结果显示在 Text3 中。运行界面如图 2-11 所示。

根据题目要求在属性窗口中进行的设置如下。

Form1.Caption：简易计算器。

Label1.Caption：空（程序运行时单击的是哪个运算符，就显示哪个运算符）。

Label2.Caption：=。

Command1.Caption：+。

Command2.Caption：-。

Command3.Caption：*。

Command4.Caption：/。

Command5.Caption：清空。

Command6.Caption：结束。

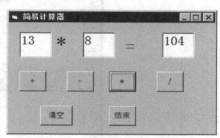

图 2-11　简易计算器运行界

代码如下：

```
Private Sub Command1_Click()
    Text3.Text = Val(Text1.Text) + Val(Text2.Text)
    Label1.Caption = "+"
End Sub
Private Sub Command2_Click()
    Text3.Text = Val(Text1.Text) - Val(Text2.Text)
    Label1.Caption = "-"
End Sub
Private Sub Command3_Click()
    Text3.Text = Val(Text1.Text) * Val(Text2.Text)
    Label1.Caption = "*"
End Sub
Private Sub Command4_Click()
    Text3.Text = Val(Text1.Text) / Val(Text2.Text)
    Label1.Caption = "/"
End Sub
Private Sub Command5_Click()
```

'文本框 1 和文本框 2 的值转换成数值做加法运算结果放入文本框 3 中

标签 1 的标题是设置为"+"

```
            Text1.Text = ""                      '清空
            Text2.Text = ""
            Text3.Text = ""
            End Sub
        Private Sub Command6_Click()
            End
        End Sub
```

其中，Val 函数是将字符型数据转换成数值型数据。文本框接收的数据默认类型是字符型，进行算术运算时要先将其转换成数值型，再进行运算。本题在做除法运算时，没有考虑除数为零的情况。

【例 2-6】在窗体上设置两个文本框 Text1 和 Text2，文本框设置垂直滚动条，三个命令按钮 Command1、Command2 和 Command3，完成简单文字处理程序。

要求：将文本框 1 中选中的内容复制或移动到文本框 2 中，如果没有选中内容，则复制和移动按钮不可用。如图 2-12 所示。

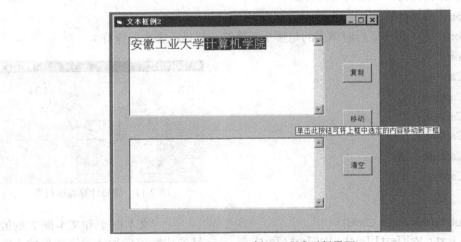

图 2-12　例 2-6 程序运行界面

根据题目要求，在属性窗口进行的设置如下。

```
        Text1.Text = ""
        Text1.MultiLine = True
        Text1.ScrollBars = 2
        Text1.Text = ""
        Text1.MultiLine = True
        Text1.ScrollBars = 2
        Command1.Enabled = False
        Command1.ToolTipText = "单击此按钮可将上框中选定的内容复制到下框"
        Command2.Enabled = False
        Command2.ToolTipText = "单击此按钮可将上框中选定的内容移动到下框"
        Command3.Enabled = False
        Command3.ToolTipText = "清除两个文本框中的信息"
```

代码如下：

```
Private Sub Command1_Click()
    Text2.Text = Text2.Text + Text1.SelText          '将文本框 1 中选中内容复制到文本框 2 中
    Text1.SelStart = 0                               '取消选中内容
    Command1.Enabled = False                         '复制按钮不可用
    Command2.Enabled = False                         '移动按钮不可用
End Sub
Private Sub Command2_Click()
    Text2.Text = Text2.Text + Text1.SelText          '将文本框 1 中选中内容移动到文本框 2 中
    Text1.SelText = ""                               '取消选中内容
    Command1.Enabled = False                         '复制按钮不可用
    Command2.Enabled = False                         '移动按钮不可用
End Sub
Private Sub Command3_Click()
    Text1.Text = ""                                  '清空文本框 1
    Text2.Text = ""                                  '清空文本框 2
    Text1.SetFocus                                   '光标移到文本框 1
End Sub
Private Sub Text1_KeyPress(KeyAscii As Integer)
    Command3.Enabled = True                          '清除按钮可用
End Sub
Private Sub Text1_MouseMove(Button As Integer, Shift As Integer, X As Single, Y As Single)
    If Text1.SelText <> "" Then                       '判断是否有选中内容
        Command1.Enabled = True                       '复制按钮可用
        Command2.Enabled = True                       '移动按钮可用
    End If
End Sub
```

本章小结

本章重点介绍了窗体、标签、命令按钮及文本框的基本属性、常用事件及常用方法。这几个对象是 VB 程序设计中最基本的对象，只有熟练地掌握这些基本对象的使用，才能顺利地设计出正确的 VB 应用程序。

习 题 二

一、选择题

1. 在 Visual Basic 中最基本的对象是 _____，它是应用程序的基石，是其他控件的容器。
　　A．文本框　　　　　B．命令按钮　　　　　C．窗体　　　　　D．标签

2. 要使 Form1 窗体的标题栏显示"欢迎使用 VB"，以下_____语句是正确的。

    A. Form1.Caption="欢迎使用 VB"　　　　　B. Form1.Caption='欢迎使用 VB'

    C. Form1.Caption=欢迎使用 VB　　　　　　D. Form1.Caption="欢迎使用 VB"

3. 文本框没有_____属性。

    A. Enabled　　　　B. Visible　　　　　C. BackColor　　　D. Caption

4. 用来设置斜体字的属性是_____。

    A. FontItalic　　　　B. FontBold　　　　C. FontName　　　D. FontSize

5. 以下叙述中正确的是_____。

    A. 窗体的 Name 属性指定窗体的名称，用来标识一个窗体

    B. 窗体的 Name 属性的值是显示在窗体标题栏中的文本

    C. 可以在运行期间改变对象的 Name 属性值

    D. 对象的 Name 属性值可以为空

6. 以下能够触发文本框 Change 事件的操作是_____。

    A. 文本框失去焦点　　　　　　　　　　B. 文本框获得焦点

    C. 设置文本框的前景色　　　　　　　　D. 改变文本框的内容

7. 要在命令按钮上显示图片，应设置其_____属性和 Picture 属性。

    A. Caption　　　　B. Name　　　　　C. Style　　　　D. Appearance

8. 在窗体上添加一命令按钮 Command1，并将其 Caption 属性设置为 YES，名称属性设置为 c_YES，则关于该控件的下列_____语句是正确的。

    A. Command1.Left=100　　　　　　　　B. YES.Left=100

    C. c_YES.Left=100　　　　　　　　　　D. 以上语句都不对

9. 若要使标签框的大小自动与所显示的文本相适应，则可通过设置_____属性的值为 True 来实现。

    A. AutoSize　　　　B. Alignment　　　　C. Appearance　　　D. Visible

10. 对于窗体 Form1，执行了 Form1.Left=Form1.Left+100 语句后，则该窗体_____。

    A. 上移　　　　B. 下移　　　　　C. 左移　　　　D. 右移

11. 能使用 Print 方法输出信息的对象是_____。

    A. 文本框　　　　B. 标签　　　　　C. 窗体　　　　D. 命令按钮

12. 在程序运行时，可实现键盘信息输入的控件是_____。

    A. 窗体　　　　B. 命令按钮　　　　C. 文本框　　　　D. 标签

13. 确定控件在窗体上位置的属性是_____。

    A. Width 和 Height　　　　　　　　　B. Width 和 Top

    C. Top 和 Left　　　　　　　　　　　D. Top 和 Height

14. 要使文本框可以显示多行文本，需设置_____属性为 True。

    A. Enabled　　　　B. MultiLine　　　　C. MaxLength　　　D. Locked

15. 要把一个命令按钮设置成不可见，应设置其 Visible 属性值为_____。

    A. True　　　　B. False　　　　　C. Default　　　　D. Cancel

16. 若要取消窗体的最大化按钮，需要设置它的_____属性值为 False。

    A. AutoRedraw　　　　B. MinButton　　　　C. Enabled　　　D. MaxButton

17. 若要求在单行文本框中输入密码时只显示*号，则应在该文本框的属性窗口中设置_____。

    A. Text 属性值为*   B. Caption 属性值为*

    C. PasswordChar 属性值为*   D. PasswordChar 属性值为 True

18. 若要使命令按钮具有快捷键的功能，应在 Caption 属性值的快捷字符前添加_____字符。

    A. #   B. @   C. &   D. *

19. 若要改变窗体的标题内容，应设置该窗体_____属性的值。

    A. Caption   B. Font   C. Name   D. Text

20. 能显示窗体的方法是_____。

    A. Visible   B. Show   C. Hide   D. open

21. 若要将窗体从内存中卸载出去，应该使用的方法是_____。

    A. Show   B. UnLoad   C. Load   D. Hide

22. 设置标签边框样式的属性是_____。

    A. BorderStyle   B. BackStyle   C. AutoSize   D. Alignment

23. 改变控件在窗体中的上下位置应修改该控件的_____属性。

    A. Top   B. Left   C. Width   D. Height

24. 当某一按钮的_____属性设置为 False 时，该按钮不可见。

    A. Enable   B. Visibale   C. Default   D. Cancel

25. 下列文本框控件的属性，_____属性是属性窗口里没有的。

    A. MaxLength   B. ToolTipText   C. MultiLine   D. SelText

26. 下列事件中，命令按钮能响应的事件是_____。

    A. DblClick   B. Click   C. Scroll   D. Load

27. 若要将某命令按钮设置为默认命令按钮，则应设置为 True 的属性是_____。

    A. Value   B. Cancel   C. Default   D. Enabled

28. 要改变 Label 控件中文字的颜色，可以设置 Label 控件的_____属性。

    A. FontColor   B. FillColor   C. ForeColor   D. BackColor

29. 通过文本框的_____属性可以获得当前插入点所在的位置。

    A. Position   B. SelStart   C. SelLength   D. Left

30. 窗体的 BackColor 属性用于设置窗体的_____。

    A. 高度   B. 亮度   C. 背景色   D. 前景色

二、填空题

1. Visual Basic 的对象是_____和_____的总称。

2. 若用户单击命令按钮 Command1，则此时将被执行的事件过程名为_____。

3. 若要求输入密码时文本框中只显示*号，则应当在文本框的属性窗口中设置____属性。

4. _____属性用来设置窗体的标题。它确定和改变显示在窗体的标题栏中的文本。

5. 假定有一个文本框，其名称为 Text1，执行的句_____，可以使该文本框具有焦点。

6. 当程序开始运行时，要求窗体中的文本框呈现空白，则在设计时，应当在此文本框的属性窗口中，把此文本框的_____属性设置为空。

7. _____属性决定了控件不可用。

8. 为了使标签能自动调整大小以显示全部文本内容，应把标签的_____属性设置为 True。

9. 要使文本框中的文本以多行显示，应将其_____属性设置为 True。

10. 当某一按钮的_____属性设置为 False 时，该按钮不可见。

三、编程题

1. 设计一个窗体移动、改变大小的程序。程序运行后，在屏幕中间显示一个窗体，如图 2-13 所示，单击相应的按钮，完成相应的操作，如单击"窗体左移"按钮，则窗体向左移动。

2. 设计文本复制、移动、交换程序。程序运行后，窗体上有两个文本框，四个命令按钮，如图 2-14 所示。单击"复制"按钮将文本框 1 的内容复制到文本框 2 中，单击"移动"按钮，将文本框 2 的内容移动到文本框 1 中，单击"交换"按钮，将文本框 1 和文本框 2 的内容互换，单击"清除"按钮，清空两个文本框的内容。

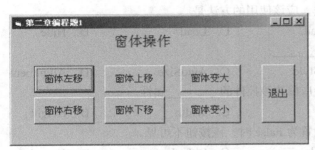
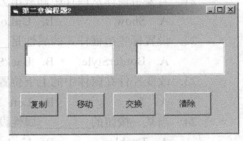

图 2-13　编程题 1 运行界面　　　　　图 2-14　编程题 2 运行界面

第3章
Visual Basic 语言基础

【本章重点】
※ 数据类型
※ 常量和变量
※ 常用内部函数
※ 运算符和表达式
※ 语句书写规则

    Visual Basic 程序设计的主要任务是界面设计和代码设计,相对来讲,界面设计比较容易掌握,大部分初学者通过前面两章内容的学习,已基本掌握了如何进行界面设计,而进行代码设计时还是感觉无从下手,不知该写哪些语句,该怎么写这些语句。有这样的一些困惑是很正常的,初学者不要因此而产生畏惧心理。正如学习自然语言一样,学习计算机语言也要学习、掌握其构成语句的基本语言元素及书写规则等语言基础。Visual Basic 的语言基础主要包括:数据、函数、表达式及语句书写规则。学习 Visual Basic 的语言基础是掌握 Visual Basic 编程的基础,因此本章内容是学习 Visual Basic 编程的基础,也是学习 Visual Basic 编程的重点。

    本章内容不像前面的内容那样直观,比较而言有点抽象,甚至有点枯燥、晦涩。初学者可以采用预测结果、输出结果、对比结果、分析结果的方法来理解、掌握数据类型的转换、函数的功能、运算符运算规则等难点内容。

    下面分别介绍 Visual Basic 的语言基础:数据、函数、运算符和表达式、语句书写规则。

3.1 数　据

    数据是指能被计算机接收和处理的符号的集合。数据之所以成为 Visual Basic 的第一基本语言元素,是因为数据是程序的重要组成部分也是程序的运行结果,又是程序的处理对象。因此要掌握 Visual Basic 编程,就必须掌握 Visual Basic 的数据。主要从两个方面掌握数据:一是数据的类型;二是数据在程序中的表现形式——常量和变量。

3.1.1　数据类型

    掌握数据首先掌握数据类型,这是因为不同的数据类型具有不同的存储长度、取值范围和所能进行的操作。编写程序时,根据具体问题选择合适的数据类型可优化程序的运行速度,节省存储空间。另外，只有类型相同或相容的数据才能一起运算，否则会出现错误。因此必须了解 Visual Basic 有哪些数据类型，并掌握这些数据类型的使用场合，这样，解决具体问题时才知道选择何种数据类型。

掌握数据类型的重点是掌握不同数据类型的关键字（类型名称）、类型说明符、取值范围、使用场合。

Visual Basic 根据数据性质和用途的不同，将数据划分成 11 种基本类型和一种用户自定义类型。Visual Basic 中的数据类型如表 3-1 所示。

表 3-1　　　　　　　　　　　　Visual Basic 中的数据类型

数据类型	类型说明符	占用字节数	取值范围
Byte（字节型）	无	1	0~255
Boolean（逻辑型）	无	2	True 或 False
Integer（整型）	%	2	−32768~32767
Long（长整型）	&	4	−2147483648~ 2147483647
Single（单精度型）	!	4	负值：−3.402823E38~−1.401298E−45 正值：1.401298E−45~3.402823E38
Double（双精度型）	#	8	负值： −1.79769313486232D308~−4.9406564584124E−324 正值： 4.9406564584124D−324~1.79769313486232D308
Currency（货币型）	@	8	−922,337,203,685,477.5808~922,337,203,685,477.5807
Date（日期型）	无	8	100.1.1~9999.12.31
String（字符型）	$	与串长有关	0~65535 个字符
Variant（变体型）	无	不定	根据实际类型而定
Object（对象型）	无	4	任何对象引用
自定义型	无	不定	不定

1. 整型（Integer）

整型数的表示方式为 ±n[%]，其中 n 是 0～9 的数字，"%"是类型说明符，类型说明符可省略。一般表示不带小数点且范围不超过−32768～32767 的数。比如表示一个班级的人数可以用整型数来表示，一个人的年龄也可以用整型数来表示，但一个大中型城市的人数用整型数来表示就不够了，这时可以考虑用长整型（Long）数来表示。

2. 长整型（Long）

长整型也表示不带小数点的数，但取值范围比整型大，其取值范围为−2147483648～21474836487。长整型数的表示形式是 ±n[&]。如：240&、−120&、−123456。&是类型说明符。

 注意　　"&"在 Visual Basic 中有四种用法：类型说明符、八进制常量和十六进制常量的前缀、字符串运算符号、设置热键。这些用法会在以后的章节中分别介绍。

实际应用中我们用到更多的是带小数点的数，Visual Basic 中表示带小数点的数有两种类型：单精度（Single）和双精度（Double）。

3. 单精度（Single）

单精度有多种表现形式，如 $\pm n.n$、$\pm n!$、$\pm nE \pm m$、$\pm n.nE \pm m$，分别表示小数形式、整数加单精度类型符、指数形式等。其中"!"是类型说明符，"n""m"是 0~9 的数字。如 1.23、32!、1.23E4 等。

4. 双精度（Double）

双精度数的表示与单精度数相似，类型说明符为"#"，指数形式表示时字母采用"D"，如 1.34#、-123#，0.12D5。

以上 4 种类型，整型和长整型只能表示不带小数点的数，运算速度快、占用内存少，但取值范围小。单精度和双精度可以表示带小数点的数，取值范围大，但运算速度慢。这四种类型相比，取值范围从小到大分别是整型、长整型、单精度、双精度。若一个不带小数点且不带类型说明符的数，如 100，系统默认为整型（Integer）；带小数点且不带类型说明符的数，如 1.2，100.0，系统默认为双精度型（Double）。

5. 货币型（Currency）

货币型是为满足计量货币数量需要而特设的一种数据类型，最多可保留小数点后 4 位，小数点前 15 位。与单精度数和双精度数不同的是，货币型的小数点位置是固定的，而单精度和双精度数采用指数形式表示时，小数点的位置是浮动的，所以单精度和双精度数也称浮点数，而货币型又称定点数据类型。

6. 字节型

字节型数据用于存储一个字节的无符号整数，其取值范围为 0~255。除一元减法外可参与所有整数能进行的运算。因为字节型是表示 0~255 的无符号整数，因此不能表示负数。

以上 6 种类型均表示能进行算术运算的数据，可以统称为数值型数据。最常用的是整型、长整型、单精度和双精度数，初学者可首先掌握这四种类型。主要掌握其取值范围、类型说明符、使用场合。

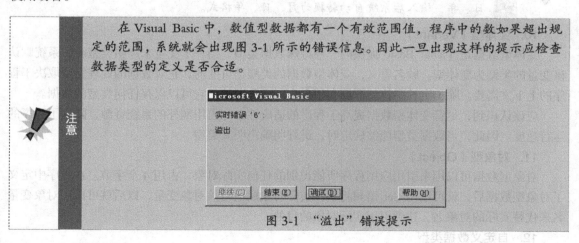

在 Visual Basic 中，数值型数据都有一个有效范围值，程序中的数如果超出规定的范围，系统就会出现图 3-1 所示的错误信息。因此一旦出现这样的提示应检查数据类型的定义是否合适。

图 3-1 "溢出"错误提示

7. 字符型（String）

字符型数据是除了数值型数据之外最常用的另一大类数据，用于表示连续的字符序列。组成字符型数据的字符可以是任意字符，如字母、汉字、数字、标点符号等。字符型专用于存放文本信息，因此也可称为"文本型"。字符型数据必须用英文标点符号""加以界定（注意在 VB 中引号只有一个方向）。如"姓名"、"Visual Basic"、"25"均是字符型数据，如果不加引号，其中的 25

会被系统看作数值型数据。

字符型数据又可分为定长字符型和变长字符型。顾名思义，定长字符型数据所能包含的最大字符数是固定的，并且可以指定（指定方法见第 3 章 3.1.2 小节的变量）；而变长字符型数据所能包含的字符数是可变的。

 注意　空串的表示方法是""，即引号内没有字符，但" "不是空串，因为其中包含一个字符空格，空格也是一个字符。

8. 逻辑型（Boolean）

逻辑型也称布尔型，用于表示逻辑量，占用两个字节，其取值只有两个：True（真）、False（假）。

 注意　在 Visual Basic 中，逻辑型数据转换为整型数时，True 转换为-1，False 转换为 0；整型数转换为逻辑型数据时，非 0 转换为 True，0 转换为 False。

9. 日期型（Date）

日期型数据按 8 个字节的浮点数来存储日期，它可以表示的日期范围从公元 100 年 1 月 1 日到 9999 年 12 月 31 日。日期型不仅可以表示日期，还可以表示时间。时间可以从 00:00:00 到 23:59:59。日期型数据也必须用定界符，其定界符是 "#"，如#2012-08-01#、#8:30#、#2012/08/01 8:30#，都是合法的日期型数据，可以看出日期型数据可以单纯表示一个日期，可以单纯表示一个时间，也可以表示既有日期又有时间的数据。

 注意　年、月、日之间的分隔符号可以是 "-"，也可以是 "/"，输入后，系统自动转换为 "/" 分隔；日期格式可以是年、月、日，可以是日、月、年，也可以是月、日、年，输入后系统自动转换为月、日、年格式。

10. 变体型（Variant）

变体型数据是 Visual Basic 提供的一种特殊数据类型，当一个变量未声明类型时，系统默认该变量的类型为变体型。顾名思义，变体型数据的类型是可变的，它对数据的处理完全取决于程序的上下文需要。除了定长字符型数据和用户自定义类型外，它可以保存任何类型的数据。

应该认识到，尽管变体型数据提高了程序的适应性，却占用额外的系统资源，降低了程序的运行速度。因此，当数据类型能够确定时，最好明确声明其类型。

11. 对象型（Object）

对象型数据可以用来引用应用程序所能识别的任何实际对象，占用 4 个字节。在程序中定义了对象型数据后，就可以用 Set 语句将某一实际对象赋值给该对象变量，以后就可以用对象变量名来代替实际的对象名，达到引用实际对象的目的。

12. 自定义数据类型

用户可以用 Type 关键字来声明定义自己的数据类型。自定义数据类型是由已存在的数据类型组合而成的。声明自定义类型，必须在模块的通用声明段中。如果是声明全局的自定义数据类型，必须要在标准模块的声明段中声明。

声明自定义数据类型的语法：

[Public|Private]Type 自定义数据类型

　　　　元素一　As　已有的数据类型
　　　　元素二　As　已有的数据类型
　　　　元素三　As　已有的数据类型
　　　　…
　　End Type

例如：在模块的声明段声明一个名为 Student 的模块级自定义数据类型。

代码如下：

```
Private Type Student
    IntNum As Integer              '学号
    strName As String*6            '姓名
    DtmBirthday As Date            '出生日期
    IntMark As Integer             '成绩
End Type
```

定义了 Student 自定义类型后，就可以定义变量为 Student 了，如：

```
Dim stu As Student
```

注意
- 自定义类型必须在标准模块或窗体模块的声明部分定义，在标准模块中定义时默认为全局变量（Public）。在窗体模块中定义时，在关键字 Type 前应加上 Private 关键字。
- 自定义的元素类型如果有字符串，则必须是定长字符串，即使用形式应该为：strName　As String*n
其中 "n" 指明定长字符串的长度。

11 种基本类型中整型、长整型、单精度、双精度、字符型、逻辑型、日期型最为常用，初学者可先掌握这几种。

3.1.2　常量和变量

在程序的运行过程中有些数据是不变的，有些数据是变化的。不变的数据称为常量，可变的数据称为变量。如：

```
Private Sub Command1_Click()
Dim s As Single, r As Single
    r = InputBox("请输入半径 r：")
    s = 3.14 * r ^ 2
    Print "半径为" & r & "的圆面积 s 为：" & s
End Sub
```

以 s = 3.14 * r ^ 2 语句为例，其中 "3.14" "2" 是常量，"s" "r" 是变量。显然 "3.14" "2" 不需要改变，因此以常量形式出现。而半径是可变的，应该以变量形式出现。如果半径也以常量形式出现，程序就变得比较死板，只能求固定半径的圆的面积。要计算不同半径的圆的面积就需要修改源程序，而以变量形式出现，输入不同的半径存放在变量中，就可计算不同半径的圆的面积，从而增强了程序的灵活性；另一方面，程序运行过程中总要产生一些中间结果，这些中间结果的存储也需要变量，因此变量是程序设计中必不可少的一种数据表现形式。下面分别介绍常量和变量。

1. 常量

常量是指在程序运行过程中，其值始终保持不变的量。Visual Basic 中常量有三种：直接常量、符号常量和系统常量。

（1）直接常量

直接常量就是在程序代码中直接出现的不变的数据。根据数据类型的不同，直接常量分为字符常量、数值常量、日期常量和逻辑常量。

数值常量是由数值、小数点、正负符号所组成的数据，如 24、12.5、3.15 等。在 Visual Basic 中除十进制数值常量外，还有八进制和十六进制数值常量。八进制常量前加&O，如&O34、&O100；十六进制常量前加&H，如&H3F、&H21。

字符串常量是由一对英文标点符号 """ 括起来的字符序列，如"123" "张三" "computer"。

 注意　当定界符作为字符串的组成内容时，定界符应成对出现，如"学习""vb"""，其中的 "vb" 两个字符希望用引号括起来，其前后的 """ 就必须成对出现。

日期常量用来表示某一天或某个具体时间，在 Visual Basic 中规定用 "#" 作为定界符。如 #2012-08-01#、#12:30#。

 注意　"#" 出现在一个数值的后面，表示该数是双精度数，此时，"#" 是类型说明符。"#" 的第二个用法就是作为日期数据的定界符。

逻辑常量只有 True 和 False 两个值，表示 "真" 和 "假"。注意使用时 True 和 False 不能用定界符括起来，否则就不是逻辑型，而是字符型数据。

（2）符号常量（自定义常量）

程序中若要多次用到某个常量，为书写方便，用户可以定义一个易记、易写的符号来代替该常量，这个符号就是符号常量。

语句格式：

　　　　Const 符号常量名 [As 数据类型]=表达式

其中 Const 是定义符号常量的关键字，符号常量的名称命名规则与变量命名规则相同，一般用大写字母命名，以区别于变量名。[As 类型]是可选项，用于说明符号常量的数据类型。

如：

　　　　Const PI As single = 3.14

该语句定义了一个符号常量 PI，其类型为单精度，数值为 3.14。一旦定义，在程序中就可用 PI 代替 3.14。

 注意　符号常量也是常量，尽管其名称像变量，但在程序中不能对符号常量赋值，也不能重新定义。

（3）系统常量

系统常量是由 Visual Basic 提供的具有专门名称和作用的常量。Visual Basic 提供的系统常量有颜色常量、窗体常量、绘图常量等 32 类近千个常量。如 vbRed 表示红色、vbCrlf 表示回车换行。这些系统常量位于 Visual Basic 的对象库中。使用系统常量易于编写程序且可增强程序的可读性。

2. 变量

变量的实质是在内存中开辟的一个存储空间，用来存放临时数据。内存地址是用二进制数进行编号的，为了引用的方便，存储空间必须起个名字，这就是变量名，命名后，可以用变量名代替其存储的值参与运算，就像数学中将某个量带入算式参与运算一样。在程序执行的某个时刻，变量的值都是确定的、已知的，但在整个过程中，变量的值又是可以变化的。

把每个变量理解成一个有名称的盒子，盒子里存放的东西就是数据。一个变量在某个时刻只能存放一个数据，新的数据来了，原来的数据就会被覆盖掉，变量只保留最后一次所存放的数据。初学者可以从变量的命名、变量的声明、变量的赋值三个方面掌握变量。

（1）变量命名规则
- 变量名首字符必须是字母或汉字，其后可以跟字母、汉字、数字、下划线。
- 变量名的长度不能大于 255。
- 不能和 Visual Basic 关键字重名。

说明：
- 变量名中只允许出现字母、汉字（中文版 Visual Basic）、数字、下划线，不能出现空格、标点符号等其他符号。
- 给变量命名时最好用有一定含义的字符组合，做到"见名知意"。
- 给变量命名时可以在名称前加类型前缀，以增加可读性。

以下名称均为合法变量名：Intx、x、y、abc、x1、姓名。

以下名称不能作为变量名：Integer（和关键字重名）、x-1（出现了"-"而不是下划线"_"）、"姓名"（是常量而不是变量）。

（2）变量的声明

与其他高级语言不同，Visual Basic 不要求变量在使用前必须声明，这可以理解为 Visual Basic 的灵活，也可以理解为 Visual Basic 的不严谨。如果没有声明变量而直接使用，系统会将该变量默认为变体型数据（Variant）。使用变体型存储数据有两个缺点：一是浪费内存空间，二是在与某些数据处理功能同时使用时，变体型数据可能无效。所以我们应该遵循好的编程习惯，在使用变量之前对变量加以声明。声明后的变量，系统会明确其名称、需要的存储空间、作用范围、生存周期。

语句格式：

Dim|Private|Static|Public <变量名> [As <类型>] [,<变量名 2>[As<类型 2>]…

说明：
- Dim|Private|Static|Public 是关键字，四者任选其一，不同的关键字，声明变量的作用范围和生存周期不同。关于变量的作用范围和生存周期参见第 7 章的 7.5 节、7.6 节。
- 若省略了类型说明，系统默认为变体型。
- 一条变量声明语句可以声明多个变量，之间用","分隔，但每个变量的类型需一一声明，否则系统默认为变体型，如：

Dim x,y As Integer

执行后 x 为变体型, y 为 Integer。

● 可以在变量名后直接加类型说明符取代 As 类型, 如:

Dim x! 等同于 Dim x As Single

● 定义字符型变量时在 As 类型后加 "*n" 可定义其为定长字符型变量, 长度为 n, 如:

Dim s As String * 4

该语句定义了一个定长字符型变量 s, 长度为 4, 赋值时超过的部分自动截取, 不足部分后面补空格。

● 使用变量声明语句声明一个变量后, Visual Basic 就会为该变量开辟一个相应的内存空间并自动赋予初值。数值型初值为 0, 字符型初值为空串, 逻辑型初值为 False。日期型初值分为两种情况: 24 小时制, 初值为 "00:00:00"; 12 小时制, 初值为 "12:00:00 AM"。

● 在使用变量前不做声明而直接使用变量, 称为 "隐式声明", 声明后再使用变量称为 "显式声明"。"隐式声明" 系统默认该变量为过程级变体型变量。为养成好的编程习惯, 可以在通用声明段加 Option Explicit 强制显式声明变量。如果设置了显式声明变量, 变量未声明而直接使用时, 系统就会给出相应错误提示。如图 3-2 所示。

图 3-2　变量的强制显式声明

Option Explicit 只局限于本模块, 所以对每个需要强制显式声明变量的窗体模块、标准模块和类模块, 都需要在其通用声明段加 Option Explicit。通过修改 Visual Basic 的环境选项 "要求变量声明" 并设置后, 每个模块自动在其通用声明段添加 "Option Explicit"。步骤: 工具→选项→要求变量声明。如图 3-3 所示。

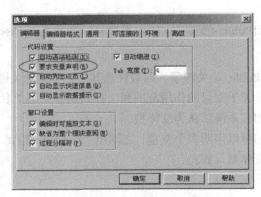

图 3-3　强制显式声明变量的环境设置

（3）变量的赋值

语句格式：

> 变量名=<表达式>

如：

$$a=3$$
$$a=x + y$$

说明：

- 其中的"="为赋值符号，有计算和赋值的双重功能，要和关系运算中的"="区分开来。关系运算符"="是比较两边的量是否相等，而赋值语句中的"="是把右边表达式的值赋给左边的变量。在关系运算中 a=a+1 绝对不能成立，但赋值语句 a=a+1 是合法语句，功能是，变量 a 在原来值的基础上累加 1。

- 赋值语句不仅可以给变量赋值，还可以给对象的属性赋值，如 Form1.Caption="提示"。其实，对象的属性值是可以改变的，因此也是变量，称为属性变量，而在内存中开辟空间，存储数据的变量称为内存变量。如果不特别说明，一般所说变量是指内存变量。

- "="的左边必须是变量，而不能是常量、函数或表达式，右边可以是常量、变量、函数和表达式。

  a + b = 3

  3 = a

  Sin(x) = 1

以上 3 条语句都是非法的。

- 一条赋值语句只能给一个变量赋值，而不能一次给多个变量赋值。如：

  a = b = c = 1

该语句执行后，并不能给 a、b、c 赋值 1，只能给 a 赋值，并且赋的值也不是 1，而 b、c 没有赋值（请读者自己结合后面的运算符和表达式的内容，思考为什么会这样？）。

- 给一个未定义类型的变量赋值时，变量的类型随"="右边数据类型的改变而改变。如：

  a=3

  a=4.2

执行第一条语句后，a 的类型为整型（Integer），而执行第二条语句后，a 的类型变为双精度型（Double）。

- 给一个已定义类型的变量赋值时，系统会自动将"="右边不相匹配的类型改为匹配类型后再赋值。若转换不成功，给出错误提示。如：

```
Private Sub Command1_Click()
    Dim a As Integer
    a = 3.4
    Print a
    a = True
    Print a
End Sub
```

程序运行时第一个输出结果为 3；第二个输出结果为-1。

但要注意，如果代码如下，程序运行时，系统会给出错误提示，如图 3-4 所示。

```
Private Sub Command1_Click()
    Dim a As Integer
    a = "abc"
    Print a
End Sub
```

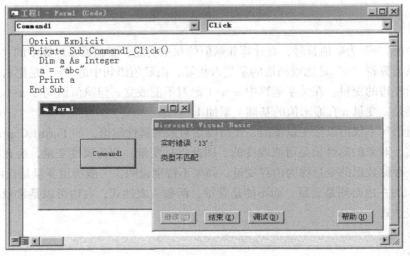

图 3-4　类型自动转换中出错提示

这是因为，尽管系统会自动转换类型，但"abc"的组成内容不是数字符号，非数字字符不能转换成数字，转换不成功，系统给出错误提示。

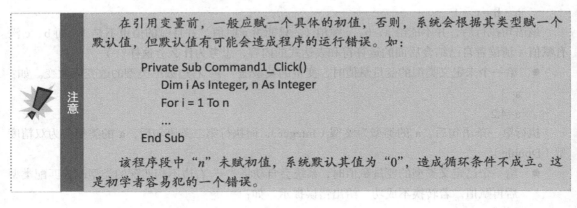

注意

在引用变量前，一般应赋一个具体的初值，否则，系统会根据其类型赋一个默认值，但默认值有可能会造成程序的运行错误。如：

```
Private Sub Command1_Click()
    Dim i As Integer, n As Integer
    For i = 1 To n
    ...
    End Sub
```

该程序段中"n"未赋初值，系统默认其值为"0"，造成循环条件不成立。这是初学者容易犯的一个错误。

3.2　常用内部函数

函数是指能完成一定运算并将结果返回的程序段。Visual Basic 中的函数分为内部函数和用户自定义函数。内部函数是指 Visual Basic 系统提供的可直接调用的函数，而用户自定义函数是指用户自己定义的函数，也称为函数过程，函数过程参见第 7 章内容。本节介绍的是常用内部函数。

（1）函数的构成：函数名([参数表])

其中函数名决定了函数的功能，参数表提供运算对象和运算机制，如果参数为多个，参数之间用

"," 隔开，如果不带参数，称为无参调用。如：

　　　　n = Round(3.567, 2)

其中 Round()是函数名称，决定函数的功能是对运算对象进行四舍五入，第一个参数 "3.567" 是运算对象，第二个参数 "2" 决定了对 "3.567" 进行保留两位小数的四舍五入运算。

　　　　d = Date()

其中 Date()就是无参调用。

（2）函数的调用：函数名（[参数表]）

注意　　　函数是语句组成部分，而不是语句，所以不能直接作为一条语句的形式出现，一般和其他语句成分组合在一起，构成一条合法语句。如：

Sin (90 * 3.14/180)
Print Sin(90 * 3.14/180)
a = Sin(90 * 3.14)

上面三条语句中第一条是非法语句，第二条和第三条语句是合法语句。

　　常用内部函数根据其运算对象和运算结果的数据类型不同，一般可分为算术运算函数、字符串运算函数、日期和时间函数、转换函数等。

3.2.1　算术运算函数（数学函数）

　　算术运算函数用于数学计算，与数学中的定义基本一致，常用的数学函数如表 3-2 所示。

表 3-2　　　　　　　　　　　　　　　　常用数学函数

函 数 名	含义（功能）	实　　例	实 例 结 果
Abs(n)	取绝对值	Abs(−3.5)	3.5
Atn(n)	反正切函数	Atn(0)	0
Cos(n)	余弦函数	Cos(0)	1
Exp(n)	以 e 为底的指数函数，即 e^n	Exp(3)	20.086
Log(n)	以 e 为底的自然对数，即 $\ln(n)$	Log(2.71828)	≈ 1
Rnd[(n)]	产生[0,1)范围内的随机小数	Rnd	[0,1)之间的小数
Sgn(n)	符号函数	Sgn(−1) Sgn(1) Sgn(0)	−1 1 0
Sin(x)	正弦函数	Sin(90*3.14/180)	≈ 1
Sqr(n)	平方根函数	Sqr(9)	3
Round(n1[,n2]	四舍五入函数	Round(3.45,1) Round(3.55,1)	3.4 3.6

说明：
● 三角函数中，参数均以弧度表示，不能用度数直接代入计算。如计算 90 度的正弦值，应写成 sin(90*3.14/180)，同样，反三角函数的函数值是以弧度为单位表示的角度值。
● 以 n 为底的对数计算方法：$\log_n^{(x)}=\log(x)/\log(n)$。

● Rnd 函数返回的是一个大于或等于 0 但小于 1 的随机小数。如果希望产生一个[a，b]范围内（包括 a、b）的随机整数，可用公式 Int（（b-a+1）*Rnd）+a 来实现，如希望得到[1，20]之间的随机整数，可用公式 Int(20 * Rnd) + 1 得到。

默认情况下，每次运行程序产生的随机序列是相同的，如果希望每次运行程序得到不同的随机序列，需要在调用 Rnd 函数前，执行 Randomize 语句。

● Round 函数第一个参数为运算对象，即对哪个数四舍五入，第二个参数说明保留几位小数，如 Round(3.14, 1)，表示对 3.14 进行四舍五入，保留一位小数，结果为 3.1。注意第二个参数是 1，保留一位小数实际上是根据小数点后第二位上的数字进行四舍五入。省略第二个参数，则只保留整数部分。严格意义上讲，Visual Basic 中的 Round 函数应称为四舍六入函数，因为 Visual Basic 和其他微软软件一样采用的是"Banker"算法。具体来讲，小于或等于 4 舍弃；大于或等于 6，进位；5 要看其后有没有数字，如果有，进位，如果没有，看其前面的数字是奇数还是偶数，奇数则进位，偶数则舍弃。简单来讲，即四舍六入，奇进偶不进。如：

Print Round(3.544, 1)　　'结果为 3.5

Print Round(3.554, 1)　　'结果为 3.6

Print Round(3.55, 1)　　'结果为 3.6

Print Round(3.45, 1)　　'结果为 3.4

初学者可先掌握其基本用法，"Banker"算法简单了解即可。

3.2.2　字符串运算函数

字符串运算函数可以对字符型数据进行取字串、测长度等操作。Visual Basic 提供了丰富的字符串运算函数，从而大大提高了 Visual Basic 的字符型数据处理能力。常用字符串运算函数如表 3-3 所示。

表 3-3　　　　　　　　　　　　　　字符串运算函数

函 数 名	含义（功能）	实 例	实例结果
InStr([n,]c1,c2[m])	测位函数	InStr(2, "Basic", "as")	2
Left(c,n)	取左边 n 个字符	Left("Basic",2)	Ba
Len(c)	测字符串的长度	Len("Basic")	5
LTrim(c)	删除左边空格	Len(" Basic ") Len(LTrim(" Basic "))	7 6
Mid(c,n1[,n2])	从 n1 位开始向右取 n2 个字符	Mid("Basic",1,2)	Ba
Right(c,n)	取右边的 n 个字符	Right("Basic",2)	ic
RTrim(c)	删除右边空格	Len(" Basic ") Len(RTrim(" Basic "))	7 6
Space(n)	产生 n 个空格字符串	space(4)	" "
String(n,c)	返回由 c 首字符组成的长度为 n 的字符串	String(3, "*")	***
Trim(c)	删除两端空格	Len(" Basic ") Len(Trim(" Basic "))	7 5

说明：

● InStr([n,] c1,c2[m])是从 *n* 位开始在 c1 中查找 c2，若找到，返回其位置，若找不到，返回 "0"，其中 m 表示查找时的比较方式。如：

Print InStr(2, "Visual Basic", "a")　　　　' 结果为 5

Print InStr(6, "Visual Basic", "a")　　　　' 结果为 9

Print InStr(10, "Visual Basic", "a")　　　' 结果为 0

 注意　　若找到，返回的位置仍是从第一个字符数起的位置，而不是从开始查找的位置数起的位置。

● 三个取子串的函数中，Mid 函数相对来讲更灵活，该函数可以从指定的位置开始取子串，如：统计一个字符串中某类字符出现的次数，需要取出每个字符进行比较，这时用 Mid 函数就比较方便。Mid 函数省略第三个参数时，默认取到最后。

● LTrim、RTrim 和 Trim 均是删除空格，LTrim 是删除前面空格，RTrim 是删除后面空格，Trim 是同时删除前面和尾部空格。需要注意的是：这三个空格均不能删除中间的空格。

● Len 函数用于测字符串长度，也就是测字符串中有几个字符。需要注意的是：Visual Basic 中采用的是 Unicode 编码，即汉字和西文字符均占两个字节，Len 测长度时，一个汉字和一个西文字符均算一个字符。若测字符串占用字节数，可用 LenB 函数。

如：

Print Len("学习 vb")　　　　　　　　　' 结果为 4

Print LenB("学习 vb")　　　　　　　　' 结果为 8

3.2.3　类型转换函数

在 Visual Basic 中，一些数据的类型可以自动转换，但多数数据类型不能自动转换。Visual Basic 提供了几个转换函数，用于实现数据类型的转换，如表 3-4 所示。

表 3-4　　　　　　　　　　　　　数据类型转换函数

函　数　名	含义（功能）	实　　例	实 例 结 果
Asc(c)	字符转换成 ASCII 码值	Asc("a")	97
Chr(n)	ASCII 码值转换成字符	Chr(97)	"a"
Fix(n)	截尾取整	Fix(4.5) Fix(-4.5)	4 −4
Int(n)	取不大于 *n* 的整数	Int(4.5) Int(-4.5)	4 −5
LCase(c)	大写字母转换成小写字母	LCase("ABC")	"abc"
Str(n)	数值转换成字符串	Str(123)	" 123"
UCase	小写字母转换成大写字母	UCase("abc")	"ABC"
Val(c)	字符转换成数值	Val("12")+12 Val("12a12")+12 Val("a12")+12	24 24 12

说明：

● Fix 和 Int 可以看作一对函数，当运算对象是正数时，两者没有区别，当运算对象是负数时，Fix 直接截去小数点及其以后的数字，而 Int 是返回不大于该数的最大整数。Int 函数还有延伸的应用。如：

Int(x / 2) = x / 2   ' 该关系表达式成立，表示 x 是偶数

Int(x * 100 + 0.5) / 100   ' 该算术表达式实现对 x 保留 2 位小数的四舍五入运算

● Str 和 Val 可以看作一对函数，注意 Str 运算结果前面会留有一个符号位。如：

Print Len(Str(123))   ' 结果为 4

Val 函数转换时，遇到非数字字符则停止转换。如：

Print Val("12a12") + 12   ' 结果为 24

Print Val("a12") + 12   ' 结果为 12

Print Val("12 E 1") ' 结果为 120，其中 E 1 表示乘以 10 的 1 次方，是单精度数的指数形式，与"E"相同的还有"D"，"D"则表示双精度数。

3.2.4　日期和时间函数

日期和时间函数用于对日期和时间数据的处理，常用的日期和时间函数如表 3-5 所示。

表 3-5   日期和时间函数

函 数 名	含 义（功能）	实 例	实 例 结 果
Date	返回系统日期	Date	2016-2-1
Day(d|c|n)	返回日期代号	Day("2012-08-02 ")	2
Hour(c|d)	返回小时代号	Hour("12:30")	12
Minute(c|d)	返回分钟代号	Minute("12:30")	30
Month(d|c|n)	返回月份代号	Month("2012-08-02 ")	8
Now	返回系统日期和时间	Now	2016-2-1 10:30:45
Time	返回系统时间	Time	10:31:10
Timer	返回从午夜开始到当前所经过的秒数	Timer	7010.89
Weekday(d|c|n)	星期代号	Weekday("2012-08-02 ")	5
Year(d|c|n)	返回年份代号	Year("2012-08-02 ")	2012

说明：

● 日期函数中的自变量"c\|n\|d"，表示自变量可以是日期型数据，也可以是字符型数据、数值型数据，其中的"n"表示相对于 1899 年 12 月 30 日前后的天数。如：

Print Year(2)   ' 结果为 1900

● Weekday 返回的是星期代号，星期日为 1，星期一为 2，……

以上介绍了最常用的部分内部函数，除此之外，还有输入、输出函数（参见第 4 章 Visual Basic 基本控制结构）等函数。熟练掌握这些函数可以大大提高编程效率。

3.3　运算符和表达式

用运算符连接常量、变量、函数构成的有意义的式子即表达式。根据运算对象的数据类型和运算结果的数据类型不同，Visual Basic 提供了五种运算符和表达式，下面分别介绍。

3.3.1　算术运算符和算术表达式

Visual Basic 提供了 8 种基本的算术运算符，算术运算符的运算功能及优先级别如表 3-6 所示。

表 3-6　　　　　　　　　　　　　　Visual basic 算术运算符

运　算　符	运　算　规　则	优　先　级	实　　例	实　例　结　果
^	乘方运算	1	3 ^ 2	9
-	取负	2	−5	−5
*	乘法	3	3 * 5	15
/	自然除	3	10 / 4	2.5
\	整除，除过取整	4	10 \ 4	2
Mod	取余，除过取余数	5	10 Mod 4	2
+	加法	6	1 + 1	2
−	减法	6	1 − 1	0

说明：

- 算术运算符优先级别如表 3-6 所示。乘法和除法为同一级运算，加法和减法为同一级运算，按出现的先后顺序，从左至右依次运算。
- "*" 表示乘法运算，不能省略，也不能用 "." 代替。如：

  a*b 不能写成 ab，也不能写成 a.b

- "\" 表示除过之后取整，如果连接的数据是非整数，系统自动将数据转换成整数（转换方法见 Round 函数介绍），然后运算。如：

  Print 4.5 \ 1.5　　　' 4.5 转换为 4，1.5 转换为 2，结果为 2

- "Mod" 为取模运算，也称取余运算，除过之后取余数。如果连接的数据是非整数，系统自动将数据转换成整数（转换方法见 Round 函数介绍），然后运算。如：

  Print 4.5 Mod 1.5　　'4.5 转换为 4，1.5 转换成 2，结果为 0
  Print 7.5 Mod 2.5　　'7.5 转换为 8，2.5 转换为 2，结果为 0

3.3.2　字符串运算符和字符串表达式

字符串运算符只有两个："+" 和 "&"。当运算符连接的两边数据均为字符型数据时，两个运算符运算结果相同。如：

　　Print "123" & "123"　　　' 结果为 123123

```
Print "123" + "123"                    ' 结果为 123123
```

当连接的两边数据不是字符型时，两个运算符会计算出不同的结果。如：

```
Print "123" & 123                     ' 结果为 123123
Print "123" + 123                     ' 结果为 246
```

这是因为"+"既是字符串运算符，又是算术运算符，当两边数据类型不同时，系统会把"+"看作算术运算符，从而把"123"转换成 123，结果为 246。

```
Print "123" & True                    ' 结果为 123True
Print "123" + True                    ' 结果为 122
```

"+"被看作算术运算符号，"123"转换成 123，True 转换成-1，结果为 122。

由此可以看出"&"运算符不论两边是什么类型的数据，运算结果都是将两边的内容直接连接起来，而只有两边同时为字符型数据时，"+"才被看作字符串运算符，完成将两边字符连接的运算，只要有一边不是字符型数据，"+"即被看作算术运算符。

3.3.3 日期运算符和日期表达式

日期运算符号有"+"和"-"。"+"能完成的运算是一个日期加一个数值型数据；"-"能完成的运算是两个日期相减或一个日期减一个数值型数据。如：

```
Print #2/1/2016# + 30                 ' 结果为 2016／3／2，30 后的日期
Print #2/1/2016# - 30                 ' 结果为 2016／1／2，30 天前的日期
Print #2/1/2016# - #2/1/2015#         ' 结果为 365，两个日期相隔的天数
```

3.3.4 关系运算符和关系表达式

关系运算又称比较运算，即比较运算符两边表达式值的大小关系，其运算结果为逻辑型的 True 或 False。Visual Basic 提供了 6 种关系运算符，如表 3-7 所示。

表 3-7   关系运算符

运 算 符	功 能	表达式实例	实 例 结 果
>	大于	3>5 "a" > "Abcd"	False True
>=	大于等于	100>=50	True
<	小于	100<50	False
<=	小于等于	100<=50	False
=	=	True=-1	True
<>	不等于	"abc" <> "ABC"	True

说明：

● 关系运算符没有优先级别，按出现的先后顺序，从左至右依次进行。

● 关系运算的对象可以是数值型，也可以是其他类型。数值按其大小进行比较，日期数据被看作 8 位特殊数值型数据进行比较。在 Visual Basic 中采用的是 Unicode 编码，所以字符型数据的比较，是比较字符的 Unicode 值，西文字符的 Unicode 值和 ASCII 码值相同，所以西文字符的比较，也可以理解为按 ASCII 值大小进行比较（Unicode 码值可以用函数

Ascw()获得）。如：

```
Print "a" > "b"                        '结果为 False
Print Asc("a") > Asc("b")              '结果为 False
Print AscW("a") > AscW("b")            '结果为 False
又如：
Print "男" > "女"                       '结果为 True
Print Asc("男") > Asc("女")             '结果为 False
Print AscW("男") > AscW("女")           '结果为 True
```

可以看出，汉字比较时，不是比较 ASCII 值，而是比较其 Unicode 值。

● 进行字符串比较时，遵循"逐个字符比较，先大为大，先小为小"的原则。如：

```
Print "abc" > "abCDEF"
```

"a"与"a"相同，继续比较；"b"与"b"相同，继续比较；"c" > "C"，比较出结果，停止比较，结果为 True。

● 注意关系表达式的书写形式。如：1≤x≤4，应写成 1<=x And x<=4 或 x >= 1 And x<= 4。

3.3.5　逻辑运算符和逻辑表达式

逻辑运算又称布尔运算，即逻辑判断，常见的逻辑运算有逻辑非、逻辑与、逻辑或，对应的运算符有 Not 、And 、Or，如表 3-8 所示。

表 3-8　　　　　　　　　　　　　　　　逻辑运算符

运算符	功　　能	表达式实例	实例结果
Not	逻辑非，即取反	Not 3>5	True
And	逻辑与，也称逻辑乘，只有两边同时为真时，结果才为真，否则为假	3 > 2 And 3 < 5	True
		3 < 2 And 3 > 5	False
		3 > 2 And 3 > 5	False
		3 < 2 And 3 < 5	False
Or	逻辑或，也称逻辑加，只要一边为真，运算结果即为真，只有两边同时为假时，结果才为假	3 > 2 And 3 < 5	True
		3 < 2 And 3 > 5	False
		3 > 2 And 3 > 5	True
		3 < 2 And 3 < 5	True

说明：

● 三个运算符的优先级别从高到低分别是 Not、And、Or。

● 用逻辑运算符 And 或 Or 对数值进行运算，是对数值的二进制值逐位进行逻辑运算。如：
4 And 5 的运算结果为 4，运算过程如下：

① 4 的二进制值为 1 0 0；

② 5 的二进制值为 1 0 1；

③ 4 And 5 的结果为 1 0 0，即 4。

4 Or 5 的运算结果为 5，运算过程如下：

① 4 的二进制值为 1 0 0；

② 5 的二进制值为 1 0 1；

③ 4 Or 5 的结果为 1 0 1，即 5。

关于运算符和表达式的几点说明：

● 一个复杂表达式包含五种运算时，先进行算术运算（日期可看作特殊的算术运算）和字符串运算，再进行关系运算，最后进行逻辑运算。如：

Print 3 + 5 > 4 + #8/1/2012# & "abc" And 3 > 2　　' 结果为 False

该表达式的运算过程为：

① 3 + 5 结果为 8；

② 4 + #8/1/2012# 结果为 #8/5/2012#；

③ #8/5/2012# & "abc" 结果为"8/5/2012abc"；

④ 8 > "8/5/2012abc" 结果为 False；

⑤ 3 > 2 结果为 True；

⑥ False And True 结果为 False。

● 所有同级的运算按从左至右的顺序进行，括号内的运算优先进行，嵌在最里层括号内的运算最先进行，然后依次由里向外进行。

● 表达式的书写规则：

① 每个符号或字符占一格，所有符号和字符都必须写在同一直线上，如数学中的 a^2 必须写成 a*a 或 a^2。

② 可以用小括号"()"或大括号。

3.4　Visual Basic 语句书写规则

Visual Basic 的语句就是由前面介绍的数据、函数、表达式等基本语言元素所构成的，除此之外，要写出一条正确语句，还要掌握 Visual Basic 的语句书写规则。通常，每条语句都有自己的语句格式，后面学习具体语句时会详细介绍，本节需要掌握的是语句的基本书写规则。

（1）通常一行写一条语句，可以从任一列开始，但不要超过 255 个字符。

（2）若需要在一行内写多条语句，语句之间用 "："隔开。

（3）若一条语句过长，可以拆成多行来写，但必须在上行尾部加续行符号，续行符号由一个空格加下划线组成。

（4）书写语句时，不区分字母的大小写。

（5）Visual Basic 中所有的标点符号均应为西文标点符号。

本章小结

本章介绍了 Visual Basic 的基本语言元素：数据类型、常量和变量、函数、运算符号和表达式及语句书写规则。基本语言元素是构成语句的重要组成部分，只有熟练掌握这些基本语言元素才能轻松写出合法语句。

习 题 三

一、选择题

1. 下面_____是合法的变量名。
   A. x_yz　　　　　B. 123ab　　　　　C. Integer　　　　D. x-y

2. 在一行内写多条语句时，语句之间用_____隔开。
   A. 逗号　　　　　B. 分号　　　　　C. 冒号　　　　　D. 圆点

3. 下面_____是合法的字符常量。
   A. abc$　　　　　B. "abc"　　　　　C. 'abc'　　　　　D. abc

4. 表达式 16 / 4 - 2 ^ 5 * 8 Mod 5 \ 2 的值是_____。
   A. 14　　　　　　B. 4　　　　　　　C. 20　　　　　　D. 2

5. 表达式 Int(198.555 * 100 + 0.5) / 100 的值是_____。
   A. 198　　　　　B. 198.6　　　　　C. 198.56　　　　D. 199

6. 表达式 4 + 5 \ 6 * 7 / 8 Mod 9 的值是_____。
   A. 4　　　　　　B. 5　　　　　　　C. 6　　　　　　D. 7

7. a = 123 & Mid("123456", 3, 2) 执行后，a 的值为_____。
   A. 12345　　　　B. 12334　　　　　C. 1234　　　　　D. 123456

8. 下面程序段的运行结果是_____。

   ```
   a = 8
   b = 9
   Print a > b
   ```

   A. -1　　　　　　B. 0　　　　　　　C. False　　　　　D. True

9. 若 a = 2，b = 3，c = 4，则值为 True 的表达式是_____。
   A. 12 / a + 2 = b ^ 2　　　　　　　B. 3 > 2 * b Or a = c And b > c Or a > b
   C. a > b And b <= c Or 3 * a > c　　D. a * b > c + 3

10. Dim I As Integer 则运行时变量 I 的初始值是_____。
    A. 0　　　　　　B. 1　　　　　　　C. -1　　　　　　D. 空值

11. 下面逻辑表达式值为 True 的是_____。
    A. "a" > "A"　　B. "That" > "thank"　C. "9" > "a"　　D. 12 > 12#

12. 设 a = "Visual Basic"，使 b = "Basic"的语句是_____。
    A. b = Left(a, 5)　　　　　　　　　B. b = Right(a, 5, 5)
    C. b = Left(a, 8, 5)　　　　　　　 D. b = Mid(a, 8, 5)

13. \、/、 Mod 、* 四个算术运算符，运算优先级别最低的是_____。
    A. \　　　　　　B. /　　　　　　　C. Mod　　　　　D. *

14. 表示 x + y < 15，且 x * y > 0 的逻辑表达式是_____。
    A. x + y < 15 Or x * y > 0　　　　 B. x + y < 15 And x * y > 0
    C. x + y < 15 And Not (x * y < 0)　D. x + y < 15 And x * y >= 0

15. d 是一个逻辑型变量，不能给 d 赋值 True 的语句是_____。

A. d = "True"   B. d = True   C. d=.True.   D. d = 3 < 5

16. 设变量 x = 4，y = -1，a = 7，b = -8，下面表达式_____的值为 False。

  A. x + a <= b - y   B. x > 0 And y < 0

  C. a = b Or x > y   D. x + y > a + b And Not (y < b)

17. 表达式 Int(Rnd*71)+10 产生的随机整数范围是_____。

  A. （10,80）   B. （10,81）   C. [10,80]   D. [10,81]

18. 函数 Sgn(3.1416)的返回值是_____。

  A. -1   B. 1   C. 0   D. 以上结果都不对

19. 67890 属于_____类型数据。

  A. 整型   B. 单精度浮点数   C. 货币型   D. 长整型

20. 下列赋值语句_____是有效的。

  A. Sum = Sum + Sum   B. x + 2 = x + 2

  C. x + y = Sum   D. Last = y / 0

二、填空题

1. 表示 x 是 5 的倍数或是 9 的倍数的 Visual Basic 表达式是_____。

2. 计算今天是进入 2016 年的第几天的 Visual Basic 表达式是_____。

3. 表示 s 变量是英文字母（不区分大小写）的表达式是_____。

4. Visual Basic 中续行符是由空格和一个_____组成的。

5. x，y 中只有一个大于 z 的表达式是_____。

6. 随机产生一个 "c" ～ "m" 的字母的表达式是_____。

7. 随机产生一个[1.5，3.5]之间的数的表达式是_____。

8. $\sqrt[3]{x\sqrt{x^2+1}}$ 的 Visual Basic 算术表达式是_____。

9. 函数 Val("16+23")的值是_____。

10. 表达式 Sgn(7 * 3 + 2)的是_____。

三、编程题

1. 程序运行界面如图 3-5 所示。

  窗体上有一个文本框 Text1，两个命令按钮 Command1、Command2，程序运行时，在文本框中输入内容，单击 Command1，文本框中的字母换成大写字母；单击 Command2，文本框中的字母换成小写字母。

2. 程序运行界面如图 3-6 所示。

  窗体上有一个命令按钮 Command1，一个标签 Label1，程序运行时单击命令按钮，随机产生一个[1，100]范围内的整数，判断该数的奇偶性，判断结果用 Label1 显示。

图 3-5 编程题 1 程序运行界面   图 3-6 编程题 2 程序运行界面

第4章
Visual Basic 基本控制结构

【本章重点】

※ 赋值语句

※ 双分支语句、多分支语句

※ For…Next 循环、Do…Loop 循环

程序是语句的集合，并体现出一定的结构关系。

程序的基本运行方式是自顶向下顺序地执行每条语句。而有些问题的解决需要改变这种执行顺序，这就需要在程序中加进流程控制。无论问题多么复杂，只需要 3 种基本控制结构：顺序结构、分支结构、循环结构。

4.1 顺序结构

4.1.1 赋值语句

格式：<变量名>=<表达式>

功能：先计算赋值号（＝）右边表达式的值，再将其值赋给左边的变量或对象的属性。

赋值语句是最常用的语句，在 VB 中，经常用到以下三种赋值语句。

1. 给变量赋值

在赋值语句中，将常量赋给一个变量是最简单的形式，也可以将一个表达式的值赋给一个变量。如：

```
Dim x AS Integer
Dim y,z AS String
x = 34*Sqr(4)
x = x + 1
y = "欢迎使用 VB"
z = y
```

但需要注意的是：

赋值语句中的 "=" 不同于数学中的等于号，它是赋值号。

赋值号的左侧只能是一个变量，而不能是常数或表达式。例如，10=x 是错误的。

赋值号左侧的变量和右侧的常数或表达式的类型必须保持兼容，即类型一致或能够自动转换，否则将会出现错误。例如：

```
Dim x As Integer
x = "Hello"                    ' 类型不一致，错误赋值
```

在赋值语句中，当赋值号右边的表达式的类型与赋值号左边的变量的类型不一致时，需要强制转换成赋值号左边的变量数据类型，如：

```
iA% = 10 / 3                   ' iA 中的结果为 3
```

若某些数据类型不能够进行转换，则会产生语法错误。

【例 4-1】利用中间变量将变量 *a*、*b* 的值交换。

分析：由于变量只存放最后一次存入的数据，所以要交换两个变量的值，要借助中间变量作为暂存单元来进行。正如交换两杯水一样，如果需要交换两个水杯里的水，则需要第三个空杯子才能够进行。中间变量 *t*，先将 *a* 的值暂存到 *t* 中，再将变量 *b* 的值送入变量 *a*，最后将 *t* 的值送入变量 *b*。以上过程一步一步体现了顺序结构的思想。实现上面的程序所需的关键程序代码如下：

```
...
t = a                          ' 将 a 的值存入 t
a = b                          ' 将 b 的值存入 a
b = t                          ' 将 t 的值存入 b
...
```

图 4-1　交换两个变量的值

程序运行结果如图 4-1 所示。

当单击"交换"按钮时，变量 *a*、*b* 的值会互换，完整的按钮单击事件代码如下：

```
Private Sub Command1_Click()
    Dim a As Integer, b As Integer, t As Integer
    a = Val(Text1.Text)
    b = Val(Text2.Text)
    t = a
    a = b
    b = t
    Text1.Text = a
    Text2.Text = b
End Sub
```

> **注意**　本例的重点是要学会两个数的交换，若上述语句次序变一下，试想结果如何呢？

2. 给对象的属性赋值

在 VB 程序中，可用赋值语句为对象的属性设置值，它的一般格式为：

对象名.属性　= 属性值

例如，为窗体 Form1 的 Caption 属性设置值：

　　Form1.Caption = "VB 学习系统"

3. 给对象赋值

在 VB 程序中，用赋值语句可以把一个对象的引用赋值给另外一个同类型的对象变量，它的一般格式为：

　　Set　对象名　=　对象的引用

通常情况下，"对象的引用"就是另外一个对象名。

4.1.2　Print 方法

1. Print 方法

此方法用来输出文本字符串或表达式的值，其语法格式如下：

　　[对象.]Print[{Spc(n)|Tab(n)}}][表达式列表][; | ,]

说明：

- 方括号[]里的内容是可选的，即在使用 Print 方法的时候可以省略方括号里的内容，例如，直接使用语句 Print 则表示仅仅输出一个换行符。
- 对象名称可以是窗体（Form）、图片框（PictureBox）或打印机（Printer）。如果省略对象名称，则在当前窗体上直接输出。例如：Print "Visual Basic"表示把字符串直接输出到当前窗体；如果需要在图片框中输出字符串，则 Print 方法前必须加上图片框的名称。
- 表达式列表是一个或多个表达式，可以是数值表达式或字符串。对于数值表达式，将输出表达式的值，字符串照原样输出。如果省略表达式列表，则输出一个空行，相当于换行。输出数据时，数值数据的前面有一个符号位，后面有一个空格，而字符串前后都没有空格。

例如：

```
Print 12                    '输出结果为 12
Print                       '此时实际输出的是换行符，不可见
Print "你好"                 '输出结果为你好
```

- 当输出多个表达式时，各表达式之间用分隔符（逗号、分号）隔开。如果使用逗号分隔符，则按标准格式输出（分区输出）；如果使用分号作为分隔符，则按紧凑格式输出，即各输出项之间无间隔地连续输出。

例如：

```
Print 2, 3, "你好"           '输出结果为 2    3    你好
Print 2; 3; "你好"           '输出结果为 2    3    你好
```

- Spc(n)函数：插入 n 个空格，允许重复使用。
- Tab(n)函数：左端开始右移动 n 列，允许重复使用。
- ;（分号）：光标定位在上一个显示的字符后。
- ,（逗号）：光标定位在下一个打印区的开始位置处。
- 句尾无";"或","时换行。

注意

在 Form _Load 事件过程中使用 Print 方法，必须设置窗体的 AutoRedraw 为 True 才有效果。

开始打印输出的位置是由对象的 CurrentX 和 CurrentY 属性决定的，默认为打印对象的左上角坐标（0，0）。

【例 4-2】使用 Print 方法在窗体中直接输出字符串或数据表达式的值。

启动 VB 工程，新建一个窗体，在窗体的单击事件中编写如下代码：

```
Private Sub Form_Click()
    Font.Size = 20
    Print "12345678901234567890…………"
    Print "visual"，"Basic"
    Print "visual"；"Basic"
    Print tab(5)；"visual"，tab(15)；"Basic"
    Print spc(5)；"visual"，spc(15)；"Basic"
    Print tab(-5)；"visual"
    x = 8:y = -5
    Print "12345678901234567890…………"
    Print x,y :Print x;y
    Print "x = "；x，"y = "；y
    Print "x + y = "；x + y
    Print x = y = 3
End Sub
```

请大家分析上述程序的运行结果，体会 Print 方法的使用技巧。

2．Tab 函数、Spc 函数

（1）Tab()函数

格式：Tab(<n>)

说明：此函数用于和 Print 方法配合使用对输出进行定位。其中，n 为数值表达式，表示把显示或打印位置移至第 n 列。要输出的内容放在 Tab()函数后面，并用分号隔开。

例如：Print Tab(10); "姓名"; Tab(30); "年龄"

（2）Spc()函数

格式：Spc(<n>)

说明

此函数用来和 Print 方法配合使用对输出进行定位。其中，n 为数值表达式，表示在显示或打印时下一个表达式之前插入的空格数。Spc()函数与输出项之间用分号隔开。

例如：Print   "sdf";Spc(5); "aaa"

Spc()函数与 Tab()函数的作用类似，可以互相代替。但应注意，Tab()函数从对象的左端开始计数，而 Spc()函数只表示两个输出项之间的间隔。

4.1.3　Format()函数

Format 函数用于制定字符串或数字的输出格式。

语法格式：x = Format (expression,fmt)。

expression 是所输出的内容。fmt 是指输出的格式，这是一个字符串型的变量，这一项若省略的话，那么 Format 函数将和 Str 函数的功能差不多。

例如：

```
Dim MyTime
MyTime = #17:04:23#
    MyStr = Format(MyTime, "h:m:s")                ' 返回 "17:4:23"
    MyStr = Format(MyTime, "hh:mm:ss AMPM")        ' 返回 "05:04:23 PM"
' 用户自定义的格式.
    MyStr = Format(5459.4, "##,##0.00")            ' 返回 "5,459.40"
    MyStr = Format(334.9, "###0.00")               ' 返回 "334.90"
    MyStr = Format(5, "0.00%")                      ' 返回 "500.00%"
```

Format 函数主要用于格式化日期型数据与数值型数据的输出格式，常用日期型格式符号如表 4-1 所示，常用数值型格式符号如表 4-2 所示。

表 4-1　　　　　　　　　　常用日期型格式符号

符　号	使用说明	示　例
dddddd	显示完整长日期（YYYY 年 M 月 D 日）	Format(Date,"dddddd") 返回 2015 年 11 月 29 日星期日
mmmm	显示月份全名（January ~ December）	Format(Date,"mmmm") 返回 Feburary
yyyy	以四位数字显示年份（0100 ~ 9999）	Format(Date,"yyyy") 返回 2015
dddd	显示星期全称（Sunday ~ Saturday）	Format(Date,"dddd") 返回 Sunday
ddddd	显示完整日期（YY/MM/DD）	Format(Date,"ddddd") 返回 2015-11-30
ttttt	显示完整时间（小时：分：秒）	Format(Time,"ttttt") 返回 11:12:12
AM/PM	显示 12 小时制时间，中午前为 AM 或 am；中午后为 PM 或 pm	Format(Time,"tttttAM/PM") 返回 11:12:15AM

表 4-2　　　　　　　　　　常用数值型格式符号

符号	作　用	表达式数值	格式化字符串	显示结果
0	实际数字少于符号位数时，数字前后显示 0；多于符号位数时，整数部分不变，小数部分四舍五入	1234.567 1234.567 1234	"00000.0000" "000.00" "000.00"	01234.5670 1234.57 1234.00
#	实际数字少于符号位数时，数字前后不加 0；多于符号位数时，整数部分不变，小数部分四舍五入	1234.567 1234.567 1234	"#####.#####" "###.##" "###.##"	1234.567 1234.57 1234.
.	加小数点	1234	"0000.00"	1234.00
,	加千位分隔符	1234.567	"##,##0.0000"	1,234.5670

续表

符号	作　用	表达式数值	格式化字符串	显示结果
%	数字乘以 100 后加百分号	1234.567	"###.##%"	123456.7%
$	在数字前加$符号	1234.567	"$###.##"	$1234.567
+	在数字前加+	1234.567	"+###.##"	+1234.567
–	在数字前加-	1234.567	"-###.##"	-1234.567
E+	用指数形式表示数值	0.1234567	"0.00E+00"	1.23E-01
E-	用指数形式表示数值	1234.567	".00E-00"	.12E04

【例 4-3】利用 Format 函数格式化日期与时间数据。

启动 VB 工程，新建一个窗体，在窗体的单击事件中编写如下代码：

```
Private Sub Form_Click( )
    FontSize = 20
    MyTime = #9:21:30 PM#
    MyDate = #7/21/1997#
    Print Tab(2); Format(MyDate, "m/d/yy")
    Print Tab(2); Format(MyDate, "mmmm-yy")
    Print Tab(2); Format(MyTime, "h-m-s AM/PM")
    Print Tab(2); Format(MyTime, "hh:mm:ss A/P")
    Print Tab(2); Format(Date, "dddd,mmmm,dd,yyyy")
    Print Tab(2); Format(Now, "yyyy 年 m 月 dd 日  hh：mm")
    Print FormatDateTime(Now)    ' VB 6.0 新提供的函数
End Sub
```

请大家独立分析上述程序可能的运行结果，并运行该程序，比较实际的输出结果与自己分析的输出结果是否一致。

4.1.4　InputBox()函数

InputBox()函数显示一个能接收用户输入的对话框，并返回用户在对话框中输入的字符信息。

格式：变量=InputBox(<提示信息>[, <对话框标题>][, <默认内容>])

说明：

- <提示信息>是必选项，不能省略。它是一个字符串或字符串表达式，作为显示在输入对话框内的提示信息。
- <对话框标题>是可选项，显示在输入对话框标题栏的标题，若默认，则将应用程序名放在标题栏中。
- <默认内容>可以指定输入框的默认文本内容。程序运行时，如果用户单击"确定"按钮，则文本框中的文本字符就返回到变量中；若用户单击"取消"按钮，则函数返回的将是一个零长度的字符串。
- 如果省略了某些可选项，则必须加入相应的逗号分隔符。
- 该函数返回的值是字符型，若想得到数值型数据，需用 Val()函数转换。

【例 4-4】使用 InputBox 函数接收用户输入的数据（见图 4-2 和图 4-3）。用户输入的数据会保存在变量 Name 和 Age 中。

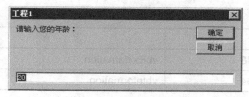

图 4-2　使用 InputBox 输入用户姓名　　　　　　图 4-3　使用 InputBox 输入用户年龄

代码如下：

```
Private Sub Form_Click()
    Dim Name As String
    Dim Age As Integer
    Name = InputBox("请输入您的姓名：", "信息输入")
    Age = Val(InputBox("请输入您的年龄：", , "20"))
    Font.Size = 20
    Print "姓名是："; Name; "年龄是："; Age
End Sub
```

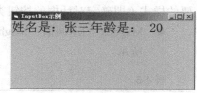

图 4-4　InputBox 示例

单击窗体之后，程序的运行结果如图 4-4 所示。

4.1.5　MsgBox()函数

消息框函数（MsgBox）是常用的输出信息的函数。它在对话框中显示信息，等待用户单击按钮，并返回一个整数以标明用户单击了哪一个按钮。其语法格式如下：

　　变量 = MsgBox (<信息内容> [,<对话框类型> [,<对话框标题>]])

说明：

● <信息内容>是必选项，指定在对话框中出现的文本，在信息内容中使用硬回车符（Chr(13)）可以使文本换行。对话框的宽度和高度随着内容的增加而增加，最多可以有1024 个字符。

● <对话框类型>指定对话框中出现的按钮和图标，其取值和含义分别如表4-3、表4-4 和表4-5 所示。

表 4-3　　　　　　　　　　　　　　　　MsgBox 函数按钮类型

值	常　　量	说　　明
0	vbOKOnly	"确定"按钮
1	vbOKCancel	"确定"和"取消"按钮
2	vbAbortRetryIgnore	"终止""重试"和"忽略"按钮
3	vbYesNoCancel	"是""否"和"取消"按钮
4	vbYesNo	"是"和"否"按钮
5	vbretryCancel	"重试"和"取消"按钮

表 4-4　　　　　　　　　　　　　　　　MsgBox 函数图标类型

值	常　　量	说　　明
16	vbCritical	停止图标
32	vbQuestion	问号（？）图标

续表

值	常 量	说 明
48	vbExclamation	感叹号（！）图标
64	vbInformation	信息图标

表 4-5   MsgBox 函数默认按钮

值	常 量	说 明
0	vbDefaultButton1	指定默认按钮为第一按钮
256	vbDefaultButton2	指定默认按钮为第二按钮
512	vbDefaultButton3	指定默认按钮为第三按钮

说明： 以上三种数值相加的结果作为 MsgBox 函数的对话框类型参数，用于确定对话框所需要的样式（即确定对话框的按钮类型、个数以及图标类型）。

● Msgbox 的返回值：Msgbox()返回的值代表用户在对话框中选择了哪一个按钮，如表 4-6 所示。

表 4-6   MsgBox 函数返回值

值	常 量	说 明
1	vbOK	"确定" 按钮
2	vbCancel	"取消" 按钮
3	vbAbort	"终止" 按钮
4	vbRetry	"重试" 按钮
5	vbIgnore	"忽略" 按钮
6	vbYes	"是" 按钮
7	vbNo	"否" 按钮

【例 4-5】 函数 MsgBox()的使用实例。产生图 4-5 所示的消息对话框。

```
Private Sub Form_Click()
    Dim x As Integer
    x = MsgBox("明天去春游吗", 4 + 32 + 0, "班长问大家")
End Sub
```

 注意

MsgBox 函数也可以写成语句的形式，格式为：
MsgBox <信息内容> [,<对话框类型> [,<对话框标题>]]

MsgBox 语句没有返回值，通常用于简单的信息提示，如图 4-6 所示。

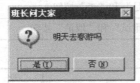

图 4-5　MsgBox 示例

图 4-6　MsgBox 语句

代码：MsgBox "HELLO!", 0 + 64, "消息框"

4.2　分 支 结 构

分支结构是计算机科学用来描述自然界和社会生活中分支现象的重要手段，其特点是根据所给定的条件为真（即条件成立）与否，而决定从各实际可能的不同分支中执行某一分支的相应操作，并且任何情况下总有："无论分支多寡，必择其一；纵然分支众多，仅选其一"。

Visual Basic 支持 3 种条件分支语句。

4.2.1　简单分支语句

语法格式：

（1）If <表达式> Then

           <语句块>

      End If

（2）If <表达式> Then <语句块>

说明：

- 表达式：一般为关系表达式、逻辑表达式，也可为算术表达式。表达式的值按非零为 True、零为 False 进行判断。

- 语句块：可以是一条或多条语句。若用形式（2）表示，则只能是一句语句，或者是语句间用冒号分隔，且几句语句必须在一行上。

- 语句功能：当表达式的值为 True 或非零时，执行 Then 后面的语句块（或语句）；若表达式的值为 False 或零，则放弃执行，程序转到 End If 之后去继续执行其他语句，如图 4-7 所示。对于形式（2），程序直接跳到 If 的下一条语句去继续执行。

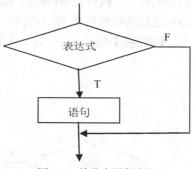

图 4-7　单分支语句流程

【例 4-6】两个数比较大小，已知两个数 x 和 y，比较它们的大小，使得 x 大于 y。

新建 VB 工程，在命令按钮的 Click 事件中添加如下代码：

```
Private Sub Command1_Click()
    Dim x As Integer, y As Integer
    x = Val(InputBox("请输入一个整数：", "数据输入"))
    y = Val(InputBox("请输入另一个整数：", "数据输入"))
    If x < y Then
        t = x
        x = y
        y = t
    End If
    MsgBox "较大值为：" & x, vbOKOnly, "求较大值"
End Sub
```

运行程序时，根据提示信息输入两个整数，程序运行结果如图 4-8 所示。

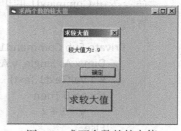

图 4-8　求两个数的较大值

Then 后面的语句块如果写在同一行，语句之间使用冒号"："分隔开，则可以省略 End If 不写。如例 4-6 中的 If 语句代码可改写为"If x<y Then t=x: x=y: y=t"。

4.2.2 双分支语句

简单分支语句仅在表达式为 True(非 0)时，指明具体要执行什么语句，而条件为 False(0)时，则未说明。若表达式为 False(0)时，也要求执行一段特定的代码，可利用双分支语句来实现。

语法格式 1：

```
If <表达式> Then
    <语句块 1>
Else
    <语句块 2>
End If
```

语法格式 2：

```
If <表达式> Then  语句 1 Else  语句 2
```

语句功能：首先对给定的表达式进行判断，若表达式的值为 True(非 0)，则程序执行 Then 后的语句块 1，执行完毕再跳到 End If 的后面去执行其他语句；若表达式的值为 False(0)，则执行 Else 之后的语句块 2，执行完后，再执行 End If 之后的其他语句，如图 4-9 所示。

【例 4-7】输入 x，计算 y 的值，程序界面如图 4-10 所示。

$$y = \begin{cases} 1+x & (x \geq 0) \\ 1-2x & (x < 0) \end{cases}$$

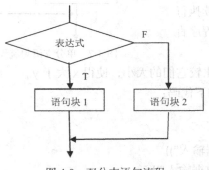

图 4-9　双分支语句流程

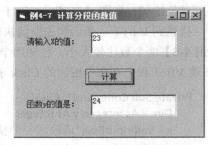

图 4-10　计算分段函数程序

命令按钮 Command1 的单击（Click）事件代码如下。

方法一

```
Private Sub Command1_Click()
    Dim x As Single, y As Single
    x = Val(Text1.Text)
    If x >= 0 Then
        y = 1 + x
    Else
```

```
        y = 1 - 2 * x
    End If
    Text2.Text = y
End Sub
```

方法二

```
Private Sub Command1_Click()
    Dim x As Single, y As Single
    x = Val(Text1.Text)
    If   x >= 0   Then   y = 1 + x   Else   y = 1 - 2 * x
    Text2.Text = y
End Sub
```

4.2.3　If 语句的嵌套

If 语句的嵌套是指 If 或 Else 后面的语句块中又包含 If 语句。

形式如下：

```
If <表达式 1> Then
    If   <表达式 11> Then
    …
    End If
    …
End If
```

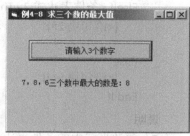

图 4-11　计算三个数的最大值

【例 4-8】利用 InputBox 函数输入 3 个不同的数，选出其中最大的数，程序运行结果如图 4-11 所示。

命令按钮 Command1 的单击（Click）事件代码如下。

```
Private Sub Command1_Click()
    Dim a As Single, b As Single, c As Single,max As Single
    Dim p As String
    a = Val(InputBox("请输入第 1 个数：", "输入框", 0))
    b = Val(InputBox("请输入第 2 个数：", "输入框", 0))
    c = Val(InputBox("请输入第 3 个数：", "输入框", 0))
    p = " " & a & ", " & b & ", " & c
    p = p & "三个数中最大的数是："
    If a > b Then
        If a > c Then
            max = a
        Else
            max = c
        End If
    Else
        If b > c Then
            max = b
        Else
            max = c
        End If
    End If
```

```
        p = p & max
        Label1.Caption = p
End Sub
```

注意　If 语句嵌套时，If 与 End If 须配对；书写时适当缩进，便于阅读。

4.2.4　多分支语句

多分支结构将根据条件的 True 和 False 决定处理多分支中的一个。它既可以用 If 语句实现，也可以用 Select Case 语句，后者更方便。

1. If … Then … ElseIf 语句

语法格式：

```
If <条件表达式 1> Then
    [<语句块 1>]
ElseIf <条件表达式 2> Then
    [<语句块 2>]
...
[Else
    [<语句块 n>]]
End If
```

说明：

- 语法形式中的条件表达式一般为关系表达式或逻辑表达式，也可以是算术表达式。表达式值按非 0 为 True、0 为 False 来进行判断。
- 每个语句块可以是一条语句，也可以是多条语句。
- 语句功能：依次对给定的条件表达式进行判断，哪个条件表达式的值为 True，则程序就执行该条件 Then 后面的语句块。当所有条件表达式的值都为 False 时，则执行 Else 后面的语句块。执行语句块完毕后，不会再去判断该语句块后面的条件表达式，而是直接跳到 End If 之后去执行其他语句。如图 4-12 所示。
- 若有多个条件同时成立，则程序只执行最先遇到的表达式下的语句块。

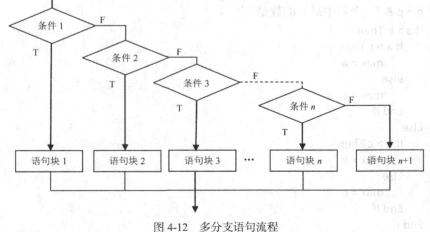

图 4-12　多分支语句流程

【例 4-9】铁路托运行李，从甲地到乙地，规定每张客票托运费的计算方法是：行李重量不超过 50kg 时，0.25 元/kg，超过 50kg 而不超过 100kg 时，其超过部分按 0.35 元/kg 收费，超过 100kg 时，其超过部分按 0.45 元/kg 收费。编写图 4-13 所示的程序，输入行李重量，计算并输出托运的费用。

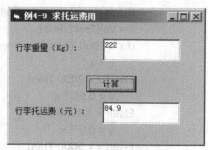

图 4-13　多分支实现托运费用计算

分析：设行李重量为 w kg，应付运费为 x 元，则运费公式为：

$$x = \begin{cases} 0.25 \times w & (w \leqslant 50) \\ 0.25 \times 50 + 0.35 \times (w-50) & (50 < w \leqslant 100) \\ 0.25 \times 50 + 0.35 \times 50 + 0.45 \times (w-100) & (w > 100) \end{cases}$$

命令按钮 Command1 的单击（Click）事件代码如下。

```
Private Sub Command1_Click()
    Dim w As Single, x As Single
    w = Val(Text1.Text)
    If w <= 50 Then
        x = 0.25 * w
    ElseIf w <= 100 Then
        x = 0.25 * 50 + 0.35 * (w - 50)
    Else
        x = 0.25 * 50 + 0.35 * 50 + 0.45 * (w - 100)
    End If
    Text2.Text = x
End Sub
```

【例 4-10】某百货公司为了促销，采用购物打折扣的优惠办法，每位顾客一次购物：

（1）在 1000 元以上者，按九五折优惠；

（2）在 2000 元以上者，按九折优惠；

（3）在 3000 元以上者，按八五折优惠；

（4）在 5000 元以上者，按八折优惠。

输入购物款数，计算并输出优惠价，如图 4-14 所示。

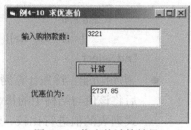

图 4-14　优惠价计算结果

分析：设购物款数为 x 元，优惠价为 y 元，付款公式为：

$$y = \begin{cases} x & (x < 1000) \\ 0.95x & (1000 \leqslant x < 2000) \\ 0.9x & (2000 \leqslant x < 3000) \\ 0.85x & (3000 \leqslant x < 5000) \\ 0.8x & (x \geqslant 5000) \end{cases}$$

命令按钮 Command1 的单击（Click）事件代码如下。

```
Private Sub Command1_Click()
```

```
        Dim x As Single, y As Single
        x = Val(Text1.Text)
        If x < 1000 Then
            y = x
        ElseIf x < 2000 Then
            y = 0.95 * x
        ElseIf x < 3000 Then
            y = 0.9 * x
        ElseIf x < 5000 Then
            y = 0.85 * x
        Else
            y = 0.8 * x
        End If
        Text2.Text = y
    End Sub
```

利用这种多重选择分支语句，可便于对多重情况进行判断处理，但如果遇到更复杂的问题，判断分支层次越多，结构就越不清晰，为此，Visual Basic 提供了另一个结构更清晰、执行效率更高的多重分支语句：Select Case。

2. Select Case 语句

Select Case 语句的语法格式：

```
    Select Case <测试条件表达式>
        [Case <表达式列表 1>
            [<语句块 1>]]
        [Case <表达式列表 2>
            [<语句块 2>]]
        ...
        [Case Else
            [<语句块 n>]]
    End Select
```

● 语句功能：首先计算测试表达式的值，然后将该值与结构中的每个 Case 后面的表达式列表的值进行比较，若相等，则执行与该 Case 相关联的语句块，执行完毕后，控制权转到 End Select 之后的语句。若在所有表达式列表中均没有一个值与测试表达式相匹配，则无条件执行 Case Else 之后的语句块。如图 4-15 所示。

● 语句说明：

（1）"测试表达式"可以是数值或字符串表达式，通常为变量或常量。

（2）"表达式列表 i"与"测试表达式"类型需相同。

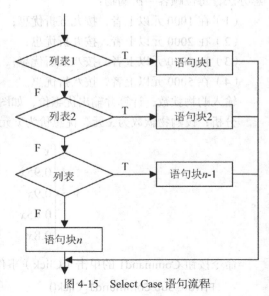

图 4-15 Select Case 语句流程

（3）"表达式列表 i" 为下列四种形式：

① 普通表达式，如 "A"；

② 一组枚举表达式（用逗号分隔），如 2,4,6,8；

③ 表达式 1 To 表达式 2，如 60 To 100；

④ Is 关系运算符表达式，如 Is<60。

（4）当使用多个表达式的列表时，表达式与表达式之间要用逗号 "，" 隔开。

【例 4-11】在例 4-10 中使用 Select Case 语句来计算优惠价，只需将其中命令按钮 Command1 的单击（Click）事件代码改为：

```
Private Sub Command1_Click()
    Dim x As Single, y As Single
    x = Val(Text1.Text)
    Select Case x
        Case Is < 1000
            y = x
        Case Is < 2000
            y = 0.95 * x
        Case Is < 3000
            y = 0.9 * x
        Case Is < 5000
            y = 0.85 * x
        Case Else
            y = 0.8 * x
    End Select
    Text2.Text = y
End Sub
```

【例 4-12】判断字符问题。在文本框中输入一个字符，单击 "判断" 按钮，来判断输入的是大写字母、小写字母、数字或其他字符。运行界面如图 4-16 所示。

命令按钮 Command1 的单击（Click）事件代码如下。

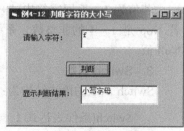

图 4-16　判断字符的大小写

```
Private Sub Command1_Click()
    Dim s As String
    s = Text1.Text
    Select Case s
        Case "a" To "z"
            Text2.Text = "小写字母"
        Case "A" To "Z"
            Text2.Text = "大写字母"
        Case "0" To "9"
            Text2.Text = "数字"
        Case Else
            Text2.Text = "其他字符"
    End Select
End Sub
```

4.2.5 条件函数

1. IIF 函数

IIf 函数用于实现一些比较简单的选择结构。IIf 函数的语法结构为：

Iif(<条件表达式>, <真部分>, <假部分>)

如果<条件表达式>的值为真，则函数的返回值为<真部分>，否则返回值为<假部分>。

即语句 y = IIf(<条件表达式>, <真部分>, <假部分>) 相当于：

If <条件表达式> then   y = <真部分> Else   y = <假部分>

【例 4-13】例 4-7 中命令按钮 Command1 的单击（Click）事件代码可以改为：

```
Private Sub Command1_Click()
    Dim x As Single, y As Single
    x = Val(Text1.Text)
    y = IIf(x >= 0, 1 + x, 1 - 2 * x)
    Text2.Text = y
End Sub
```

2. Choose 函数

Choose 函数的语法结构为：

Choose（数字类型变量，值为 1 的返回值，值为 2 的返回值…）

例如，Nop 是 1-4 的值，转换成 + 、-、×、÷ 运算符的语句如下：

Op= Choose（Nop, "+", "-", "×", "÷"）

若值为 1，返回字符串 "+"，然后放入 Op 变量中，值为 2，返回字符串 "-"，依此类推；若 Nop 是 1~4 的非整数，系统自动对 Nop 取整，然后再判断；若 Nop 不在 1~4，函数返回 Null 值。

3. Switch 函数

Switch 函数的语法结构为：

Switch(条件表达式 1，值 1，条件表达式 2，值 2，…)

如果条件表达式 1 的值为 True，则函数返回值为值 1，否则再判断条件表达式的值，如果为 True，则函数返回值为 2，依此类推，可写多个条件表达式与值对。

4.2.6 分支结构综合示例

本小节利用分支结构以及之前学过的知识实现一个简易的自动出题与评分系统小程序。

【例 4-14】使用分支语句实现一个简单的自动出题与评分系统。

功能描述：由计算机来当一年级的算术老师，要求随机产生一个算术表达式，表达式由两个 1~10 的操作数和 "+""-""×""÷" 运算符构成，学生输入表达式的计算结果，计算机根据学生输入的计算结果判断正确与否，当测试结束时给出成绩。

程序运行结果如图 4-17 所示。

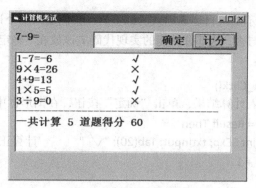

图 4-17　自动出题与评分系统

当程序运行时，系统已经随机产生一个算术表达式，输入结果后单击"确定"按钮，会在图片框里显示正确与否并同时随机产生下一个算术表达式，继续答题；当单击"计分"按钮时，系统会根据做对的题数与总题数自动进行评分。

本系统的核心功能是随机产生一个算术表达式，算术表达式是由两个随机的 10 以内的整数与一个随机运算符（"+""-""×"与"÷"）构成。产生两个随机的 10 以内的整数可通过语句 Num1 = Int(10 * Rnd + 1) 与 Num2 = Int(10 * Rnd + 1) 来实现，那么如何产生随机的运算符呢？我们可以通过 NOp = Int(4 * Rnd + 1) 将产生的随机数赋值给变量 NOp（其值为 1～4 的随机数），那么 NOp 的值如何与 "+""-""×""÷" 等运算符建立关联呢？此时我们可以考虑使用 Choose 函数了，语句 Op = Choose(NOp, "+", "-", "×", "÷") 根据产生的随机数 NOp 的值随机返回 "+""-""×""÷" 四个运算符中的某一个并赋值给变量 Op，这样构成一个算术表达式的两个随机操作数与随机运算符就有了，接下来应该考虑如何计算该表达式的值了。此时 Switch 函数就派上用场了，通过语句：Result = Switch(Op = "+", Num1 + Num2, Op = "-", Num1 - Num2, Op = "×", Num1 * Num2, Op = "÷", Num1 / Num2) 判断产生的随机运算符 Op，并计算相应的两个操作数结果且保存在 Result 变量中，程序可根据用户输入的结果与 Result 的值进行比较，判断用户的计算结果是否正确。至此该小程序的基本功能就实现了。

接下来我们分析一下程序的运行流程。当程序启动的时候，窗体上已经显示了一个随机的算术表达式，因此产生随机算术表达式的程序代码应该放在 Form_Load 事件里比较合适，Form_Load 事件过程如下：

```
Private Sub Form_Load()
    ' 通过产生随机数生成表达式
    Dim Num1%, Num2%, NOp%, Op$                '两个操作数、操作代码、操作符
    Randomize                                   '初始化随机数生成器
    Num1 = Int(10 * Rnd + 1)                    '产生 1～10 的操作数
    Num2 = Int(10 * Rnd + 1)                    '产生 1～10 的操作数
    NOp = Int(4 * Rnd + 1)                      '产生 1～4 的操作代码
    Op = Choose(NOp, "+", "-", "×", "÷")
    Result = Switch(Op = "+", Num1 + Num2, Op = "-", Num1 - Num2, Op = "×", Num1 * Num2,
Op = "÷", Num1 / Num2)
    SExp = Num1 & Op & Num2 & " = " & Result
    lblExp = SExp
End Sub
```

其中 lblExp 是用于显示随机自述表达式的标签。当我们输入一个计算结果并单击"确定"按钮时，系统能够判断正确与否，这部分功能的实现代码应该放在"确定"按钮的单击事件过程中，完整的事件过程代码如下：

```
Private Sub cmdOk_Click()
    ' 在文本框输入计算结果，单击"确定"按钮，在图形框中显示正确与否
    If Val(txtInput) = Result Then
        Picture1.Print SExp; txtInput; Tab(20); "√ "           '计算正确
        NOk = NOk + 1
    Else
        Picture1.Print SExp; txtInput; Tab(20); "× "           '计算错误
        NError = NError + 1
    End If
    txtInput = ""
    txtInput.SetFocus
    Form_Load                                                  '下一个表达式生成
End Sub
```

其中 txtInput 是用于输入计算结果的文本框，变量 NOK 与 NError 分别用于记录做对的题目数与做错的题目数，两者之和应该等于总题数。如果输入到文本框里的内容与程序计算出来的 Result 值相等，则在图片框里显示"√"，同时将正确的题数加 1；否则在图片框中显示"×"，同时将错误的题数加 1。另外，当我们单击"确定"按钮之后，标签 lblExp 上又显示了一个新的算术表达式，因此在该事件过程之后再次调用了实现随机自述表达式的过程 Form_Load。

当我们单击"计分"按钮时，下面的图片框里显示一共计算多少题，得多少分。"计分"按钮的事件过程代码如下：

```
Private Sub CmdMark_Click()
    Picture1.Print "--------------------------------"
    Picture1.Print "一共计算  " & (NOk + NError) & " 道题";
    Picture1.Print "得分  " & Int(NOk / (NOk + NError) * 100)
End Sub
```

最后，本例中使用的几个全局变量定义如下：

```
Dim SExp As String '计算表达式
Dim Result!, NOk%, NError%
```

其中 SExp 字符串用于将随机算术表达式显示在标签 lblExp 上，Result 变量用于存放随机算术表达式的计算结果，NOk 与 NError 分别保存做对的题数与做错的题数。

4.3 循环结构

无论是顺序结构还是选择分支语句，它们中的每一条语句，一般只执行一次，但在实际应用中，有时常需要重复执行某一段语句或操作。为此，Visual Basic 提供了循环控制结构语句。

循环结构允许重复执行一行或数行代码。循环执行的语句并不是单纯地重复执行，每次执行时，语句的参数一般都是不同的。Visual Basic 提供了 3 种循环控制结构，它们是 For…Next 循环、Do…Loop 循环和 While…Wend 循环。其中，For…Next 循环是按规定的次数执行循环，循环计数器控制着循环的次数，而 Do 和 While 循环则是按给定的条件来决定循环的执行与否。无论是哪种循环结构，我们在学习中，都需要注意关注循环三要素。

（1）初始化：决定循环的初始状态，即与循环相关的变量的初始值。

（2）循环体：循环中反复执行的部分。

（3）循环的条件：决定循环结束的条件。

4.3.1　For…Next 语句实现循环结构

语法格式：

　　For　循环变量=初值　To　终值　[Step　步长]

　　　　[语句块]

　　　　[Exit For]

　　　　[语句块]

　　Next　循环变量

- 语句功能：根据循环变量指定的次数重复执行循环体语句，直到循环变量的值超过终值为止，如图 4-18 所示。

- 语句说明：

循环变量：必须为数值型。

步长：若为正数，初值应小于等于终值；若为负值，初值应大于等于终值；默认时步长为 1。

循环体：或称语句块，重复执行的一条或多条语句。

Exit For：可选项，用于某些特殊情况下退出循环。执行到 Exit For 语句时退出循环体，执行 Next 语句的下一语句。

$$循环次数：n = \mathrm{int}(\frac{终值-初值}{步长}+1)$$

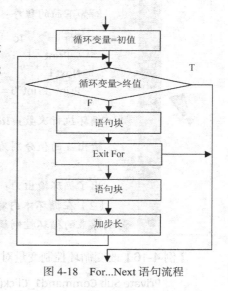

图 4-18　For…Next 语句流程

该语句的执行步骤如下。

（1）循环变量被赋初值，它仅被赋值一次。

（2）判断循环变量是否在终值内，如果是，执行循环体；如果否，结束循环，执行 Next 后面的语句。

（3）循环变量加步长，转（2），继续循环。

【例 4-15】求 1+2+3+…+100 的和。

分析：这是一个求多个有规律的数相加的问题，为此主要解决两个问题，第一是获取数，第二是求和。

获取数：第一个数为 1，其后的数都是前一个数加 1，直至 100。因此可以在循环体中使用一个变量 i，每循环一次使 i 增 1，直到 i 的值超过 100，这样可以获取所要的每个数。

求累加和：可用一个变量 sum 来存放和，给 sum 赋初值 0，第一次执行循环体时，0+1 赋给

sum，*i* 的值变为 2，第二次执行循环体时，1+2 赋给 sum，*i* 的值变为 3，依次类推，直到 *i*<=100 为假时结束循环。最后 sum 中存放所求的累加和。

实现代码如下：

```
Private Sub Form_Click()
    Dim i As Integer            '声明循环变量 i
    Dim sum As Long             '声明累加和变量 sum
    sum = 0                     '给 sum 赋初值为 0
    For i = 1 To 100
        sum = sum + i
    Next i
    Print "sum = "; sum
End Sub
```

请参照上面的例题，试着自己编程求出 20！。

（1）出了循环，循环控制变量值的问题。

例如下面的程序：

```
For i = 2 To   13   Step     3
   Print   i
Next i
Print: Print "I = ", i
```

循环执行次数：$Int(\frac{13-2}{3}+1)=4$

输出 i 的值分别为：

2   5   8   11

出了循环输出为： I=14

（2）在循环体内对循环控制变量可多次引用；但最好不要对其赋值，否则会影响原来的循环控制规律。

【例 4-16】改变循环控制变量对循环的影响。

```
Private Sub Command1_Click()
    Font.Size = 20
    j = 0
    For i = 1 To 20 Step 2
        i = i + 3
        j = j + 1
        Print "第"; j; "次循环 i = "; i
    Next i
    Print "退出循环后 i = "; i
End Sub
```

图 4-19　例 4-16 运行结果

正常情况：i=1,3,5,7,9,11,13,15,17,19

现在：i=4,9,14,19

【例 4-17】字符分类统计问题。在文本框中输入一串字符，单击"计算"按钮，统计输入的是大写字母、小写字母、数字或其他字符的个数。如图 4-20 所示。

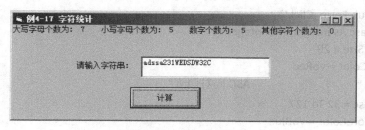

图 4-20　例 4-17 运行界面

分析：要统计文本框中每种类型字符的个数，首先要获取文本框中字符的总个数，将其作为环境的上界，通过 For 循环分析根据字符的 ASCII 码判断每个字符的类型。判断文本框中字符串的个数可通过 Len() 函数实现，获取字符串中的每一个字符可通过 Mid() 函数实现。

"计算"按钮的单击事件过程代码如下：

```
Private Sub Command1_Click()
    Dim i%, n%, s$, m$
    Dim k1%, k2%, k3%, k4%
    s = Text1.Text                          ' 取整个字符串
    For i = 1 To Len(s)                      ' 设循环次数为字符串长度
        m = Mid(s, i, 1)                     ' 依次取字符串中的一个字符
        If m >= "A" And m <= "Z" Then
            k1 = k1 + 1                      ' 大写字母个数累加
        ElseIf m >= "a" And m <= "z" Then
            k2 = k2 + 1                      ' 小写字母个数累加
        ElseIf m >= "0" And m <= "9" Then
            k3 = k3 + 1                      ' 数字个数累加
        Else
            k4 = k4 + 1                      ' 其他字符个数累加
        End If
    Next i
    Print "大写字母个数为："; k1; Spc(5); "小写字母个数为："; k2; Spc(5); "数字个数为：
"; k3; Spc(5); "其他字符个数为："; k4
End Sub
```

【例 4-18】输出可打印的 ASCII 码字符与它的编码值。如图 4-21 所示。

分析：ASCII 码采用一个字节给字符进行编码，其中字节的最低位约定为 0，因此用于编码的比特位只有 7 位，故 ASCII 码的取值范围从 0 开始到 127 结束，共 128 个 ASCII 码。在 128 个 ASCII 码中，有些 ASCII 码值对应的字符是不可显示的，实际可显示出来的字符对应的

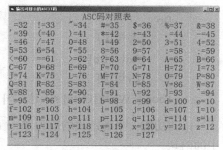

图 4-21　输出 ASCII 码与字符对照表

ASCII 码取值范围是 32 到 126，因此将 32 与 126 分别作为 For 循环的下界与上界，通过 Chr() 函数将每个 ASCII 码对应的字符输出。代码如下：

```
Private Sub Form_Click()
    Dim asc As Integer, i As Integer
    Font.Size = 20
    ForeColor = vbRed
    Print "                    ASC 码对照表"
    For asc = 32 To 127
        ForeColor = vbBlue
        Print Tab(7 * i);
        Print Chr(asc) & " = " & asc;
        ForeColor = &H80000018
        If asc < 100 Then
            Print " |";
        Else
            Print "|";
        End If
        i = i + 1
        If i = 7 Then i = 0: Print
    Next asc
End Sub
```

4.3.2 Do...Loop 循环

若已知循环次数，可以使用计数循环，但实际应用时也会遇到不知循环次数的情形。Do 循环既可按照限定的次数执行循环，也可以根据循环条件的成立与否来决定是否执行循环，其使用方法比较灵活。Do 循环有两种语法格式，分别是前测型循环结构和后测型循环结构。

（1）前测型循环结构的语法格式：

Do [{ While|Until }<表达式>]

    [语句块]

    [Exit　Do]

    [语句块]

Loop

（2）后测型循环结构的语法格式：

Do

    [语句块]

    [Exit　Do]

    [语句块]

Loop [{ While|Until} <表达式>]

语句功能：当表达式的值为 True（非 0），或直到变成 True（非 0）时，重复执行一个语句块中的语句。

（1）{While|Until} 表示此处可选 While 或 Until

若选用 While，则构成 Do...Loop While 循环或 Do While...Loop 循环，该种循环是表达式的值为 True（非 0）时，执行循环体。

若选用 Until，则构成 Do...Loop Until 或 Do Until...Loop 直到型循环，该种循环的特点是执行循环体，直到表达式的值为真时止，即表达式的值为 False（0）时执行，为 True（非 0）时就不再执行了，这与 While 循环正好相反。

（2）前测型循环结构是先判断表达式，然后根据表达式的成立与否，决定是否执行循环体，如图 4-22（a）所示。后测型循环结构则是先执行循环体，然后再判断表达式是否成立，这种形式保证了循环体语句至少被执行一次，如图 4-22（b）所示。

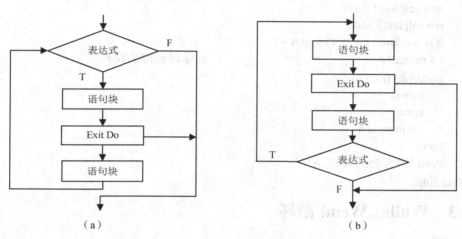

图 4-22　Do...Loop 语句流程

（3）Exit Do 是退出循环的语句，同 Exit For 的功能一样，常与条件判断语句结合使用。

【例 4-19】我国有 13 亿人口，按人口年增长 0.8%计算，多少年后我国人口超过 26 亿。

分析：解此问题有两种方法，可根据公式 $26=13*（1+0.008）^n$ 直接利用标准对数函数求得；也可利用循环求得，程序如下。

```
Private Sub Command1_Click()
    x = 13
    n = 0
    Do While x < 26
        x = x * 1.008
        n = n + 1
    Loop
    Print n, x
End Sub
```

【例 4-20】用辗转相除法求两个自然数 m、n 的最大公约数，程序界面如图 4-23 所示。

分析：求最大公约数的算法思想如下。

（1）对于已知两数 m、n，使得 $m>n$。

（2）m 除以 n 得余数 r。

（3）若 $r=0$，则 n 为最大公约数结束；否则执行（4）。

图 4-23　求最大公约数

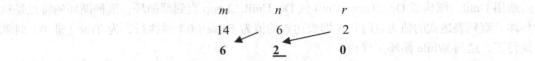

（4）m/n，n/r，再重复执行（2）。

例如：求 $m=14$，$n=6$ 的最大公约数。

$$\begin{matrix} m & n & r \\ 14 & 6 & 2 \\ 6 & 2 & 0 \end{matrix}$$

实现代码如下：

```
Private Sub Command1_Click()
    Dim m%, n%,r%,t%
    m = val(Text1.Text)
    n = val(Text2.Text)
    If m < n Then t = m: m = n: n = t
    r = m mod n                    ' m 除以 n 得余数 r
    Do While (r <> 0)
        m = n
        n = r
        r = m mod n
    Loop
    Print "最大公约数= ", n
End Sub
```

4.3.3 While...Wend 循环

语法格式：

While <表达式>

[<语句块>]

Wend

语句功能：当<表达式>为 True 时，执行<语句块>内的语句，遇到 Wend 语句后，再次返回，继续测试<表达式>是否为 True，直到<表达式>为 False，退出循环，执行 Wend 语句的下一条语句。与 Do While...Loop 语句功能相同，该循环的流程图如图 4-24 所示。

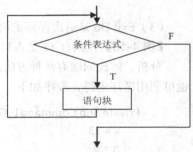

图 4-24 While...Wend 语句流程

【例 4-21】用 While...Wend 语句编程求解：我国有 13 亿人口，按人口年增长 0.8%计算，多少年后我国人口超过 26 亿。

实现代码如下：

```
Private Sub Command1_Click()
    x = 13
    n = 0
    While x < 26
        x = x * 1.008
        n = n + 1
    Wend
    Print n, x
End Sub
```

4.3.4 循环的嵌套

在一个循环结构的循环体内含有另一个完整的循环结构，称之为循环嵌套或多重循环。目前我们已经学过的循环主要有 For...Next 循环、Do...Loop 循环以及 While...Wend 循环，在其中的任何一个循环内部都可以嵌套另一个循环。

 注意 内外循环之间须完整包含，不得交叉；内循环变量与外循环变量不能同名。

例如：

```
for    i = 1 to 10
        for    j = 1 to 10
        ...
        next    j
next i
```

【例 4-22】在窗口中输出图 4-25 所示图形。

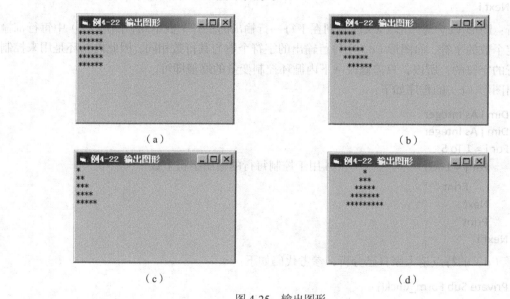

（a）　　　　　　　　　　　　　（b）

（c）　　　　　　　　　　　　　（d）

图 4-25　输出图形

分析：在解决这类问题时，应首先考虑一个一般行的输出，只需要把这个一般行的输出语句利用循环控制结构执行多次即可。例如，在输出图形（a）时，每一行都输出了同样的 6 个字符，在输出每一行之后换行，然后输出下一行，所以，只需要将输出一行字符的语句连续执行 5 次即可。

输出图形（a）的程序如下：

```
Dim i As Integer
Dim j As Integer
For i = 1 To 5
    For j = 1 To 6                    ' 内循环控制输出一行的多个星号
        Print "*";
```

```
        Next j
    Print                                    ' 输出每一行后换行
    Next i
```

 注意　在这里，用到了两个循环控制变量 i 和 j，分别用来控制图形中列与行的变化，所以通常把它们称为列变量和行变量。在输出字符图形时，要找清楚要输出的图形与行列变量之间的关系。

输出图形（b）的程序如下：

```
    Dim i As Integer
    Dim j As Integer
    For i = 1 To 5
        Print Tab(i);                        ' 先输出 i 个空格
        For j = 1 To 6
            Print "*";
        Next j
        Print
    Next i
```

分析：图形（c）与图形（a）的差别在于每一行输出的星号个数不同，图形（a）中每行都输出了固定个数的字符，而图形（c）中每行输出的字符个数与其行数相同，因此内循环是用来控制输出每行的字符的，所以，只需修改一下内循环控制变量的终值即可。

输出图形（c）的程序如下：

```
    Dim i As Integer
    Dim j As Integer
    For i = 1 To 5
        For j = 1 To i                       ' i 用于控制每行的输出字符个数
            Print "*";
        Next j
        Print
    Next i
```

图形（d）的特点请大家自己分析，参考代码如下：

```
    Private Sub Form_Click()
        Dim i As Integer
        Dim j As Integer
        For i = 1 To 5
            Print Tab(10 - i);
            For j = 1 To 2 * i - 1
                Print "*";
            Next j
            Print
        Next i
    End Sub
```

【例 4-23】在窗体中输出九九乘法口诀表，如图 4-26 所示。

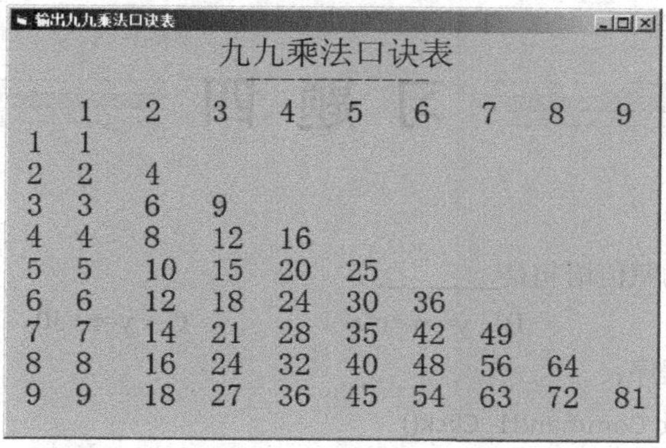

图 4-26　九九乘法口诀表

分析：九九乘法口诀表共九行，因此通过外层 For 循环执行 9 次，每次输出口诀表的一行，每行的输出通过一个内层 For 循环控制；由于第一行只有一个数 1，第二行有 2、4 两个数，第三行有 3、6、9 三个数，依次类推，第 i 行共有 i 个数需要输出，因此在内层 For 循环的执行次数与所输出的口诀表的行数有关。完整的代码如下：

```
Private Sub Form_Click()
    Dim se As String * 3
    Font.Size = 20
    Print Tab(15); "九九乘法表"
    Print Tab(15); "-----------"
    For i = 1 To 9
    Print Tab(i * 4); i;
    Next i
    Print
    For i = 1 To 9
        Print i;
        For j = 1 To i '或 For j = i To 9
            se = i * j
            Print Tab(j * 4 + 1); se;
        Next j
        Print
    Next i
End Sub
```

本章小结

本章介绍了赋值语句、Print 方法、InputBox()函数、MsgBox()函数等相关知识，熟练掌握这些知识对编写高质量的 Visual Basic 应用程序有很大的帮助。

本章着重介绍了 Visual Basic 编程中常用的三种控制结构：顺序结构、分支结构、循环结构。这三种控制结构是编程的基础必备知识，其中，分支结构可以根据某个变量或表达式的值做出判定，以决定执行哪些语句和跳过哪些语句不执行。而循环语句可以重复执行一行或多行代码。

习 题 四

一、选择题

1. 下面正确的赋值语句是_____。

    A. x+y=30   B. y=π*r*r   C. y=x+30   D. 3y=x

2. 设有如下程序：

    ```
    Private Sub Command1_Click()
        x = 10: y = 0
        For i = 1 To 5
            Do
                x = x - 2
                y = y + 2
            Loop Until y > 5 Or x < -1
        Next
    End Sub
    ```

    运行程序，其中 Do 循环执行的次数是_____。

    A. 15   B. 10   C. 7   D. 3

3. VB 也提供了结构化程序设计的三种基本结构，分别是_____。

    A. 递归结构、选择结构、循环结构   B. 选择结构、过程结构、顺序结构

    C. 过程结构、输入、输出结构、转向结构   D. 选择结构、循环结构、顺序结构

4. 为了给 x、y、z 三个变量赋初值 1，下面正确的赋值语句是_____。

    A. x=1:y=1:z=1   B. x=1,y=1,z=1   C. x=y=z=1   D. xyz=1

5. 设 a=4，b=5，c=6，执行语句 Print a<b And b<c 后，窗体上显示的是_____。

    A. True   B. False   C. 出错信息   D. 0

6. 执行语句 strInput=InputBox ("请输入字符串", "字符串对话框", "字符串") 将显示输入对话框。此时如果直接单击"确定"按钮，则变量 strInput 的内容是_____。

    A. "请输入字符串"   B. "字符串对话框"

    C. "字符串"   D. 空字符串

7. InputBox 函数返回的函数值的类型是_____。

    A. 数值   B. 字符串

    C. 数值或字符串   D. 根据需要可以是任何类型

8. 下面程序段运行后，显示的结果是_____。

    ```
    Dim x
    If x Then Print x Else Print x + 1
    ```

    A. 1   B. 0   C. −1   D. 显示出错信息

9. 在窗体上画一个命令按钮和一个标签，其名称分别为 Command1 和 Label1，然后编写如下事件过程：

    ```
    Private Sub Command1_Click ( )
        Counter = 0
        For i = 1 To 4
    ```

```
        For j = 6 To 1 Step - 2
            Counter = Counter + 1
        Next j
    Next i
    Label1.Caption = Str(Counter)
End Sub
```

程序运行后，单击命令按钮，标签中显示的内容是_____。

    A.　11　　　　　　　　B.　12　　　　　　　　C.　16　　　　　　　　D.　20

10.　下面程序段显示的结果是_____。

```
    Dim x
    x = Int(Rnd) + 5
    Select Case x
        Case 5
            Print "优秀"
        Case 4
            Print "良好"
        Case 3
            Print "通过"
        Case Else
            Print " 不通过"
    End Select
```

    A.　优秀　　　　　　　B.　良好　　　　　　　C.　通过　　　　　　　D.　不通过

11.　语句 If x=1 Then y=1，下列说法正确的是_____。

    A.　x=1 和 y=1 均为赋值语句　　　　　　　B.　x=1 和 y=1 均为关系表达式

    C.　x=1 为关系表达式，y=1 为赋值语句　　D.　x=1 为赋值语句，y=1 为关系表达式

12.　用 If 语句表示分段函数 $f(x) = \begin{cases} \sqrt{x+1} & (x \geq 1) \\ x^2 + 3 & (x < 1) \end{cases}$，下列不正确的程序是_____。

    A.　f=x*x+3　　　　　　　　　　　　　　　B.　If x>=1 Then f=Sqr(x+1)

        If x>=1 Then f=Sqr(x+1)　　　　　　　　　If x<1 Then f=x*x+3

    C.　If x>=1 Then f=Sqr(x+1)　　　　　　　D.　If x<1 Then f=x*x+3

        f=x*x+3　　　　　　　　　　　　　　　　　Else f=Sqr(x+1)

13.　下面 If 语句统计满足性别为男、职称为副教授以上、年龄小于 40 岁条件的人数，
不正确的语句是_____。

    A.　If sex="男" And age<40 And Instr(duty , "教授")>0 Then n=n+1

    B.　If sex="男" And age<40 and (duty="教授" or duty="副教授") Then n=n+1

    C.　If sex="男" And age<40 And Right(duty,2)="教授" Then n=n+1

    D.　If sex="男" And age<40 And　duty="教授" And duty="副教授"　Then n=n+1

14.　下面程序段求两个数中的大数，_____不正确。

    A.　Max=IIf(x>y,x,y)　　　　　　　　　　B.　If x>y Then Max=x Else Max=y

    C.　Max=x　　　　　　　　　　　　　　　　D.　If y>=x Then Max=y

        If y>=x Then Max=y　　　　　　　　　　　Max=x

15. 在窗体上画一个名称为 Text1 的文本框和一个名称为 Command1 的命令按钮，然后编写如下事件过程：

```
Private Sub Command1_Click( )
    Dim i As Integer, n As Integer
    For i = 0 To 50
        i = i + 3
        n = n + 1
        If i > 10 Then Exit For
    Next
    Text1.Text = Str(n)
End Sub
```

程序运行后，单击命令按钮，在文本框中显示的值是_____。

A. 2   B. 3   C. 4   D. 5

16. 以下_____是正确的 For…Next 结构。

A. For x=1 To Step 10   B. For x=3 To -3 Step -3

        …   …

     Next x   Next x

C. For x=1 To 10   D. For x=3 To 10 Step 3

     re:…   …

     Next x   Next y

     If i=10 Then GoTo re

17. 假定有以下循环结构：

     Do Until 条件表达式

     循环体

     Loop

则以下正确的描述是_____。

A. 如果"条件表达式"的值是 0，则一次循环体也不执行
B. 如果"条件表达式"的值不为 0，则至少执行一次循环体
C. 不论"条件表达式"的值是否为"真"，至少要执行一次循环体
D. 如果"条件表达式"的值恒为 0，则无限次执行循环体

18. 下列循环能正常结束循环的是_____。

A. i=5   B. i=1

     Do   Do

       i=i+1   i=i+2

     Loop Until i<0   Loop Until i=10

C. i=10   D. i=6

     Do   Do

       i=i+1   i=i+2

     Loop Until i>0   Loop Until i=1

19. 在窗体上画一个命令按钮，然后编写如下事件过程：

```
Private Sub Command1_Click( )
    Dim I, Num
    Randomize
    Do
        For I = 1 To 1000
            Num = Int(Rnd*100)
            Print Num;
            Select Case Num
                Case 12
                    Exit For
                Case 58
                    Exit Do
                Case 65, 68, 92
                    End
            End Select
        Next I
    Loop
End Sub
```

上述事件过程执行后，下列描述中正确的是_____。

A. Do 循环执行的次数为 1000 次

B. 在 For 循环中产生的随机数小于或等于 100

C. 当所产生的随机数为 12 时结束所有循环

D. 当所产生的随机数为 65、68 或 92 时窗体关闭、程序结束

20. 哪个程序段不能分别正确显示 1！，2！，3！，4！的值_____。

A.
```
For i=1 To 4
    n=1
    For j=1 To i
        n=n*j
    Next j
    Print n
Next i
```

B.
```
For i=1 To 4
    For j=1 To i
        n=1
        n=n*j
    Next j
    Print n
Next i
```

C.
```
n=1
For j=1 To 4
    n=n*j
    Print n
Next j
```

D.
```
n=1
j=1
Do While j<+4
    n=n*j
    Print n
    j=j+1
Loop
```

21. 下面程序的执行结果是_____。

```
Private Sub Command1_Click()
    a = 10
```

```
        For k = 1 To 5 Step -1
            a = a - k
        Next k
        Print a; k
    End Sub
```
A. -5 6   B. -5 -5   C. 10 0   D. 10 1

22. 设窗体上有一个名为 Text1 的文本框和一个名为 Command1 的命令按钮，并有以下事件过程：

```
    Private Sub Command1_Click()
        x! = Val(Text1.Text)
        Select Case x
            Case Is < -10, Is >= 20
                Print "输入错误"
            Case Is < 0
                Print 20 − x
            Case Is < 10
                Print 20
            Case Is <= 20
                Print x + 10
        End Select
    EndSub
```

程序运行时，如果在文本框中输入-5，则单击命令按钮后的输出结果是_____。
A. 5   B. 20   C. 25   D. 输入错误

二、填空题

1. For…Next 循环的<Step>子句默认时，循环变量每次改变的值是 【1】 。
2. 执行语句 B=MsgBox("XXX",, "YYY")后，在消息框中的标题信息是 【2】 。
3. 在窗体上画一个命令按钮，其名称为 Command1，然后编写如下事件过程：

```
    Private Sub Command1_Click()
        t = 0 : m = 1 : Sum = 0
        Do
            t = t + 【3】
            Sum = Sum + 【4】
            m = m + 2
        Loop While 【5】
        Print Sum
    End Sub
```

该程序的功能是，单击命令按钮，则计算并输出以下表达式的值：
$$1+(1+3)+(1+3+5)+\cdots+(1+3+5+\cdots+39)$$
请填空。

4. 在窗体上画一个命令按钮，名称为 Command1，然后编写如下事件过程：

```
    Private Sub Command1_Click()
        Dim n As Integer
```

```
        n = Val(InputBox("请输入一个整数："))
        If n Mod 3 = 0 And n Mod 2 = 0 And n Mod 5 = 0 Then
            Print n + 10
        End If
    End Sub
```

程序运行后，单击命令按钮，在输入对话框中输入 60，则输出结果是 ___【6】___。

5. 在窗体上画一个名为 Command1 的命令按钮，然后编写如下程序：

```
    Private Sub Command1_Click( )
        Dim i As Integer
        Sum = 0
        n = InputBox("Enter a number")
        n = Val(n)
        For i = 1 To n
            Sum = ___【7】___
        Next i
        Print Sum
    End Sub
    Function fun(t As Integer)As Long
        p = 1
        For i = 1 To t
            p = p*i
        Next i
        ___【8】___
    End Function
```

以上程序的功能是，计算 1!+2!+3!+…+n!，其中 n 从键盘输入，请填空。

三、程序改错题

注意：以下每个程序有 3 处错误，错误均在 "'*ERROR*" 注释行，请直接在该行修改，不得增加或减少程序的行数。

1. 以下程序的功能是输入三角形的三条边，计算三角形的面积。要求程序首先判断输入的三条边能否构成三角形。请改正程序中的错误。

```
    Option Explicit
    Private Sub Form_Click()
        Dim a As Single, b As Single, c As Single
        Dim s As Single, t As Single
        a = InputBox("输入 1 边长：")
        b = InputBox("输入 2 边长：")
        c = InputBox("输入 3 边长：")
        If a + b < c Or b + c < a Or c + a < b Then      '*ERROR1*
            MsgBox("输入错误，不能构成三角形!")
        Else
            t = (a + b + c)/2
            s = Sqr(t(t - a)(t - b)(t - c))              '*ERROR2*
```

```
        Print "该三角形的面积: ":s              '*ERROR3*
    End If
End Sub
```

2. 按钮 Command1 的单击事件过程实现的功能是计算表达式 1+(1+3)+(1+3+5)+…+(1+3+5+…+39)的值并输出。请改正程序中的错误。

```
Private Sub Command1_Click()
    t = 0 : m = 1 : Sum = 0
    Do
        t = t + 1                             '*ERROR1*
        Sum = Sum + t
        m = m + 1                             '*ERROR2*
    Loop While (m < 39)                       '*ERROR3*
    Print Sum
End Sub
```

3. 下列程序的功能是从键盘输入 1 个大于 100 的整数 m，计算并输出满足不等式 $1+2^2+3^2+4^2+\cdots+n^2<m$ 的最大的 n。请改正程序中的错误。

```
Private Sub Command1_Click( )
    Dim s,m,n As Integer
    m = Val(InputBox("请输入一个大于 100 的整数"))
    n = 1                                     '*ERROR1*
    s = 0
    Do Until s < m                            '*ERROR2*
        n = n + 1
        s = s + n*n
    Loop
    Print "满足不等式的最大 n  是"; n          '*ERROR3*
End Sub
```

4. 下列程序执行时，可以从键盘输入一个正整数，然后把该数的每位数字按逆序输出。如输入 7685，则输出 5 8 6 7；输入 1000，则输出 0 0 0 1。请改正程序中的错误。

```
Private Sub Command1_Click( )
    Dim x As Integer, y As Integer
    x = InputBox("请输入一个正整数")
    y = x
    While x > 9                               '*ERROR1*
        Print   x MOD 1000;                   '*ERROR2*
        x = x\10
    Wend
    Print y                                   '*ERROR3*
End Sub
```

四、编程题

1. 编写程序，通过 InputBox 输入一个大于 3 的整数，判断其是不是素数。

2. 编写程序，判断某一年是否为闰年。闰年的条件是：年份能被 4 整除但不能被 100 整除或者能被 400 整除。

3. 有一个函数:

$$y = \begin{cases} x & x < 2 \\ 2x - 1 & 2 \leqslant x < 10 \\ 4x + 5 & x \geqslant 10 \end{cases}$$

写一段程序,输入 x,输出 y 值。

4. 通过 InputBox 输入一个整数,输出其阶乘。

5. 输入任意长度的字符串,要求将字符顺序倒置,如将输入的 "abcdefg" 变化为 "gfedcba"。

6. 计算:S=1+(1+2)+(1+2+3)+…+(1+2+3+4+5+6+7+8+9+10)。

7. 编写程序,输出 100~300 的所有素数。

8. 编写程序,输出 2~100 所有的完全数。(完全数是指该数的所有因子之和等于该数)

9. 编写程序,输出图 4-27 所示的九九乘法口诀表。

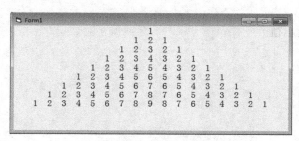

图 4-27　九九乘法口诀表

第5章
常见算法

【本章重点】

※ 累加、连乘

※ 数的判定

※ 求最大值、最小值

※ 试凑法

※ 递推法

※ 计数

※ 图形输出

算法是解决一个问题采取的方法和步骤的描述。算法具有以下几个特性：有穷性、确切性、有 0 个或多个输入、有 1 个或多个输出、可行性。有穷性要求一个算法必须保证执行有限步之后结束。确切性要求算法的每一步骤必须有确切的定义。计算机程序是算法的一种表示，是使用某种计算机语言来表达算法，算法是程序的核心、编程的基础，掌握了相应的算法，就会达到事半功倍的效果。对于一些 VB 程序设计的初学者来说，学习了 VB 的语法知识、控件的使用，在解决编程题的时候，头脑仍一片空白，不知怎样写语句、组织语句。本章将介绍 VB 的一些典型算法，帮助大家理解算法，在遇到同类问题时，就可以采取相应的思路去编程。

下面分别介绍累加和连乘、数的判定、求最大值和最小值、试凑法、递推法、计数、图形输出。

5.1 累加和连乘

在循环结构中，最常用的算法是累加和连乘。累加是在原有和的基础上一次一次地每次加一个数；连乘则是在原有积的基础上一次一次地每次乘以一个数。通常用循环结构可以完成。当循环次数已知时，一般使用 For 循环或 Do...Loop 循环，如果循环次数未知，建议使用 Do...Loop 循环结构。

【例 5-1】 设计程序，求 $s=1/2+1/4+1/6+1/8+1/10+\cdots+1/20$ 的值，其中 s 为累加总和变量，i 为控制变量。

```
Private Sub Form_Click()
Dim s As Single, i As Integer
```

```
        s = 0
        For i = 2 To 20 Step 2
            s = s + 1 / i
        Next i
        Print "s = "; s
    End Sub
```

【例 5-2】设计程序，求 $s=1-1/2+1/3-1/4+\ldots+(-1)^{k+1}1/k$ 的值，直到最后一项的绝对值小于 0.00001 为止。

分析：在本算式中出现正负号交替，可以通过两种方法解决正负号交替问题，第一种方法是设置一个变量，通过该变量的值在 1 与 -1 两者之间交替变化，并将该变量与算式中的每一项相乘，来解决正负号交替问题。第二种方法是利用通项来表示每一项，例如将该算式中的每一项用通项表达成 $1/i * (-1)^{(k+1)}$。该算式的另外一个特点是循环次数未知，可通过 Do... Loop 循环，根据给定的条件来控制循环次数。

方法一：

```
    Private Sub Form_Click()
        Dim s!, i&, f%
        s = 0
        i = 1
        f = 1
        Do While 1 / i >= 10 ^ (-5)
            s = s + 1 / i * f
            i = i + 1
            f = -f
        Loop
        Print "s = "; s
    End Sub
```

方法二：

```
    Private Sub Form_Click()
        Dim s!, i&, k&
        s = 0
        i = 1
        k = 1
        Do While 1 / i >= 10 ^ (-5)
            s = s + 1 / i * (-1) ^ (k + 1)
            i = i + 1
            k = k + 1
        Loop
        Print "s = "; s
    End Sub
```

【例 5-3】设计程序，求 $s=1+(1+2)+(1+2+3)+\cdots+(1+2+\cdots+10)$ 的值。其中 s 为累加总和变量，$s1$ 为每一项累加和变量，i, j 为控制变量。

分析：在本例中涉及两次累加，在该算式中共有 10 项，求每一项的和需要累加，可以采取内循环实现，外循环将通过内循环得到的每一项的和再进行累加。程序代码如下：

```
Private Sub Form_Click()
    Dim s%,s1%,i%,j%
    s = 0
    For i = 1 To 10
        s1 = 0
        For j = 1 to i
            s1 = s1+j
        Next j
        s = s + s1
    Next i
    Print s
End Sub
```

【例 5-4】设计程序，求 $s=1!+3!+5!+\cdots+15!$ 的值。其中 s 为累加总和变量，$s1$ 为每一项阶乘结果变量，i、j 为控制变量。

分析：在本例中，既有累加，又有连乘，求每一项的阶乘，需要用到连乘算法，内循环实现求每个数的阶乘，所得到的阶乘值在外循环进行累加。程序如下：

```
Private Sub Form_Click()
    Dim s As Single, s1 As Single, i As Integer, j As Integer
    s = 0
    For i = 1 To 15 Step 2
        s1 = 1              ' 该赋值语句不能放在外循环外面，也不能放在内循环里面
        For j = 1 To i
            s1 = s1 * j
        Next   j
        s = s + s1
    Next i
    Print "s = "; s
End Sub
```

注意　求阶乘时，$s1$ 的初值不能设置为 0，必须设置为 1，否则所得到的数的阶乘是错误的。如果一个数的阶乘值超过了短整型，变量 s 与 $s1$ 就不能设置为短整型，否则会发生溢出错误。对于多重循环，赋初值语句是放在外循环体外还是在内循环体外根据所解的问题决定。

【例 5-5】计算 $\sin x = x - x^3/3! + x^5/5! - x^7/7! + \cdots + (-1)^{n-1} x^{2n-1} / (2n-1)!$，直到某一项的绝对值小于 10^{-8} 为止。

分析：该题计算正弦的值，比较复杂，弧度 x 未知，需要通过键盘输入，将算式中的每一项表达成通项 $(-1)^{n-1} x^{2n-1} / (2n-1)!$，再进行累加，而在该通项中又涉及求阶乘，所以在表达通项前，计算出 $(2n-1)!$。程序如下：

```
Private Sub Form_Click()
    Dim s, s1, n, i, t, x
    s = 0
    x = Val(InputBox("请输入 x 的值(弧度）", "数据输入"))
    t = x
```

```
        n = 1
        Do While Abs(t) >= 10 ^ (-8)
            s1 = 1
                For i = 1 To 2 * n - 1
                    s1 = s1 * i
                Next i
                t = (-1) ^ (n - 1) * x ^ (2 * n - 1) / s1
            s = s + t
            n = n + 1
        Loop
        Print "s = "; s
    End Sub
```

【例 5-6】计算 S=a+aa+aaa+…+aaaa（n 个 a）其中 a 是一个[1，9]的随机数，n 是一个[5，10] 的随机数。

　　分析：该题中的 a 与 n 都是未知数，可以利用随机函数和取整函数产生随机整数，根据 算式中每一项的特点，用内循环将每一项的值计算出来，再用外循环将每一项的值逐个累加。 程序如下：

```
    Private Sub Command1_Click()
    Randomize
        a = Int(9 * Rnd) + 1
        n = Int(6 * Rnd) + 5
        s = 0: s2 = ""
        For i = 1 To n
            s1 = 0
                For j = 1 To i
                    s1 = s1 + a * 10 ^ (j - 1)
                Next j
            s = s + s1
        Next i
        s2 = s2 & "当 a = " & a & Space(3) & "n = "_    ' 一条语句用续行符分成两行写
            & n & "时" & vbCrLf & "s = " & s
        Label2.Caption = s2
    End Sub
```

　　程序运行效果如图 5-1 所示。

【例 5-7】已知一数列的前两项均为 1，从第 3 项 开始，每一项的值为其前面两项之和，求该数列的前 20 项的和。

　　分析：依据该方法所产生的数列为斐波那契数列， 也就是 1，1，2，3，5，8，13，…，该数列的特点是 从第 3 项开始，每一项的值为其前面两项之和，可以 利用变量 f1 和 f2 分别表示某一项的前两项，利用算

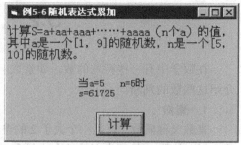

图 5-1　随机表达式累加

式 f3 = f1 + f2 来构造从第三项开始的每一项，构造完一项后，f1 和 f2 的值要发生变化，f1 = f2， f2 = f3，依次循环求出每一项，并进行累加。程序如下：

```
Private Sub Form_Click()
    Dim s%, f1%, f2%, f3%,i%
    s = 0
    f1 = 1
    f2 = 1
    s = f1 + f2
        For i = 3 To 20
            f3 = f1 + f2
            s = s + f3
            f1 = f2
            f2 = f3
    Next i
    Print "s ="; s
End Sub
```

【例 5-8】通过键盘输入任意一个由字母（不区分大小写）、数字组成的字符串，将该字符串中每个字符的 ASCII 码减少 5，转变成另外一个字符串，并将新的字符串输出。

分析：将该字符串转换成新的字符串输出，可以利用循环在该字符串中从左向右每次取出一个字符，利用函数 Asc(c)得到字符 c 的 ASCII 码，Asc(c)-5 为新字符的 ASCII 码，再利用函数 Chr()将新得到的 ASCII 码转换成所对应的字符，并将新字符利用循环逐个进行连接，连接字符的过程就类似于数值的累加。程序如下：

```
Private Sub Command1_Click()
    Dim s$, s1$, c$, i%, m%
    s = Text1.Text
    m = Len(s)
    For i = 1 To m
        c = Mid(s, i, 1)
        s1 = s1 + Chr(Asc(c) - 5)    ' 连接新字符
    Next i
    Text2.Text = s1
End Sub
```

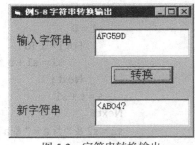

图 5-2　字符串转换输出

程序运行效果如图 5-2 所示。

5.2　数 的 判 定

在数学中有一些特殊的数，如素数、水仙花数、回文数、完数、四叶玫瑰数等，下面将逐个介绍这些数的判断。

1．素数

素数又称质数，就是一个大于 2 的整数，并且只能被 1 和本身整除，而不能被其他整数整除的数。判别某数 m 是否为素数的方法很多，最简单的是从素数的定义来求解，其算法思想是：对于 m 从 $i=2$，3，…，$m-1$ 判别 m 能否被 i 整除，只要有一个能整除，m 就不是素数；否则 m 是素数。

【例 5-9】判断任给一大于 3 的整数是否为素数。

```
Private Sub Command1_Click()
    Dim m, i
    m = Val(Text1.Text)
    For i = 2 To m - 1
        If m Mod i = 0 Then    Exit For
    Next i
    If  i = m Then
        Label2.Caption = m & "  是素数"
    Else
        Label2.Caption = m & "  不是素数"
    End If
End Sub
```

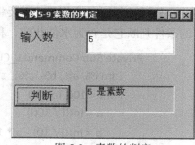

图 5-3　素数的判定

程序运行效果如图 5-3 所示。

在【例 5-9】中，这种算法根据定义来判断比较简单，但速度慢。实际上，如果在区间 $[2, \sqrt{m}]$ 找到了一个数能够整除 m，也就意味着 m 不是一个素数，没有必要再继续循环判断后面的数字。所以判断一个数 m 是否为素数的另外一种算法为：让 m 除以从 2 到 $\sqrt{m}$ 的所有整数，如果 m 不能被其中任何一个数整除，则 m 是素数，如果 m 能够被其中的某一个数整除，则 m 就不是素数。

在例 5-9 中将语句：

For i = 2 To m - 1

修改为：

For i = 2 To sqr(m)

循环次数就会减少。另外，也可以在程序里设置一个标志变量 f 作为判断条件，一旦在区间 $[2, \sqrt{m}]$ 找到一个整数能够整除 m，则改变标志 f 的值，退出循环。如果循环结束后，f 的值没有发生变化，也就意味着在区间 $[2, \sqrt{m}]$ 没有找到一个整数能够整除 m，所以 m 是素数；若循环结束后，f 的值发生了变化，也就意味着在区间 $[2, \sqrt{m}]$ 找到一个整数能够整除 m，所以 m 不是素数。程序如下：

```
Private Sub Command1_Click()
    Dim m As Integer, i As Integer, f As Integer
    m = Val(Text1.Text)
    f = 0
    For i = 2 To Sqr(m)
        If   m Mod i = 0 Then
            f = 1
            Exit For
        End If
    Next i
    If   f = 0 Then
        Label2.Caption = m & "  是素数"
        Else
        Label2.Caption = m & "  不是素数"
    End If
End Sub
```

2. 水仙花数

如果一个三位整数等于它的百位数，十位数，个位数的立方和，则该数为水仙花数。如 $153=1^3+5^3+3^3$，则 153 是水仙花数。

【例 5-10】输出 100~999 的水仙花数。

分析：判断水仙花数，需要将一个三位整数的每一个数位上的数分离出来，再根据水仙花数的条件判断它是否为水仙花数，程序如下：

```
Private Sub Command1_Click()
    Dim i%, a%, b%, c%, s$
    For i = 100 To 999
        a = Int(i / 100)                          ' a 为百位数
        b = Int(i / 10) - a * 10                   ' b 为十位数
        c = i - a * 100 - b * 10                   ' c 为个位数
        If a ^ 3 + b ^ 3 + c ^ 3 = i   Then
            If s = "" Then
                s = s & i                          ' 第一个水仙花数输出时，前面不留空格
            Else
                s = s & Space(3) & i
            End If
        End If
    Next i
    Text1.Text = s
End Sub
```

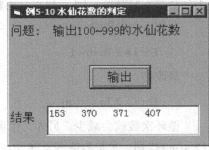

程序运行效果如图 5-4 所示。

图 5-4　水仙花数的判定

3. 回文数

如果一个数从左边读出的数与从右边读出的数都是相等的，则该数为回文数。如 12321 为回文数。

【例 5-11】判断一个整数是不是回文数。

方法一：

分析：判断一整数是不是回文数，需要利用循环和数学方法把这个数从右边读出来，循环结束后，从右边读出的数与原数进行比较，如果相等，则原数是回文数，否则不是。

```
Private Sub Command1_Click()
    Dim a1%, a2%, m%, i%
    a1 = Val(Text1.Text)
    m = Len(Text1.Text)
    a2 = 0
    For i = 1 To m
        a2 = a2 + (a1 Mod 10) * 10 ^ (m - i)
        a1 = a1 \ 10
    Next i
    If a2 = Text1.Text Then
        Label2.Caption = Text1.Text & "是回文数"
    Else
        Label2.Caption = Text1.Text & "不是回文数"
```

```
            End If
    End Sub
```

方法二：

分析：判断一整数是不是回文数，还可以把原数当作字符串来处理，利用循环把这个数从右边读出来，每循环一次，从右边读出一个字符，再利用字符串连接运算符连接，从字符串取字符可以使用 Mid() 函数。循环结束后，从右边读出的数与原数进行比较，如果相等，则原数是回文数，否则不是。该方法可以推广到判断一个字符串是否为回文字符串。

```
    Private Sub Command1_Click()
        Dim a1%, a2%, m%, i%
        a1 = Text1.Text
        m = Len(Text1.Text)
        a2 = ""
        For i = m To 1 Step - 1
            a2 = a2 + Mid(a1, i, 1)    ' 该循环将 a1 当作字符类型的数，从右边读出
        Next i
        If    a2 = a1 Then
            Label2.Caption = a1 & "是回文数"
        Else
            Label2.Caption = a1 & "不是回文数"
        End If
    End Sub
```

程序运行效果如图 5-5 所示。

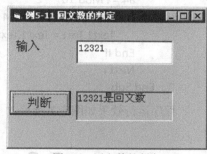

图 5-5　回文数的判定

4. 完数

如果一个数等于除它本身以外的各个因子之和，则该数为完数。如 $6=1+2+3$，则 6 是完数。

【例 5-12】判断一个整数是不是完数。

分析：判断完数，需要获得一个数除它本身以外的各个因子，然后将这些因子相加，根据因子的和是否等于该数来判断它是否为完数，程序如下：

```
    Private Sub Command1_Click()
        Dim x1%, x2%, i%
        x1 = Val(Text1.Text)
        x2 = 0
        For i = 1 To x1 - 1
            If    x1 Mod i = 0 Then
                x2 = x2 + i
            End If
        Next i
        If x1 = x2 Then
            Label2.Caption = x1 & "是完数"
        Else
            Label2.Caption = x1 & "不是完数"
        End If
    End Sub
```

程序运行效果如图 5-6 所示。

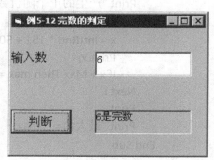

图 5-6　完数的判定

5. 四叶玫瑰数

四位数各位上的数字的四次方之和等于本身为四叶玫瑰数。

【例 5-13】判断一个整数是不是四叶玫瑰数。

分析：判断四叶玫瑰数，需要将一个四位整数的每一个数位上的数分离出来，再根据四叶玫瑰数的条件判断它是否为四叶玫瑰数，程序如下：

```
Private Sub Command1_Click()
    Dim i As Integer
    Dim a1 As Integer, a2 As Integer
    Dim a3 As Integer, a4 As Integer
    For i = 1000 To 9999
    a1 = i \ 1000
    a2 = i \ 100 Mod 10
    a3 = i \ 10 Mod 10
    a4 = i Mod 10
    If a1 ^ 4 + a2 ^ 4 + a3 ^ 4 + a4 ^ 4 = i Then
        Text1.Text = Text1.Text & Space(3) & i
    End If
    Next i
End Sub
```

程序运行效果如图 5-7 所示。

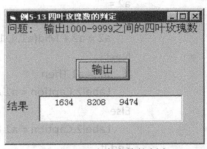

图 5-7　四叶玫瑰数的判定

5.3　求最大值和最小值

在若干个数中求最大值，一般先假设一个较小的数为最大值的初值，若无法估计较小的值，则取第一个数为最大值的初值；然后将每一个数与最大值比较，若该数大于最大值，将该数替换为最大值；依次逐一比较。

【例 5-14】随机产生 10 个 50 ~ 200 的整数，求最大值。

```
Private Sub Command1_Click()
    Dim x%, max%, i%
    max = 50
    Print
    Print "产生的十个随机数为:"
    For i = 1 To 10
        x = Int(Rnd * 151 + 50)
        Print x;
        If x > Max Then max = x
    Next i
    Print
    Print "最大值= "; max
End Sub
```

程序运行效果如图 5-8 所示。

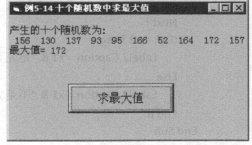

图 5-8　十个随机数中求最大值

求最小值的算法与求最大值类似，在若干个数中求最小值，一般先假设一个较大的数为最小值的初值，若无法估计较大的值，则取第一个数为最小值的初值；然后将每一个数与最小值比较，若该数小于最小值，将该数替换为最小值；依次逐一比较。

【例 5-15】随机产生 10 个 20 ~ 101 的整数，找出其中所有的偶数，并求偶数的最小值。

分析：在随机产生的 10 个整数中求偶数的最小值，通过循环控制产生随机数，每产生一个随机数，判断该数是否为偶数，如果是偶数，需要将该偶数和变量 min 中的值进行比较，若该数小于 min，将该数替换为 min。循环结束后，如果 min 的值等于初始时设置的奇数值，则该随机整数中没有偶数，给出输出结果。程序如下：

```
Private Sub Command1_Click()
    Dim x%, min%, i%
    min = 101
    Randomize
    Print
    Print "产生的十个随机数为："
    For i = 1 To 10
        x = Int(Rnd * 82 + 20)
        Print x;
        If Int(x / 2) = x / 2 Then
            If x < min Then min = x
        End If
    Next i
    Print
    If min = 101 Then
        Print "这组随机数中没有偶数。"
    Else
        Print "偶数的最小值为：" & min
    End If
End Sub
```

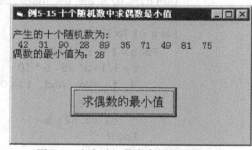

图 5-9　十个随机数中求偶数的最小值

程序运行效果如图 5-9 所示。

【例 5-16】通过键盘任意输入十个数，输出其中的最大数和最小数。

分析：本例题中的十个数是通过键盘任意输入，没有一个具体的区间，根据求最大值和最小值算法，可将十个数中的第一个数作为最大值、最小值变量的初始值，然后通过循环输入另外 9 个数，依次与最大值变量、最小值变量里所存放的值逐个比较，根据每次比较的结果来确定是否改变最大值变量、最小值变量里所存放的值。最后得出最大值与最小值。

```
Private Sub Command1_Click()
    Dim max, min, x, i
    x = Val(InputBox("请输入第一个数：", "输入"))
    Picture1.Print "第　1　个数：" & x
    max = x    ' 以第一个数作为最大数变量的初值
    min = x    ' 以第一个数作为最小数变量的初值
    For i = 2 To 10
        x = Val(InputBox(" 请输入第" & i & "个数", "输入"))
        Picture1.Print "第　" & i & " 个数：" & x
```

```
            If x > max Then
                max = x
            Else
            If x < min Then
                min = x
            End If
            End If
        Next i
        Picture1.Print "最大数是： " & max & "    最小数是： " & min
    End Sub
```

> **注意** Picture1 为图片框控件对象，可以使用 Print 方法在其中输出文本，具体内容见第 8 章。

程序运行效果如图 5-10 所示。

【例 5-17】有 321 个苹果，要将它们分别装在大、小两个箱子中，大箱可以装 25 个苹果，小箱可以装 10 个苹果，每种箱子至少装 1 箱，问大小两个箱子分别装多少箱后，剩余的苹果最少？

分析：该问题实质上是求最小值问题，要注意题目当中的条件：每种箱子至少装 1 箱，大小箱子数的循环变量初始值要从 1 开始。另外，还要注意剩余的苹果数不能为负数，程序如下：

```
Private Sub Command1_Click()
    Dim n1%, n2%, a%, b%, min%, t%
    min = 321
    For a = 1 To 321 \ 25                    ' 循环变量初始值要从 1 开始
        For b = 1 To 321\ 10
            t = 321 - a* 25 - b * 10
            If   t < min   And   t >= 0 Then    ' 剩余的苹果数不能为负数
                min = t
                n1 = a: n2 = b
            End If
        Next b
    Next a
    Picture1.Print "大箱： " & n1 & "箱"
    Picture1.Print "小箱： " & n2 & "箱"
    Picture1.Print "剩余苹果最少为： " & min
End sub
```

程序运行效果如图 5-11 所示。

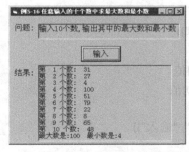

图 5-10   任意输入的十个数中求最大数和最小数

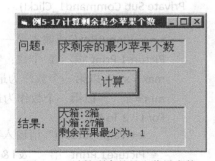

图 5-11   计算剩余的最少苹果个数

5.4 试 凑 法

"试凑法"也称为"穷举法"或"枚举法",即将可能出现的各种情况一一测试,判断是否满足条件,一般采用循环来实现。

【例 5-18】现有 100 元钱,面值分别是拾元、伍元、贰元,这三种面值共有 21 张,编程列出拾元、伍元、贰元所有可能的张数。

分析:设拾元、伍元、贰元分别为 x、y、z 张,根据题目要求列出方程为:

$$x+y+z=21$$
$$10 * x + 5 * y + 2 * z = 100$$

两个方程,三个未知数,此题可能有若干个解,我们的思路是:给出任何一组符合等式 $x+y+z=21$ 的 x,y,z 值,代入到等式 $10 * x + 5 * y + 2 * z = 100$ 中去验证等式是否成立,若成立,则该组 x,y,z 值就是所求的其中一组解。程序如下:

```
Private Sub Command1_Click()
    Dim x%, y%, z%, i%
    i = 0
    For x = 0 To 10
        For y = 0 To 20
            z = 21 - x - y
            If 10 * x + 5 * y + 2 * z = 100 Then
                i = i + 1
                Picture1.Print "可能的方案" & i & ":拾元 " & x & "张," _
                    & " 伍元 " & y & "张," & " 贰元" & z & "张。"
            End If
        Next y
    Next x
End Sub
```

程序运行效果如图 5-12 所示。

【例 5-19】期末某专业在周一到周五的 5 天时间内要考 X、Y、Z 三门课程,考试顺序是先考 X 课程,然后考 Y 课程,最后考 Z 课程,规定一天只能考一门课程,且 Z 课程只能安排在周四或周五考,编写程序安排考试日程。

分析:该题要考虑各门课程可能安排的日期范围,还要考虑各门课程考试时间的限制和先后顺序,程序如下:

```
Private Sub Command1_Click()
    Dim a%, b%, c%, i%
    For a = 1 To 3
        For b = 2 To 4
            If a < b Then
                For c = 4 To 5
                    If b < c Then
                        i = i + 1
```

```
                Picture1.Print "方案" & i & " :X 考试时间:周" & a & _
                " Y 考试时间:周" & b & " Z 考试时间:周" & c
                End If
            Next c
        End If
    Next b, a
End Sub
```

程序运行效果如图 5-13 所示。

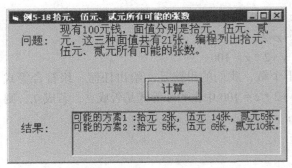

图 5-12　拾元、伍元、贰元所有可能的张数

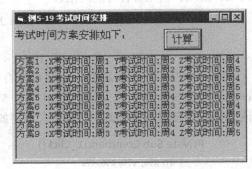

图 5-13　考试时间安排

5.5　递　推　法

"递推法"又称为"迭代法",其基本思想是把一个复杂的计算过程转化为简单过程的多次重复。每次重复都从旧值的基础上递推出新值,并由新值代替旧值。

【例 5-20】猴子吃桃子问题。小猴在某天摘桃若干个,当天吃掉一半多一个;第二天吃了剩下的桃子的一半多一个;以后每天都吃尚存桃子的一半多一个,到第 7 天要吃时只剩下一个,问小猴共摘下了多少个桃子?

分析:设某天的桃子总数为 x,该天被猴子吃过后,剩下的桃子数为 y,则二者之间的关系为 $y=x/2-1$,也就是 $x=2(y+1)$,第 n 天的桃子总数应该是第 $n-1$ 天剩下的桃子数,第 7 天的桃子总数为 1 个,则第 6 天剩下的桃子数为 1 个,代入到 $x=2(y+1)$ 中计算出第六天的桃子总数为 4 个,依次类推,可以求出第一天猴子摘的桃子数。程序如下:

```
Private Sub Command1_Click()
    Dim x%, y%, i%
    x = 1    ' 第 7 天的桃子总数
    y = 1    ' 第 6 天剩下的桃子总数
    For i = 6 To 1 Step - 1
        y = x    ' 第 i 天的桃子总数作为第 i-1 天剩下的桃子数
        x = (y + 1) * 2
        Picture1.Print "第" & i; "天桃子数是:" & x & "个。"
    Next i
End Sub
```

程序运行效果如图 5-14 所示。

【例 5-21】平面上 10 条直线最多能把圆的内部分成几部分?

分析:假设用 a_k 表示 k 条直线最多能把圆的内部分成的部分数,这里 $k=0,1,2,\cdots$, 如图 5-15 所示。

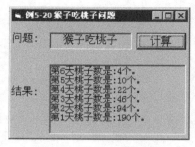

图 5-14 猴子吃桃子问题

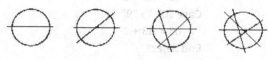

图 5-15 直线划分圆的内部

$a_0=1$ $a_1=a_0+1=2$ $a_2=a_1+2=4$ $a_3=a_2+3=7$ $a_4=a_3+4=11$

由此推导公式: $a_n=a_{n-1}+n$, 程序如下:

```
Private Sub Command1_Click()
    Dim x%, y%, i%
    x = 1
    For i = 1 To 10
        y = x + i
        x = y
        Picture1.Print i; "条直线划分圆内部数是:" & y & "个。"
    Next i
End Sub
```

程序运行效果如图 5-16 所示。

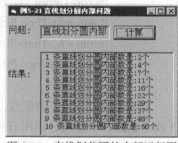

图 5-16 直线划分圆的内部运行图

5.6 计   数

分类统计是现实生活中经常需要解决的问题,是将一批数据按分类的条件统计每一类所包含的个数。例如,统计某单位不同年龄段的人数;超市按照销量达到多少,来统计热销商品等。这类问题一般要掌握分类的条件表达式的书写和设置各类的计数器变量,若满足相应的条件,则其对应的计数器变量进行相应计数。

【例 5-22】输入一串字符,统计字符串中大写字母、小写字母、数字字符的个数,并输出哪一类字符个数最少。程序运行效果如图 5-17 所示。

分析:设置三个计数器变量 $n1$、$n2$、$n3$, 分别表示大写字母、小写字母、数字字符的个数,置初值为 0。对输入的字符串,按照从左到右的顺序,每次循环取出一个字符,根据三类字符的判断条件,来决定哪个计数器变量计数。程序如下:

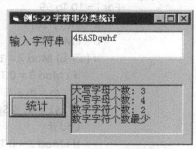

图 5-17 字符串分类统计

```
Private Sub Command1_Click()
    Dim n1%, n2%, n3%, i%, min%,x$
    n1 = 0: n2 = 0: n3 = 0
    For i = 1 To Len(Text1.Text)
        x = Mid(Text1.Text, i, 1)
        Select Case x
        Case "A" To "Z"
            n1 = n1 + 1
        Case "a" To "z"
            n2 = n2 + 1
        Case "0" To "9"
            n3 = n3 + 1
        End Select
    Next i
    min = n1
    If n2 < min Then min = n2
    If n3 < min Then min = n3
    Picture1.Print "大写字母个数:"; n1
    Picture1.Print "小写字母个数:"; n2
    Picture1.Print "数字字符个数:"; n3
    If min = n1 Then Picture1.Print "大写字母个数最少"
    If min = n2 Then Picture1.Print "小写字母个数最少"
    If min = n3 Then Picture1.Print "数字字符个数最少"
End Sub
```

【例 5-23】若一个两位数，个位与十位数字之和为奇数，并且个位数比十位数大 1，该数能被 3 或 7 整除，分别统计出所有符合条件的能被 3 或 7 整除的两位整数。

分析：该程序首先需要从两位数中将个位数和十位数分离出来，通过条件(a + b) Mod 2 = 1 and b-a=1 表达符合条件的数（a 表示十位数，b 表示个位数），要注意这两个条件是同时满足。在满足此条件的前提下，再设置条件判断该数是否能被 3 或 7 整除。程序如下：

```
Private Sub Command1_Click()
    Dim i As Integer, m As Integer, n As Integer
    Dim a As Integer, b As Integer
    Dim s1 As String, s2 As String
    m = 0: n = 0
    For i = 10 To 99
        a = Int(i / 10)
        b = i Mod 10
        If (a + b) Mod 2 = 1 And b - a = 1 Then
            If i Mod 3 = 0 Then
                m = m + 1
                s1 = s1 & Space(1) & i
            End If
            If i Mod 7 = 0 Then
                n = n + 1
```

```
                s2 = s2 & Space(1) & i
            End If
        End If
    Next i
    Print
    Print "能被 3 整除的数有" & m & "个," & "它们是: "
& s1
    Print
    Print "能被 7 整除的数有" & n & "个," & "它们是: "
& s2
    End Sub
```

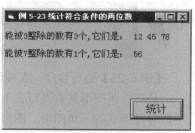

图 5-18　统计符合条件的两位数

程序运行效果如图 5-18 所示。

5.7　图　形　输　出

VB 语言中图形输出程序的编写是难点，对这类复杂程序的编写，可以总结规律，化复杂为简单。编制 VB 语言图形程序，无非是一些由字符组成的各种几何形状，如等腰三角形、直角三角形、四边形等。编制这些图形程序，可以总结为以下步骤。

第一步：分析该图形中有多少行，利用外循环控制行数。

第二步：分析该图形中每一行前面有多少空格，总结这些空格的规律，设置语句实现打印空格。

第三步：分析该图形中每一行打印什么符号，符号有什么规律，打印多少个符号，利用内循环来实现。打印完一行后，需要换行。

编制由相同符号组成的图形，相对来说要简单得多，不需要考虑符号之间的规律。

【例 5-24】编写程序，在窗体上打印图 5-19 所示的图形。

分析：该图形共有九行，每一行前面的空格特点是下一行比上一行多一个空格，另外每一行都是由数字按照一定的规律组成的，可通过两个平行的内循环控制每一行的字符输出，程序如下：

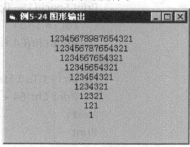

图 5-19　数字三角图形输出

```
Private Sub Form_Click()
    Dim i%, j%
    Print
    For i = 1 To 9
        Print Space(8 + i);             ' 输出每行前面的空格
        For j = 1 To 10 - i
            Print Format(j, "0");  ' 每个数字占一个字符位置输出
        Next j
        For j = 9 - i To 1 Step - 1
            Print Format(j, "0");
        Next j
        Print    ' 换行
```

```
        Next i
    End Sub
```

 注意　　　　输出空格语句后面的分号不能去掉，否则打印出来的图形与所要求的图形不一致。

【例 5-25】编写程序，在窗体上打印图 5-20 所示的图形。

分析：该图形共有九行，上半部分是正立的三角图形，下半部分是倒立的三角图形，图形由字母组成，字母出现的规律与例 5-24 相似。首先控制上部分正立的三角图形输出，然后实现下部分倒立的三角图形输出，注意每一行前面的空格特点。程序如下：

图 5-20　字母图形输出

```
Private Sub Form_Click()
    Dim i%, j%
    For i = 1 To 5    ' 输出图形的上半部分
        Print Space(15 - i);
        For j = 1 To i
            Print Chr(64 + j);        ' 利用函数 Chr()将 ASCII 码转换为对应的字符
        Next j
        For j = i - 1 To 1 Step - 1
            Print Chr(64 + j);
        Next j
        Print    '换行
    Next i
    For i = 4 To 1 Step - 1              ' 输出图形的下半部分
        Print Space(15 - i);
        For j = 1 To i
            Print Chr(64 + j);
        Next j
        For j = i - 1 To 1 Step - 1
            Print Chr(64 + j);
        Next j
        Print
    Next i
End Sub
```

本章小结

本章介绍了 VB 的一些典型算法，理解相应的算法文字描述后，还需要用 VB 的语法知识将算法翻译成 VB 程序。在理解算法的基础上，做到触类旁通，解决问题才会轻而易举。

习 题 五

一、填空题

1. 试填空完成以下程序，使其能够计算 1/2-1/4+1/6-1/8+1/10+…-1/20。

```
Private Sub Form_Click ()
    Dim s As Single, i As Integer, f As Integer
    s = 0: f = 1
    For i = 2 To 20 Step 2
        s = s + 1 / i * f
        【1】
    Next i
    Print "s = "; s
End Sub
```

2. 已知 s=2/1+3/2+5/3+8/5+…，求该算式的前 20 项和，试填空完成以下程序。

```
Private Sub Form_Click()
    Dim s!, f1%, f2%, i%
    s = 0
    f1 = 1
    f2 = 2
    For i = 1 To 20
        s = s +      【2】
        f3 = f2
        f2 = f1 + f2
           【3】
    Next i
    Print s
End Sub
```

3. 试填空完成以下程序，使其能够计算 1 到 6 的阶乘之和。

```
Private Sub Command1_Click()
    Dim i As Integer, j As Integer, n As Integer
    Dim sum1 As Long, sum2 As Long
    n =   6
    sum1 =   0
    For i = 1 To 6
        sum2 =     【4】
        For j = 1 To i
            sum2 =     【5】
        Next j
        sum1 =     【6】
    Next i
    Print "sum1 = "; sum1
End Sub
```

4. 百元买百鸡问题，假定小鸡每只 5 角，公鸡每只 2 元，母鸡每只 3 元。现在有 100 元钱，要求买 100 只鸡，编程列出所有可能的购鸡方案。试填空完成以下程序。

```
Private Sub Form_Click()
    Dim x, y, z, i
    i = 0
    For x = 0 To 33
        For y = 0 To 50
            z = 100 - x - y
            If      【7】        Then
                I = I + 1
                Print "可能的方案" & i & ":母鸡" & x & "只," _
                    & " 公鸡 " & y & "只," & " 小鸡" & z & "只。"
            End If
        Next y
    Next x
End Sub
```

5. 试填空完成以下程序，使其能够求 m、n 的最大公约数和最小公倍数。

```
Private Sub Form_Click()
    Dim m, n, t, max, min, i
    m = Val(InputBox("请输入 m 值："))
    n = Val(InputBox("请输入 n 值："))
    If m > n Then
        t = m: m = n: n = t
    End If
    max = 1
    For i = 1 To m
        If      【8】        Then
            max = i
        End If
    Next i
    min = m * n
    For i = n To m * n
        If i Mod m = 0 And i Mod n = 0 Then
            min = i
            _____【9】_____
        End If
    Next i
    Print "最大公约数为："; max
    Print "最大公倍数为："; min
End Sub
```

6. 随机产生 10 个 50 ~ 360（包含 50 和 360）的整数，找出其最大值、最小值和平均值，试填空完成以下程序。

```
Private Sub Command1_Click()
    Dim max%,min%,aver%,sum%,x%,i%
    max = 50:min = 360
    Print "产生的十个随机数为:"
    For i = 1 To 10
        x =  ___【10】___
        Print x;
        If x > max Then max = x
        If x > min Then  ___【11】___
            sum = sum + x
    Next i
    aver = sum/10
    Print "最大值= "; max
    Print "最小值= "; min
    Print "平均值= "; aver
End Sub
```

7. 一个球从 20 米高空落下，每次弹起高度为落下高度的 50%，求第 7 次落下，小球经历的路程。试填空完成以下程序。

```
Private Sub Command1_Click()
    Dim s,h,i
    s = 20
    h = 20
    For i = 2 To 7
        h = h * 0.5
        s =  ___【12】___
    Next i
    Print "球第 7 次落下经历的路程是："; s; "米"
End Sub
```

8. 鸡兔合笼共 20 只，脚有 46 只，问鸡几只、兔几只？试填空完成以下程序。

```
Private Sub Command1_Click()
    Dim x As Integer, y As Integer
    For x = 1 To 20
        For y = 1 To  ___【13】___
            If x + y = 20 And  ___【14】___  Then
                Print " 鸡" & x & "只 ", "兔" & y & "只"
            End If
        Next y
    Next x
End Sub
```

9. 10 个评委给选手打分，要求去掉最高分和最低分，求平均分。试填空完成以下程序。

```
Private Sub Command1_Click()
    Dim max!, min!, sum!, x!
```

```
sum = 0: max = 0: min = 100
For i = 1 To 10
    x = Val(InputBox("请输入第" & i & "个评委打分"))
    Print x;
    sum = sum + x
    If x > max Then    【15】
    If x < min Then min = x
Next i
sum =    【16】
Text1.Text = sum / 8
End Sub
```

二、程序阅读题

1. 执行以下程序后，输出的结果是_____。

```
Private Sub Form_Click()
    Dim n%,b,t
    t = 1:b = 1:n = 2
    Do
        b = b*n
        t = t + b
        n = n + 1
    Loop Until n > 4
    Print t
End Sub
```

2. 执行以下程序后，输出的结果是_____。

```
Private Sub Form_Click()
    Dim s%,s1%,i%,j%
    s = 0
    For i = 1 To 4
        s1 = 0
        For j = 1 To i
            s1 = s1 + j^2
        Next j
        s = s + s1
    Next i
    Print s
End Sub
```

3. 执行以下程序后，输出的结果是_____。

```
Private Sub Form_Click()
    Dim i%, j%, n%,max%
    n = 0:max = 3
    For i = 3 To 50
        For j = 2 To i - 1
            If i / j = Int(i / j) Then
                Exit For
```

```
                End If
            Next j
            If j = i Then
                If i > max Then max = i
            End If
        Next i
        Print max
    End Sub
```

4. 执行以下程序后，输出的结果是_____。

```
Private Sub Form_Click()
    Dim i%,j%,s1%,s$
    s = ""
    For i = 1 To 4
        s1 = 0
        For j = 1 To i
            s1 = s1 + j* 10 ^ (j - 1)
        Next j
        If s = "" then
            s = s & s1
        Else
            s = s & "+" & s1
        End if
    Next i
    Print "s = "; s
End Sub
```

5. 执行以下程序后，输出的结果是_____。

```
Private Sub Form_Click()
    Dim i As Long, j As Long
    Dim a As Single, b As Single
    For i = 1 To 8
        For j = 1 To i
            a = i + j
            b = i - j
            If Sqr(a) = Int(Sqr(a)) And Sqr(b) = Int(Sqr(b)) Then
                Print i, j
            End If
        Next j
    Next i
End Sub
```

6. 执行以下程序后，输出的结果是_____。

```
Private Sub Form_Click()
    Dim s$, s1$,i%
    s = "hjchqwip"
    For i = 5 To 1 Step - 1
        s1 = s1 + Mid(s,i,1)
```

```
        Next i
        Print "s1 = "; s1
    End Sub
```

7. 执行以下程序后，输出的结果是_____。

```
Private Sub Form _Click()
    Dim n%, i%, j%, a%
    Form1.Cls
    a = 64
    For i = 1 To 4
    Print Tab(15 - i);
        For j = 1 To 2 * i - 1
            Print Chr(64 + i);
        Next j
        Print
    Next i
End Sub
```

8. 执行以下程序后，输出的结果是_____。

```
Private Sub Command1_Click()
    Dim N As Integer, i As Integer, x As String
    N = 0
    x = "sdA12agyA"
    For i = 1 To Len(x)
        If UCase(Mid(x, i, 1)) = "A" Then
            N = N + 1
        End If
    Next i
    Text2.Text = N
End Sub
```

9. 执行以下程序后，如果在文本框 Text1 中输入 "10011010"，则在文本框 Text2 中输出的结果是_____。

```
private sub Command1_Click()
    Dim x$,y$,c$,i%
    x = Text1.Text
    For   i = 1 To 8
        c = Mid(x,i,1)
    If c = "0"   Then
        c = "1"
        y = y + c
    Else
        c = "0"
        y = y + c
    End if
    Next   i
    Text2.text = y
End Sub
```

三、程序改错题

1. 设计程序，求 1~20 中偶数的阶乘和，请修改下列程序中的错误行。

```
Private Sub Command1_Click()
    Dim s As Integer, s1 As Integer               '*ERROR1*
    Dim i As Integer, j As Integer
    s = 0:i = 2
    Do While i <= 20
        s1 = 0                                    '*ERROR2*
        j = 1
        Do While j <= i
            s1 = s1 * j
            j = j + 1
        Loop
        s = s + s1
        i = i + 1                                 '*ERROR3*
    Loop
    Print "s = "; s
End Sub
```

2. 随机产生 10 个在区间(100,200]之间的整数（该区间不包括 100，但包括 200），并在标签对象 Label1 中输出最小值。请修改下列程序中的错误行。

```
Private Sub Command1_Click()
    Dim x%, min%, i%
    min = 100                                     '*ERROR1*
    Print
    Print "产生的十个随机数为:"
    For i = 1 To 10
        x = Int(Rnd * 101 + 100)                  '*ERROR2*
        Print x;
        If x < min Then min = x
    Next i
    Label1.Print    min                           '*ERROR3*
End Sub
```

3. 判断一字符串是否为回文字符串。请修改下列程序中的错误行。

```
Private Sub Command1_Click()
    Dim a1$, a2$, m%, i%
    a1 = Text1.Text
    m = Len(Text1.Text)
    a2 = "    "                                   '*ERROR1*
    For i = m To 1                                '*ERROR2*
        a2 = a2 + Mid(a1, i, 1)
    Next i
    If    a2 = a1 Then
        Print a1;"是回文字符串"
    Else
```

```
        Print a1; "不是回文字符串"
      End If
    End Sub
```

四、编程题

1. 计算 $S=1-1/3+1/5-1/7+\cdots+(-1)^{k+1}1/2k-1$，直到最后一项的绝对值小于 $10^\wedge(-5)$为止。

2. 计算 $S=3+33+333+\cdots+333333$。

3. $S=1\times2^2\times3^2\times\cdots\times n^2$，问 n 为多少时，S 的值大于 100000？

4. 编程输出 3～100 的所有素数（每行 6 个），并求这些素数的和。

5. 随机产生 10 个 50～300 的整数，求最大的偶数和最小的奇数。

6. 现有 600 个桃子，分别装在大、中、小三种箱子中，每个大箱可以装 50 个桃子，每个中箱可以装 30 个桃子，每个小箱可以装 15 个桃子，三种箱子共有 25 个，编程列出大、中、小三种箱子可能的个数。

图 5-21　三角图形输出

7. 瓜农有西瓜 1020 个，每天能卖掉前一天剩下的总数的一半还多两个，问多少天能卖完。

8. 统计 1～100 既能被 3 整除又能被 7 整除的数有多少个？

9. 编写程序，在窗体上输出图 5-21 所示的图形。

第6章
数组

【本章重点】

※ 数组的概念及定义

※ 数组的基本应用

※ 数组和循环结构的结合应用

前面介绍的数据类型如字符型、数值型、逻辑型等，都是 VB 的基本数据类型，通过单个简单变量来存取单个数据。但在实际应用中有时需要处理同一类型的成批数据，如果再使用简单变量来处理就很不方便，有时甚至是不可能。此时，行之有效的解决方法是借助数组来处理。在很多类似场合下，使用数组和循环结构的结合，可以简化程序的编写，还可提高程序的可读性和运行效率。

6.1　数组的引入

【例 6-1】假设一个班级有 10 名学生，现在要求某门课程的平均成绩，然后统计高于平均分的人数。

如果使用前面所学的知识来处理，那么求平均成绩的程序可以如下编写：

```
Dim mark As Single, sum As Single, aver As Single
For i = 1 To 10
    mark = InputBox("请输入第 " & i & " 位同学的成绩：")
    sum = sum + mark
Next i
aver = sum / 10
Print "平均分是：" & aver
```

在上述程序段的循环体中，简单变量 mark 虽然重复接受了输入的 10 位同学的成绩，但每次新接受的数据都会把前一次的数据改写了，故 mark 中始终只能存放最近一次输入的成绩。因此，若要统计出高于平均分的人数，则必须再次重复输入每位同学的成绩，才能统计高于平均分的人数。具体做法，可在上述程序段后再添加如下代码：

```
For i = 1 To 10
    mark = InputBox("请输入第 " & i & " 位同学的成绩：")
    If mark > aver Then c = c + 1
Next i
Print "高于平均分的人数是：" & c
```

　　这种处理方法，看似可以解决上述问题，但也带来两个不容忽视的弊端：其一，成绩数据要前后输入两遍，数据输入的工作量成倍地增加了；其二，若前后两次输入的成绩不一致，则统计结果可能不正确。

　　如何处理才能只要输入一遍成绩就能解决上述问题呢？方法就是设法独立保存每位同学的成绩，有两种方法。方法一；使用前面所学的简单变量，则必须为每位同学单独命名一个变量来保存他们的成绩，如 mark1，mark2，…，mark10。那么，程序编写思路可为：首先，输入 10 位同学的成绩，必须要写 10 条输入语句；其次，计算总分，需要把这 10 个变量值相加，再计算平均分；最后需要再把这 10 个变量依次和平均分比较，统计出高于平均分的人数。因为是对 10 个单独的变量分别进行处理，所以不方便借助循环结构来处理，编写程序的工作量将难以接受，故方法一并不合适。那么如何既能独立保存每位同学的成绩，又能结合循环结构来处理呢？这就是方法二：使用数组来存放每位同学的成绩，再结合循环结构来求 10 位同学的平均分和统计高于平均分的人数。完整程序可以如下编写：

```
Private Sub Command1_Click()
    Dim mark(1 To 10) As Single          ' 定义一个包含 10 个元素的数组
    Dim sum As Single, aver As Single, c As Integer
    For i = 1 To 10                      ' 输入 10 位同学的成绩，并存入数组
        mark(i) = InputBox("请输入第 " & i & " 位同学的成绩：")
        sum = sum + mark(i)              ' 求总分
    Next i
    aver = sum / 10                      ' 求平均分
    Print "平均分是： " & aver
    For i = 1 To 10                      ' 统计高于平均分的人数
        If mark(i) > aver Then c = c + 1
    Next i
    Print "高于平均分的人数是： " & c
End Sub
```

说明：

　　在以上程序中，语句 "mark(i) = InputBox("输入第 " & i & " 位同学的成绩：")" 虽然只有一条，但在循环体内重复执行了 10 次，且每次执行时存入数据的位置不同，如：当 $i=1$ 时，第 1 次输入的数据即第 1 位同学的成绩被存入 mark(1)，即数组的第 1 个元素；当 $i=2$ 时，第 2 次输入的数据即第 2 位同学的成绩被存入 mark(2)，即数组的第 2 个元素……，依次类推，就实现了单独保存每位同学的成绩，如是处理后，在后续的 "统计高于平均分的人数" 处理中，就可以不必再次输入每位同学的成绩了，若要判断第 i 位同学的成绩是否高于平均分，只要取出 mark(i) 中存放的数据进行判断即可。可见采用数组来解决这个问题时，既可以独立保存成批的数据，又能结合循环结构来处理，整个程序也简洁明了，且易于编写。

6.2　数组的基本概念

1. 数组的概念

　　数组就是用统一的名字和不同的下标表示的、顺序排列的一组具有相同数据类型的变量。

如 Dim a(1 to 10) As Integer 就可用图 6-1 来形象地表示。其中：a 为该数组的名字，称为数组名；数字 1，2，3，…，10 为该数组 a 的下标。

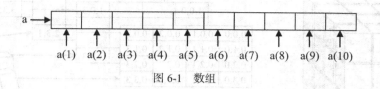

图 6-1 数组

2. 数组元素

数组元素就是使用数组名和下标来标识的数组中的某个具体元素（也称成员）。如图 6-1 中的 a(5)就表示数组 a 中的第 5 个元素。

说明：

● 数组的命名规则：与 Visual Basic 变量的命名规则一致。在同一过程中，数组名不能与简单变量同名，否则会出现编译错误。

● 数组元素的下标说明：

➤ 下标必须用一对小括号括起来，如 b(5)，不是 b5、也不是 b[5]或 b{5}；

➤ 下标可以是常数、变量或表达式；

➤ 下标一般是整数，当不是整数时，按"四舍六入五成双"的进位规则转换成整数，如 a(1.5)被视为 a(2)，a(2.5)也被视为 a(2)；

➤ 下标的值必须在声明时指定的范围之间，否则会出现"下标越界"的错误。如果没有指定下标下界，则下界默认从 0 开始。

● 数组的类型：数组中的所有元素都具有相同的数据类型，也就是数组的数据类型。

3. 数组的分类

按照不同的分类方法，数组的种类也不同。

（1）按数组下标的个数（即也称数组的维数）不同来分：可分为一维数组、二维数组、三维数组……

如 Dim x(1 To 5)，该数组中只有一个下标，下标的范围是"1 To 5"，所以 x 为一维数组，如图 6-2 所示。

如 Dim y(1 To 5，1 To 4)，该数组中有两个下标，两个下标的范围分别是"1 To 5"和"1 To 4"，所以 y 为二维数组，如图 6-3 所示。

y(1,1)	y(1,2)	y(1,3)	y(1,4)
y(2,1)	y(2,2)	y(2,3)	y(2,4)
y(3,1)	y(3,2)	y(3,3)	y(3,4)
y(4,1)	y(4,2)	y(4,3)	y(4,4)
y(5,1)	y(5,2)	y(5,3)	y(5,4)

图 6-2 一维数组

图 6-3 二维数组

如 Dim z(0 To 3，0 To 3，0 To 3)，该数组中有三个下标，每个下标的范围都是"0 To 3"，所以 z 为三维数组，形如"魔方"玩具，如图 6-4（a）所示，每个元素对应的位置如图 6-4（b）所示。

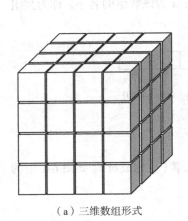

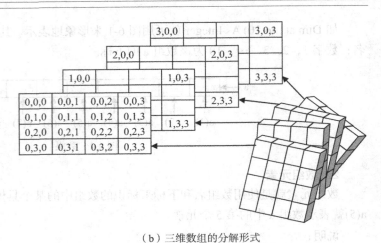

（a）三维数组形式　　　　　　　　　　　　　（b）三维数组的分解形式

图 6-4　三维数组

（2）如果按数组元素个数是否确定，可以分为静态数组、动态数组。

如 Dim x(1 To 5)，数组 x 的元素个数是确定的 5 个，则称 x 为静态数组；

如 Dim y( )，数组 y 的元素个数未确定，则称 y 为动态数组。

说明：

① 静态数组在声明时，指定了维数（下标的个数）及每一维的大小；而动态数组在声明时，事先不指定维数及其每一维的大小，以后可以根据实际需要来指定维数及其大小。

② 静态数组是在程序编译时分配内存空间，而动态数组则是在程序执行到 ReDim 语句时才被分配内存空间的。所以，在程序运行过程中，静态数组中的数组元素个数定义好后，不能再被改变；而动态数组的数组元素个数则可以再被改变。

6.3　数组的声明

6.3.1　静态数组的声明

数组必须先声明再使用。声明静态数组就是指定数组名、维数、数据类型，其中维数包含了下标的个数和每个下标的范围，二者共同决定数组中包含数组元素的个数。

声明静态数组的语法格式如下：

　　Dim　数组名（<维数定义>）[As <数据类型>]

或者：Dim　数组名[<类型符>]（<维数定义>）

说明：

● 维数定义用来指定数组的维数和每一维的范围，其语法格式如下：

[<下标下界 1> To]<下标上界 1>[,[<下标下界 2> To]<下标上界 2>] …

● 下标上、下界的取值范围不能超过长整型数据的范围（ -2147483648~2147483647），且下界必须小于等于上界，否则将出错。

● 每一维的大小则为"上界 - 下界 + 1"。

● 如果[<下标下界> To]省略，则下界由 Option Base n 语句控制；如果又未使用 Option Base n 语句，则下界使用默认值 0。

如：Dim a(10) As Integer' 声明了一个一维数组 a，下标下界为默认值 0

数组 a 中有 11 个元素，分别是：a(0)，a(1)，a(2)，…，a(10)。

而：Option Base 1

　　Dim b(10) As Integer　　　' 声明了一个一维数组 b，下标下界为 1

数组 b 中有 10 个元素，分别是：b(1)，b(2)，…，b(10)。

注意

　　Option Base n 语句中的参数 n 只能是 0 或 1，它必须在通用代码段声明，且一个模块中只能使用一次。但是，如果过程中使用了[<下标下界> To]显式地指定下标的下界，那么 Option Base n 语句则不再起作用。如：

```
Option Base 1
Dim c%(5 To 100)                 ' 声明整形数组 c，其下界是 5 而不是 1
Dim d&(-1 To 100)                ' 声明长整形数组 d，其下界是-1 而不是 1
```

- 如果[As <数据类型>]省略，则默认为变体类型。
- 声明静态数组时，下标只能为常量，不能为变量。下面的数组声明是错误的：

```
n = 5
Dim x(n) As Integer              ' 出现编译错误，提示"要求常数表达式"
```

- 数组元素被引用时，下标可以是常量、变量、表达式。下面的处理方式是正确的：

```
Dim a(10) As Long
n = 5
a(n) = 1
a(8) = a(n + 1) + n
```

- 数组声明时，下标用于指定数组每一维的大小，属于数组的说明符；数组元素引用时，下标用于指定某一个具体的数组元素，应注意它们的区别。如：

```
Dim a(10) As Integer             ' 下标 10 用于说明数组的下标上界是 10，
                                 ' 此时数组 a 中包含有 11 个元素
a(10) = 5                        ' 下标 10 用于指定数组 a 中的第 11 个元素
                                 ' 即给数组 a 第 11 个元素 a(10)赋值 5
```

- 多维数组的声明方式如下：

```
Dim F(9,9) As Integer            ' 二维数组 F，共有 10×10 个元素
Dim M(1 To 9, 9)                 ' 二维数组 M，共有 9×10 个元素
Dim N(1,1 To 10,5 To 10)         ' 三维数组 N，共有 2×10×6 个元素
```

【例 6-2】统计及格人数。随机产生 10 位同学某课程的百分制成绩（0~100），统计及格的人数。

声明一个包含 10 个元素的数组，然后利用循环产生 10 个 0~100 随机数并依次存入数组的第 1~10 个元素中，再对数组进行相关操作，具体代码如下：

```
Private Sub Command1_Click()
    Dim a(1 To 10) As Integer, c As Integer
    Randomize
```

```
    For i = 1 To 10
        a(i) = Int(Rnd * 101)              ' 产生随机的成绩
        Print a(i);
    Next i
    Print
    For i = 1 To 10
        If a(i) > 60 Then c = c + 1        ' 依次检查成绩是否及格
    Next i
    Print "及格人数是： " & Str(c)
End Sub
```

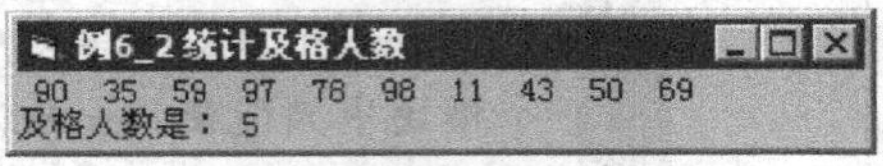

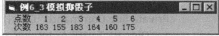

运行结果如图 6-5 所示。

图 6-5　例 6-2 的运行结果

【例 6-3】模拟掷骰子 1000 次，统计每种点数出现的次数。

可以用随机数 1~6 模拟一次掷骰子出现的点数。声明一个包含 2 行 6 列的二维数组，第 1 行用于存放随机产生的 1~6 点数，第二行用于存放每种点数出现的次数。具体代码如下：

```
Private Sub Command1_Click()
Dim a(1 To 2, 0 To 6), ds As Integer
a(1, 0) = "点数"
a(2, 0) = "次数"
For i = 1 To 6
    a(1, i) = i
Next i
For i = 1 To 1000
    ds = Int(Rnd * 6 + 1)              ' 产生随机数 1~6
    Select Case ds
        Case 1
            a(2, 1) = a(2, 1) + 1
        Case 2
            a(2, 2) = a(2, 2) + 1
        Case 3
            a(2, 3) = a(2, 3) + 1
        Case 4
            a(2, 4) = a(2, 4) + 1
        Case 5
            a(2, 5) = a(2, 5) + 1
        Case 6
            a(2, 6) = a(2, 6) + 1
    End Select
Next i
For i = 1 To 2
    For j = 0 To 6
        Print Format(a(i, j), "@@@@");
    Next j
    Print
Next i
End Sub
```

运行结果如图 6-6 所示。

图 6-6　例 6-3 的运行结果

6.3.2　动态数组的声明

实际应用中，有时数组的大小在设计阶段一时难以确定，所以希望能够在知道数组大小时临时指定数组的大小，这时就需要使用动态数组。声明动态数组时，事先不指定维数的个数及每一维的大小，以后根据实际需要临时来指定维数及大小。

声明动态数组的语法格式如下：

Dim　数组名()[As <数据类型>]

或 Dim　数组名[<类型符>]()

在过程中使用该动态数组之前，必须要用 ReDim 语句来指定数组的维数及每一维的大小。ReDim 语句的语法格式如下：

ReDim [Preserve]　数组名（<维数定义>）[As <数据类型>]

说明：

- ReDim 与 Dim 语句不同，是可执行语句，只出现在过程中。如在窗体的通用代码段中，只能用 Dim 语句，不能使用 ReDim 语句。
- <维数定义>中的下标可以是常量、变量或表达式。
- 在过程中可以多次使用 ReDim 语句来改变某一个动态数组的大小，也可以改变数组的维数。但不能改变数组的数据类型。其中"As <数据类型>"也可省略，当省略时，数组的类型由前面的 Dim 语句指定。当 Dim 语句后的"As <数据类型>"也省略时，则数组的数据类型为默认的变体型。
- 在使用 Redim 语句时，数组中原有的数据会丢失。如果需要保留原数组中的数据，则必须加 Preserve 参数。对于多维数组，使用 Preserve 参数时，只能改变最后一维的上界，否则将出错。例如：

Dim a( )
ReDim a(5,5)
…
ReDim Preserve a(5,15)
…

- 在程序运行过程中，系统会给动态数组分配临时的存储空间，当不需要时，可以用 Erase 语句删除该数组，系统就会回收它的临时存储空间。例如：

Dim a( )
ReDim a(10)
Erase a　　　' 数组 a 的存储空间被回收，下面的语句就会出现"下标越界"的错误
a(2) = 5

在 Erase a 语句后，如果还需要使用数组 a，可再次使用 ReDim 语句重新指定数组 a 的大小。

【例 6-4】统计高于平均分的人数（使用动态数组）。求某班某课程的平均成绩，然后统计高于平均分的人数。

本例虽与【例 6-1】类似，但前面的例子中使用的是静态数组，而本例中则使用了动态数组；前面的例子中使用简单变量来存放总分、平均分以及高于平均分的人数，而本例则是通过 ReDim 关键字动态增加了 3 个数组元素来存放相关的数据。代码如下：

```
        Option Base 1                                    ' 指定数组的下标下界为 1
        Private Sub Command1_Click()
            Dim a() As Single                            ' 定义动态数组，大小未指定
            Dim N As Integer
            N = Val(InputBox("请输入班级人数："))         ' N 为班级的人数
            ReDim a(N)                                   ' 使用输入的值来指定实际使用的数组的大小
                          ' 产生 N 个 0~100 的随机成绩，并分别存于数组的第 1~N 个元素中
            Randomize
            For i = 1 To N
                a(i) = Int(Rnd * 101)
                Print a(i);
            Next i
            Print
        ' 计算总分，并存放在数组的第 N+1 位置
            ReDim Preserve a(N + 1)                      ' Preserve 参数用于保留数组的原有数据
            For i = 1 To N
                a(N + 1) = a(N + 1) + a(i)
            Next i
        ' 计算平均分，并存放在数组的第 N+2 位置
            ReDim Preserve a(N + 2)
            a(N + 2) = a(N + 1) / 10
            Print "平均分是："; a(N + 2)
        ' 统计高于平均分的人数，并存于数组的第 N+3 位置
            ReDim Preserve a(N + 3)
            For i = 1 To N
                If a(i) > a(N + 2) Then a(N + 3) = a(N + 3) + 1
            Next i
            Print "高于平均分的人数是："; a(N + 3)
        End Sub
```

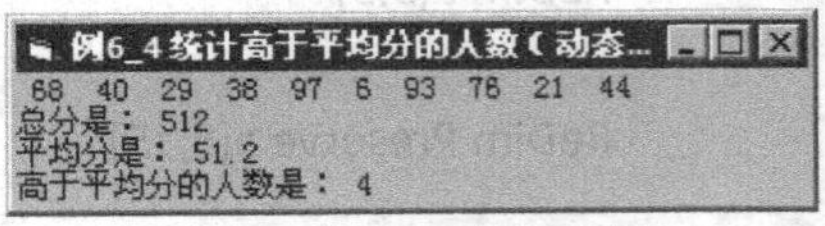

运行结果如图 6-7 所示。

图 6-7　例 6-4 的运行结果

6.3.3　数组相关的函数

1．LBound( )函数和 UBound( )函数

LBound( )、UBound( )函数的返回值分别为数组某一维下标的下界值和上界值。语法格式如下：

L(或 U)Bound(数组名[,N])

其中，参数 N 用于指定求数组哪一维的下标下界（或上界），对于一维数组可以不用此参数。

① 如果是求第一维下标的上界或下界，则不必指定 N。例如：

Dim a(5),b(-2 to 5)

则 LBound(a)、UBound(a)、LBound(b)、UBound(b)的值分别为 0、5、-2、5。

② 如果是多维数组，则需要指定 N 值。例如：

```
Private Sub Command1_Click()
    ReDim a(5, Int(Rnd * 8), 2 to 7)
```

```
        Print "对于数组：a(5, Int(Rnd * 8), 2 to 7)"
        Print "第 1 维下标下界："; LBound(a, 1)
        Print "第 2 维下标下界："; LBound(a, 2)
        Print "第 3 维下标下界："; LBound(a, 3)
        Print "第 1 维下标上界："; UBound(a, 1)
        Print "第 2 维下标上界："; UBound(a, 2)
        Print "第 3 维下标上界："; UBound(a, 3)
    End Sub
```

如果不指定下标下界，则运行结果如图 6-8（a）所示；如果使用 Option Base 1 指定下标下界，则运行结果如图 6-8（b）所示。

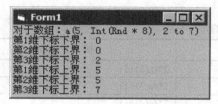
（a）不指定下标下界

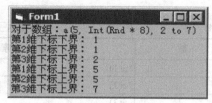
（b）指定下标下界为 1

图 6-8　下标下界示例

2．Array( )函数

Array( )函数的作用是给数组赋初值，其语法格式如下：

　　数组名 = Array(值 1，值 2，…，值 n)

在前面的一些例子中，都是使用循环语句给数组元素赋值。但在实际应用中，有时需要把几个特定的值赋给数组，这时使用 Array( )函数来处理就很方便。但 Array( )函数只能给动态数组赋值，且其数据类型必须是变体型（Variant）的。数组的下标下界默认为 0，也可以通过 Option Base 1 语句来指定下界为 1；下标的上界由 Array( )函数中参数的个数及下标下界共同决定的。编程时可以不必知道下标的下界、上界究竟是多少，需要时可以通过 Lbound、Ubound 函数来获得数组下标的下界、上界。例如：

```
Private Sub Command1_Click()
    Dim season ( ) As Variant
    season = Array("春", "夏", "秋", "冬")
    For i = LBound(season) To UBound(season)
        Print season (i)
    Next i
End Sub
```

6.4　数组的简单应用

对数组的应用主要是通过对数组元素的操作来完成的。由于数组元素的本质就是变量，是带有下标的变量，所以对数组元素的操作就如同前面章节中对简单变量的操作，但它与简单变量不同的是数组元素是有序的，可以通过有序的下标值来访问不同的数组元素。因此在数组的应用中，利用循环进行处理是最行之有效的方法。

有了数组后，前面章节中的一些例子也可以使用数组来处理，而且结合使用数组和循环结构，可以简化程序的编写，还可以提高程序的可读性和运行效率。

【例 6-5】猴子吃桃子问题（利用数组）。这个例题前面介绍过了，那是用简单变量存放桃子的数量，本例将用数组来存放每天的桃子数量。

定义一个数组，包含 7 个元素 a(1)，a(2)，…，a(7)，分别存放对应的第 1，2，…，7 天的桃子数。根据猴子吃桃子的规律，得出表 6-1 所示的天数和桃子数量的对应关系表，从中可以得到第 i 天的桃子数量是 2*(a(i+1)+1) 的递推公式，然后利用循环处理递推公式，具体代码如下：

表 6-1 天数和桃子数量的对应关系

天　　数	数 组 元 素	桃 子 数
1	a(1)	2*(a(2)+1)
2	a(2)	2*(a(3)+1)
3	a(3)	2*(a(4)+1)
4	a(4)	2*(a(5)+1)
5	a(5)	2*(a(6)+1)
6	a(6)	2*(a(7)+1)
7	a(7)	1

```
Private Sub Command1_Click()
    Dim a(1 To 7) As Integer
    a(7) = 1
    Print "第 7 天的桃子数是： "; a(7)
    For i = 6 To 1 Step - 1
        a(i) = 2 * (a(i + 1) + 1)
        Print "第" & i & "天的桃子数是： "; a(i)
    Next i
End Sub
```

图 6-9 例 6-5 的运行结果

运行结果如图 6-9 所示。

【例 6-6】求一维数组中最大、最小的数及其位置。产生 10 个 0~100 的随机整数并存于数组中，找出其中的最大数、最小数，以及最大数、最小数所在的位置。

求最大数 max 时，可以先假设数组的第一个元素为最大数，则其最大数位置 maxLoc 为 1。然后利用循环对数组的第 2 至第 10 个元素依次和假设的最大数 max 比较，如果第 i 个元素大于假设的 max，则替换假设的 max 值，让 max 等于第 i 个元素的值，即 max=a(i)；同时把最大数位置 maxLoc 值替换为 i，即 maxLoc=i。求最小数时，可以先假设数组的第一个元素为最小数，则其最小数位置 minLoc 为 1。然后利用循环对数组的第 2 至第 10 个元素依次和假设的最小数 min 比较，如果第 i 个元素小于假设的 min，则替换假设的 min 值，让 min 等于第 i 个元素的值，即 min=a(i)；同时把最小数位置 minLoc 值替换为 i，即 minLoc=i。具体代码如下：

```
Private Sub Command1_Click()
    Dim a(1 To 10) As Integer
```

```
        Dim max, min, maxLoc, minLoc, i
        Randomize
        For i = 1 To 10
            a(i) = Int(Rnd * 101)
            Print a(i);
        Next i
        Print
        max = a(1): min = a(1): maxLoc = 1: minLoc = 1
        For i = 2 To 10
            If a(i) > max Then
                max = a(i): maxLoc = i
            End If
            If a(i) < min Then
                min = a(i): minLoc = i
            End If
        Next i
        Print "最大数是： " & max & "； 位置是： " & maxLoc
        Print "最小数是： " & min & "； 位置是： " & minLoc
    End Sub
```

运行结果如图 6-10 所示。

【例 6-7】裁判给选手打分。假设有 7 个裁判给选手
打分，要求去掉最高分和最低分，然后求出平均分作为
选手的分数。

图 6-10　例 6-6 的运行结果

首先声明一个包含 7 个元素的一维数组，然后依次输入 7 位裁判的分数并存入数组中，并求
总分，再找出最大值、最小值，最后求平均分。具体代码如下：

```
    Private Sub Command1_Click()
        Dim a(1 To 7) As Integer
        Dim sum%, aver!, max%, min%
        Randomize
        For i = 1 To 7
            a(i) = Int(Rnd * 101)              ' 用随机数代替裁判打的分数
            Print a(i);
            sum = sum + a(i)
        Next i
        Print
        max = a(1): min = a(1)
        For i = 2 To 7
            If a(i) > max Then max = a(i)
            If a(i) < min Then min = a(i)
        Next i
        aver = (sum - max - min) / 5
        Print "总分= " + Str(sum)
        Print "最高分= " + Str(max) + "    最低分= " + Str(min)
        Print "平均分= " + Str(aver)
    End Sub
```

运行结果如图 6-11 所示。

图 6-11　例 6-7 的运行结果

【例 6-8】数组的排序。产生 10 个 0~100 的随机整数并存于一维数组中，然后按从小到大的顺序（即升序）对数组元素排序。

排序算法有很多，这里只介绍两种简单的排序算法：冒泡法和选择法。

1. 冒泡法排序

冒泡法排序算法的基本思路如下。

第一步：从第一个数开始，依次将相邻的两个数两两比较。如果是按从小到大排序，每次比较中，当前面的数大于后面的数时，则交换两个数的位置，即总是将小数前移，大数后移。这样，第一趟比较完后，N 个数中的最大数就会排（冒）到最后。

第二步：接着对前面的 N-1 个数进行第二趟类似的两两比较、交换处理，N 个数中的第二大数就会排（冒）到倒数第二的位置上。

第三步：依次类推，直到前面只剩两个数时，再经最后一趟的一次两两比较、交换处理后，倒数第二小的数就会排到第二的位置上，最小的数就会排（沉）到最前面。至此，整个数组就变成从小到大的有序数组了。

综上所述，对包含 N 个元素的数组进行排序时，需要进行 N-1 趟两两比较处理，每趟都有一个大数冒起。就像一个气泡从海底浮到海面时，越往上，因水压变小就变得越来越大，所以这种排序方法被形象地称为冒泡法（也叫起泡法、气泡法）。

例如对 2、6、4、8、0 这 5 个数使用冒泡法按从小到大排序，需要进行 4 趟两两比较处理，每趟比较、交换情况如下：

<table>
<tr><td colspan="2" align="center">第一趟两两比较及交换的情况
（如果前面的数大于后面的数，则交换）</td><td align="center">原始数据
2、6、4、8、0</td></tr>
<tr><td>第 1 次</td><td>2 和 6 比较，不交换</td><td><u>2、6</u>、4、8、0</td></tr>
<tr><td>第 2 次</td><td>6 和 4 比较，　交换</td><td>2、<u>6、4</u>、8、0</td></tr>
<tr><td>第 3 次</td><td>6 和 8 比较，不交换</td><td>2、4、<u>6、8</u>、0</td></tr>
<tr><td>第 4 次</td><td>8 和 0 比较，　交换</td><td>2、4、6、<u>8、0</u></td></tr>
<tr><td colspan="2">第一趟两两比较及交换的最后结果</td><td>2、4、6、0 | 8</td></tr>
</table>

在经过第一趟两两比较后，5 个数比较了 4 次，把 5 个数中的最大数 8 排在了最后。再对前面剩下的 4 个数进行第二趟两两比较，最后的最大数 8 可不再参与比较。

<table>
<tr><td colspan="2" align="center">第二趟两两比较及交换的情况</td><td align="center">原始数据
2、4、6、0 | 8</td></tr>
<tr><td>第 1 次</td><td>2 和 4 比较，不交换</td><td><u>2、4</u>、6、0 | 8</td></tr>
<tr><td>第 2 次</td><td>4 和 6 比较，不交换</td><td>2、<u>4、6</u>、0 | 8</td></tr>
<tr><td>第 3 次</td><td>6 和 0 比较，　交换</td><td>2、4、<u>6、0</u> | 8</td></tr>
<tr><td colspan="2">第二趟两两比较及交换的最后结果</td><td>2、4、0 | 6、8</td></tr>
</table>

在经过第二趟两两比较后，余下的前 4 个数比较了 3 次，把 5 个数中的第二大数 6 排在了倒数第二的位置上。再对前面剩下的 3 个数进行第三趟两两比较，最后的第二大数、最大数，即 6、8 可不再参与比较。

第三趟两两比较及交换的情况		原始数据
		2、4、0|6、8
第 1 次	2 和 4 比较，不交换	2、4、0|6、8
第 2 次	4 和 0 比较，　交换	2、4、0|6、8
第三趟两两比较及交换的最后结果		2、0|4、6、8

在经过第三趟两两比较后，余下的前 3 个数比较了 2 次，把 5 个数中的第三大数 4 排在了倒数第三的位置上。再对前面剩下的 2 个数进行第四趟两两比较，最后的第三大数、第二大数、最大数，即 4、6、8 可不再参与比较。

第四趟两两比较及交换的情况		原始数据
		2、0|4、6、8
第 1 次	2 和 0 比较，交换	2、0|4、6、8
第四趟两两比较及交换的最后结果		0|2、4、6、8

在经过第四趟两两比较后，余下的前 2 个数比较了 1 次，把 5 个数中的第四大数 2 排在了第二的位置上，最小的数已经排到了最前面。至此，原来无序的 5 个数 2、6、4、8、0 已经变成有序的 0、2、4、6、8 了，排序完成。

从上述排序过程中可以看到：对 N 个数排序时，需要比较 $N-1$ 趟，在第 i 趟的比较中，要进行 $N-i$ 次两两比较。比较趟数（用 i 表示）、两两比较次数（用 j 表示）两者的关系如下：

比较趟数 （用 i 表示）	两两比较次数 （用 j 表示）
1	$N-1$
2	$N-2$
…	…
i	$N-i$
…	…
$N-1$	1

冒泡法排序的代码如下：

```
Option Base 1
Private Sub Command1_Click()
    Dim a() As Integer
    Const N = 10
    ReDim a(N)
    Print "数组排序前："
    Randomize
    For i = 1 To N
        a(i) = Int(Rnd * 101)
        Print a(i);
    Next i
```

```
        Print
        For i = 1 To N - 1                      ' 外循环控制比较趟数，共进行 N-1 趟两两比较
            For j = 1 To N - i                  ' 内循环控制每趟比较次数，对第 i 趟要比较 N-i 次
                If a(j) > a(j + 1) Then         ' 如果前面的数大于后面的数，则交换两数位置
                    t = a(j): a(j) = a(j + 1): a(j + 1) = t
                End If
            Next j
        Next i
        Print "数组排序后："
        For i = 1 To N
            Print a(i);
        Next i
    End Sub
```

运行结果如图 6-12 所示。

图 6-12 冒泡法排序的运行结果

2. 选择法排序

冒泡法排序算法的每一趟中两两交换的次数有时比较多，效率比较低。如何降低两两交换的次数，提高排序的效率呢？下面的选择法排序能有效改善这一缺点。

选择法排序（假设按升序排序）的基本思路如下。

第一步：在 N 个数中找出最小数的下标（位置），然后与第一个数交换。这样 N 个数中最小数就排到了第一的位置。

第二步：第一个数除外，再在剩下的 N-1 个数中按第一步的方法找出第二小的数的下标，然后与第二个数交换。这样 N 个数中次小的数就排到了第二的位置。

第三步：依次类推，直到剩下最后两个数时，如果大数在前，则做最后一次交换后，次大的数被排到倒数第二的位置，最大的数被排到最后。至此，整个数组就变成从小到大的有序数组了。

例如，对 2、6、4、8、0 这 5 个数使用选择法按从小到大排序的过程如下：

	每一趟最小数位置及交换情况	原始数据
		2、6、4、8、0
第 1 趟	最小数 0，第 5 位置，与第一个数 2 交换	0	6、4、8、2
第 2 趟	最小数 2，第 5 位置，与第二个数 6 交换	0、2	4、8、6
第 3 趟	最小数 4，第 3 位置，不交换	0、2、4	8、6
第 4 趟	最小数 6，第 5 位置，与第四个数 8 交换	0、2、4、6	8
	排序结果	0、2、4、6、8

从上述排序过程中可以看到，对 N 个数排序时，需要查找最小数 N-1 趟，在第 i 趟的查找中，要进行 N-i 次两两比较才能找到最小数位置，然后把第 i 小的数与第 i 位置的数交换，这样每一趟都找出一个最小数，并移至特定的位置。到最后一趟结束时，就能完成排序了。

例 6-8 的选择法排序代码如下：

```
Option Base 1
Private Sub Command1_Click()
    Dim a() As Integer
    Const N = 10
```

```
        ReDim a(N)
        Print "数组排序前："
        Randomize
        For i = 1 To N
            a(i) = Int(Rnd * 101)
            Print a(i);
        Next i
        Print
        For i = 1 To N – 1                   ' 进行 N–1 趟两两比较查找最小数位置
            iMin = I                          ' 对第 i 趟，假设第 i 位置的元素最小
            For j = i + 1 To N                ' 对第 i 趟，在 i+1~N 的元素中找最小元素的下标
                If a(j) < a(iMin) Then
                    iMin = j
                End If
            Next j
            t = a(i)                          ' 把 i+1~N 的元素中最小元素与第 i 个元素交换
            a(i) = a(iMin)
            a(iMin) = t
        Next i
        Print "数组排序后："
        For i = 1 To N
            Print a(i);
        Next i
    End Sub
```

运行结果如图 6-13 所示。

【例 6-9】输出矩阵。输出一个 $n \times n$ 矩阵，n 为[5，8]的随机整数，该矩阵主对角线元素为 1，其余元素为 0。

图 6-13　选择法排序的运行结果

数学中的矩阵在 VB 中常用二维数组来处理，而对二维数组的处理常借助双重循环，且通常用外层循环控制行，内层循环控制列。因此在二维数组中，第一维下标也称行下标，第二维下标也称列下标。参看图 6-3 二维数组样式中的下标，可知矩阵主对角线元素的下标特征是：行下标和列下标相等。本例的代码如下：

```
Option Base 1
Private Sub Command1_Click()
    Dim N As Integer, a() As Integer
    N = Int(Rnd * (8 - 5 + 1) + 5)
    ReDim a(N, N)
    For i = 1 To N                           ' 外循环控制行
        For j = 1 To N                       ' 内循环控制列
            If i = j Then a(i, j) = 1         ' 当行下标 i=列下标 j 时，对应元素赋值 1
            Print a(i, j);                    ' 输出第 i 行上各列元素
        Next j
        Print                                 ' 第 i 行输出完后的换行
```

```
    Next i
End Sub
```

因数组 a 被声明为数值型的 Integer，所以数组 a 中的各元素已被赋值为默认值 0。所以，上述代码中只对满足行、列下标相等的元素重新赋值 1，其他元素值没变。

运行结果如图 6-14 所示。

【例 6-10】杨辉三角形。编程输出图 6-15 所示的杨辉三角形。

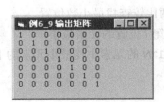
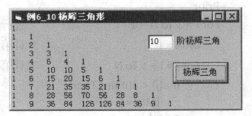

图 6-14　例 6-9 的运行结果　　　　　　图 6-15　例 6-10 的运行结果

从图 6-15 中各数的排列规律可以看出，该三角形第一列和斜边上的元素值均为 1，其余从第 3 行第 2 列开始的第 i 行第 j 列上任一元素值为上一行同列元素和上一行前一列元素之和，即 $a(i,j) = a(i-1,j) + a(i-1,j-1)$。具体代码如下：

```
Option Base 1
Private Sub Command1_Click()
    Dim a() As Long                     ' 定义动态数组，大小不知道
    Dim N As Integer
    N = Val(Text1.Text)
    ReDim a(N, N)                       ' 定义实际使用的数组，大小接受临时输入值
    For i = 1 To N                      ' 对第一列、主对角线元素赋初值
        a(i, 1) = 1
        a(i, i) = 1
    Next i
    For i = 3 To N                      ' 求杨辉三角其余各项值
        For j = 2 To i - 1
            a(i, j) = a(i - 1, j - 1) + a(i - 1, j)
        Next j
    Next i
    Cls
    For i = 1 To N                      ' 输出杨辉三角
        'Print Tab(25 - i * 2);         ' 控制每行前的空格数，使之成为等腰三角形样子
        For j = 1 To I                  ' i 为 n 时的输出情况如何
            Print Format(a(i, j), "!@@@@");   ' "@"前的"!"用于左对齐，否则右对齐
        Next j
        Print
    Next i
End Sub
```

6.5　控　件　数　组

1．控件数组的概念

控件数组是共享共同名称、类型和事件过程的一组控件。控件数组中的每一个控件都具有唯一的索引号（Index 属性）。

控件数组一般适用于执行若干个类似操作的场合，共享同一事件过程。执行时，通过控件数组元素的索引号（Index 属性）来标识各个控件数组元素的事件。

2．创建控件数组

创建控件数组的方法有两种，一种是在设计时创建控件数组，另一种是在运行时创建控件数组。设计时创建控件数组是指在设计程序界面的阶段就把控件数组在窗体上一个个地画好；运行时创建控件数组是指在程序的运行过程中通过代码动态地创建控件数组，并在窗体上按指定位置一个个地放置好。

（1）设计时创建控件数组

在设计时创建控件数组的步骤如下。

第一步：在窗体上画出某种控件的第一个，可以先设置 Name 等相关属性。

第二步：选中该控件，先进行"复制"，再在窗体空白处进行"粘贴"操作，系统会弹出提示框"已经有一个控件为'控件名'。创建一个控件数组吗？"，单击"是"按钮后，就创建了一个控件数组元素。如果需要，可以继续"粘贴"多次，就能获得一个包含多个控件元素的控件数组。

第三步：编写事件过程的代码。

【例 6-11】简单计算器（用命令按钮的控件数组）。建立包含四个命令按钮的控件数组，当单击不同命令按钮时分别实现加、减、乘、除运算。

本例中有一个包含四个命令按钮的控件数组，两个标签，三个文本框，有关属性设置如表 6-2 所示，运行结果如图 6-18 所示。

表 6-2　　　　　　　　　　　　　　　控件属性设置

默认控件名	下标（Index）	标题（Caption）	文本（Text）
Command1（四个）	0、1、2、3	+、－、×、÷	—
Label1	空	+	—
Label2	空	=	—
Text1	空	—	空
Text2	空	—	空
Text3	空	—	空

具体代码如下：

```
Private Sub Command1_Click(Index As Integer)
    Dim x As Single, y As Single, z As Single, op As String
    x = Val(Text1.Text)
```

```
          y = Val(Text2.Text)
          Select Case Index
              Case 0
                  op = " + " : z = x + y
              Case 1
                  op = " − " : z = x - y
              Case 2
                  op = " × " : z = x * y
              Case 3
                  op = " ÷ " : z = x / y
          End Select
          Label1.Caption = op
          Text3.Text = z
      End Sub
```

图 6-16　例 6-11 的运行结果

运行结果如图 6-16 所示。

【例 6-12】简单计算器（用单选按钮的控件数组）。建立包含四个单选按钮的控件数组，当单击不同单选按钮时分别选择加、减、乘、除运算符，再单击"="按钮时，实现计算。

本例中有一个包含四个单选按钮的控件数组，一个命令按钮，三个文本框，有关属性设置如表 6-3 所示，运行结果如图 6-17 所示。

表 6-3　　　　　　　　　　　　　　　控件属性设置

默认控件名	下标（Index）	标题（Caption）	文本（Text）
Option1（四个）	0、1、2、3	+、−、×、÷	—
Command1	空	=	—
Text1	空	—	空
Text2	空	—	空
Text3	空	—	空

具体代码如下：

```
      Dim op As String
      Private Sub Command1_Click()
          Dim x As Single, y As Single, z As Single
          x = Val(Text1.Text)
          y = Val(Text2.Text)
          Select Case op
              Case " + "
                  z = x + y
              Case " − "
                  z = x - y
              Case " × "
                  z = x * y
              Case " ÷ "
                  z = x / y
          End Select
          Text3.Text = z
      End Sub
```

```
Private Sub Option1_Click(Index As Integer)
    Select Case Index
        Case 0
            op = " + "
        Case 1
            op = " - "
        Case 2
            op = " × "
        Case 3
            op = " ÷ "
    End Select
End Sub
```

图 6-17　例 6-12 的运行结果

运行结果如图 6-17 所示。

（2）运行时创建控件数组

在运行时创建控件数组的步骤如下。

第一步：在窗体上画出某种控件的第一个，设置其 Index 属性值为 0，表示其是作为控件数组的第一个控件元素。

第二步：在过程代码中通过对象的 Load 方法添加其余的控件元素，通过对象的 UnLoad 方法删除某个添加的控件元素。

第三步：在过程代码中使用代码将新添加的控件元素的 Visible 属性设置为 True，再通过代码设置其 Left 和 Top 属性，确定其在窗体中的位置。

第四步：编写事件过程的代码。

【例 6-13】设计一个具有选色功能的选色板简单小程序。单击颜色板中的某种颜色，"背景颜色"标签的背景颜色就会改变。

本例中有一个图片框 PictureBox、两个标签，其中标签 Label1 画在图片框中，Label2 画在窗体上。有关属性设置如表 6-4 所示，运行结果如图 6-18 所示。

表 6-4　　　　　　　　　　　　　　控件属性设置

控 件 名	属 性	属 性 值
Picture1	Appearance	0
Label1	Appearance	1
	Caption	空
	Index	0
	Visible	False
Label2	Appearance	0
	BorderStyle	1
	Caption	背景颜色

具体代码如下：

```
Private Sub Form_Load()
    h = Picture1.Height / 2
    w = Picture1.Width / 8
    mtop = 0
    For i = 1 To 2
        mleft = 0
        For j = 1 To 8
```

```
            k = (i - 1) * 8 + j
            Load Label1(k)
            Label1(k).BackColor = QBColor(k - 1)
            Label1(k).Visible = True
            Label1(k).Top = mtop
            Label1(k).Left = mleft
            Label1(k).Width = w
            Label1(k).Height = h
            mleft = mleft + w
         Next j
         mtop = mtop + h
      Next i
   End Sub
   Private Sub Label1_Click(Index As Integer)
      Label2.BackColor = QBColor(Index - 1)
   End Sub
```

运行结果如图 6-18 所示。

图 6-18　例 6-13 的运行结果

本章小结

在解决实际问题的过程中，对于单个独立的数据，可以通过简单变量来处理；对于成批的同一类型的数据，则可以借助数组来处理，结合使用数组和循环结构，在有些情况下，可以简化程序的编写，而且可以提高程序的可读性和运行效率。

习 题 六

一、单选题

1. 语句 Dim t(2 To 6, -3 To 5) As Integer 定义的数组元素有_____个。

    A. 45   B. 54   C. 40   D. 11

2. 执行以下 Command1 的 Click 事件过程，在窗体上显示_____。

```
Option Base 1
Private Sub Command1_Click()
   Dim t()
   t = Array("a", "b", "c", "d", "e", "f", "g")
   Print t(1); t(3); t(5)
End Sub
```

    A. bdf   B. abc   C. ace   D. 出错

3. 执行以下 Command1 的 Click 事件过程，在窗体上显示_____。

```
Private Sub Command1_Click()
   Const n = -5: Const m = 6
   Dim t(n To m)
```

```
        For i = LBound(t, 1) To UBound(t, 1)
            t(i) = i
        Next i
        Print t(LBound(t, 1)); t(UBound(t, 1))
    End Sub
```

  A.　0 0   B.　-5 0   C.　-5 6   D.　0 6

4.　设有数组声明语句：

  Option Base 0
  Dim t(2 To 9, 20,-1 To 10) As Integer

则数组 t 中共有_____个元素。

  A.　1800   B.　1848   C.　2016   D.　2310

5.　窗体上有 5 个单选按钮，组成一个名为 chkOption 的控件数组。用于标识各个控件数组元素的参数是_____。

  A.　ListIndex   B.　Index   C.　Name   D.　Tag

二、填空题

1.　Dim t(5) As Integer,t(0.8)=3.5,t(1.5)=4.5,t(3.3)=5.3。试写出各元素的值_____。

2.　Dim t(-2 To 1, 2) As Double，则数组名是_____、数组类型是_____、维数是_____、第 1 维的上界是_____、第 2 维的下界是_____、数组的大小是_____。

3.　本程序的功能是：产生 10 个个位数互不相同的三位随机正整数，并存放到下标与其个位相同的数组元素中。例如，295 应存到 t(5)中。

```
Private Sub Command1_Click()
    Dim t(9) As Integer
    Dim x As Integer, k As Integer, i As Integer
    Randomize
    Do While_____
        x = Int(Rnd *_____)
        k = x Mod 10
        If t(k) = 0 Then
            _____
            i = i + 1
        End If
    Loop
    For i = 0 To 9
        Print t(i);
    Next i
End Sub
```

4.　本程序的功能是：把数组 t 中的 10 个数按升序排序。

```
Option Base 1
Private Sub Command1_Click()
    Dim t()
    t = Array(588, 76, 369, 60,22, 56, 24, 28, 99, 11)
    For i = 1 To_____
        For j = i + 1 To_____
```

```
            If t(i)_____t(j) Then
                temp = t(j)
                t(j) = t(i)
                t(i) = temp
            End If
        Next j
    Next i
    For i = 1 To 10
        Print t (i)
    Next i
End Sub
```

5. 以下程序的功能是：产生 10 个 0 ~ 1000 的随机整数，放入数组 t 中，然后输出其中的最大数。

```
Private Sub Command1_Click()
    Dim t(10) As Integer
    Dim max As Integer
    Randomize
    For i = 1 To 10
        t(i) = Int(Rnd * 1000)
    Next i
    max = _____
    For i = 2 To 10
        If _____ Then
            max = t(i)
        End If
    Next i
    For i = 1 To 10
        Print t(i)
    Next i
    Print "最大数是："; max
End Sub
```

三、阅读题

1. 下列程序段的执行结果为_____。

```
Dim t(1 To 10)
For i = 1 To 10
    t(i) = 2 * i
Next i
Print t(t(3))
```

2. 在窗体上添加一个名称为 Text1 的文本框和一个名称为 Cmd 的命令按钮，然后编写如下事件过程：

```
Private Sub Cmd_Click()
    Dim t(10, 10) As Integer
    Dim i, j As Integer
    For i = 1 To 3
        For j = 2 To 4
            t(i, j) = i + j
```

```
        Next j
        Next i
        Text1.Text = t(2, 3) + t(3, 4)
    End Sub
```

程序运行后，单击命令按钮，在文本框中显示的值是_____。

3. 在窗体上添加一个命令按钮，其 Name 属性为 Cmd，然后编写如下代码：

```
    Option Base 1
    Private Sub Cmd_Click()
        Dim t(4, 4)
        For i = 1 To 4
            For j = 1 To 4
                t(i, j) = (i - 1) * 3 + j
            Next j
        Next i
        For i = 3 To 4
            For j = 3 To 4
                Print t(j, i);
            Next j
            Print
        Next i
    End Sub
```

程序运行后，单击命令按钮，其输出结果为_____。

4. 下列程序的输出结果是_____。

```
    Option Base 0
    Dim t()
    t = Array(1, 2, 3, 4, 5, 6, 7, 8)
    i = 0
    For k = 100 To 90 Step - 2
        s = t(i) ^ 2
        If t(i) > 3 Then Exit For
        i = i + 1
    Next k
    Print k; t(i); s
```

5. 下列程序的输出结果为_____。

```
    Dim t(3, 3) As Integer
    Dim m, n
    For m = 1 To 3
        For n = 1 To 3
        t(m, n) = (m - 1) * 3 + n
        Next n
    Next m
    For m = 2 To 3
        For n = 1 To 2
            Print t(n, m)
        Next n
    Next m
```

四、改错题

1. 下面的程序用"冒泡"法完成数组 a 中的 10 个整数按升序排列，请修正程序中的错误。

```
Private Sub Command1_Click()
    Dim a()
    Dim i As Integer, j As Integer, a1 As Integer
    a = Array(-2, 5, 24, 58, 43, -10, 87, 75, 27, 83)
    For i = 0 To 9
        For j = i + 1 To 9
            If a(j) >= a(i) Then        '**********ERROR1**********
                a1 = a(i)
                a(i) = a(j)
                a(j) = a(i)             '**********ERROR2**********
            End If
        Next j
    Next i
    For i = 0 To 9
        Print a(i)
    Next i
End Sub
```

2. 求一维数组 a 中数组元素的最大值。程序中有错误，改正错误，使程序能输出正确的结果。

```
Option Base 1
Private Sub Command1_Click()
    Dim max As Double
    Dim i%
    Dim a(100) As Double
    For i = 1 To 100
        a(i) = Int(Rnd * 101)
    Next i
    max = a(0)                  '**********ERROR1**********
    For i = 2 To 100
        If max < a(i) Then
            a(i) = max          '**********ERROR2**********
        End If
    Next i
    Print Format(max, "###")
End Sub
```

3. 输出一个 5×5 矩阵，该矩阵主对角线元素为 1，其余元素为 0。

```
Private Sub Command1_Click()
    Dim a(5, 5)
    For i = 1 To 5
        For j = 1 To 5
            If i + j = 6 Then       '**********ERROR1**********
                a(i, j) = 1
```

```
                Else
                    a(i, j) = 0
                End If
            Next j
        Next i
        For i = 1 To 5
            For j = 1 To 5
            Print a(i, j)        '**********ERROR2**********
            Next j
            Print
        Next i
    End Sub
```

五、编程题

1. 求 Fibonacci 数列的前 20 项之和（要求使用数组）。

2. 输入某课程成绩，然后按降序输出，最后输出最高分、最低分、及格人数、不及格人数、平均分及高于平均分的人数（要求使用动态数组）。

【本章重点】

※ Function 函数过程的定义及其调用

※ Sub 子过程的定义及其调用

※ 实参与形参之间的传递

※ 变量和过程的作用域

前面已经学习了系统提供的内部函数过程和事件过程，利用它们解决了不少问题。但是在实际应用中，遇到的问题往往比较复杂，于是常常按自顶向下的规则，将复杂问题进行分解，分解成若干个功能相对独立的模块，构成这些模块的程序被称为过程，通常每个过程用来实现某个特定的功能。这种编程思想，就是常说的结构化程序设计思想。

另外，在实际应用中，也常常把某些功能完全相同或非常相似的程序段独立出来形成过程，供程序反复调用。这样做显然提高了编程效率，使得程序更加规范化，调试和维护程序也更加容易，同时也降低了代码的出错率。

在 Visual Basic 中，过程一般分为事件过程和通用过程两大类。通用过程又可以分为 Function 函数过程、Sub 子过程、Property 属性过程和 Event 过程 4 类。一般来说，事件过程是对发生的事件进行处理的程序代码，由用户触发；通用过程是由用户根据需要自定义，并可供其他过程多次调用的程序代码，它通过程序中相应的语句调用。本章重点介绍 Function 函数过程和 Sub 子过程。

7.1 事件过程

Visual Basic 系统为每个对象预先定义好了一系列事件，用户不能增加也不能删除。当用户对一个对象发出一个动作时，在该对象上就发生了事件，然后自动地调用与该事件相关的事件过程。处理或响应事件的步骤就是事件过程。实际上，编写 Visual Basic 应用程序的主要任务就是判定对象是否响应某种事件以及如何响应该事件。希望对象响应某个事件，就编写该事件过程的程序代码。

然而，当用户对一个对象发出一个动作时，可能会产生多个事件。比如，当用户单击一下鼠标时，同时发生了 Click、MouseDown 和 MouseUp 事件。编写 Visual Basic 程序时，并不要求对这些事件都编写代码，只要对感兴趣的事件过程编写代码即可。事件过程一般的格式如下：

Private Sub 对象名称_事件名称（参数列表）
　　…
End Sub

对象的每个事件过程有固定的语法，所包含的参数个数也是由系统预先定义好的，不同类型的事件过程有不同的参数。事件参数记录了事件发生时的状态，它们是编写程序必要的数据来源。关于事件过程，本书前面已经做过许多介绍，这里不再赘述。

7.2 通 用 过 程

通用过程是具有一定功能的独立程序段。如果有需要重复编写的代码段，可以将这些代码段用通用过程来实现。通用过程将应用程序单元化，便于维护和管理。

通用过程并不和用户界面中的对象联系，它只有在被调用时才起作用。因此，事件过程是必要的，通用过程不是必要的，只是为了程序员方便而单独建立的。

通用过程可以保存在两种模块中：窗体模块（.frm）和标准模块（.bas）。

7.2.1 Function 函数过程的定义和调用

【例 7-1】设计一个窗体界面如图 7-1 所示，程序运行时，单击"计算"按钮，计算出组合式 $c_8^5 = \dfrac{8!}{5! * 3!}$ 的值并显示出来。

分析：要想解决这个问题，关键是求出 3 个数的阶乘。通过前面章节的学习，已经知道求一个数的阶乘可以用循环结构来实现，如求8!，可以用以下代码来实现：

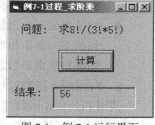

图 7-1　例 7-1 运行界面

```
Dim S As Long, I As Integer
S = 1
For I = 1 To 8
    S = S * I
Next I
```

这个例子中，要求 3 个数的阶乘，可能会想到再用一个循环控制求这三个数的阶乘过程，但是仔细观察，不难发现 8、5、3 这三个数的变化没有规律，没有办法用循环来实现自动求阶乘过程！问题分析到这里，不得不寻求其他解决办法。

方法一：在程序中分别写三个求阶乘的程序段，用来求 8!、5! 和 3!。分析上面的求阶乘的代码，不难发现，只要将 For 循环的终值分别修改为 3 和 5，就可以求出 5! 和 3!，其余代码完全是重复的。如果要求更多个数的阶乘，就要将这段代码重复更多次。这样的代码维护起来非常困难，而且效率不高。

方法二：写一个独立的求阶乘的程序段，在需要的时候调用它。这样，不管程序中要求多少个数的阶乘，也不会出现重复的代码。既可以增强程序的独立性和可维护性，也体现了模块化设计思想。

1. Function 函数过程的定义

Function 过程定义的一般格式为：

[Private | Public] [Static] Function 函数过程名 ([参数列表]) [As 类型]

    局部变量或常数定义

    语句块

    函数过程名 = 表达式

    [Exit Function]

    语句块

    函数过程名 = 表达式

End Function

说明：

● Function 为定义函数过程的关键字，其前缀 Private、Public、Static 为可选关键字，用来说明该函数过程的性质。

● As 类型是函数返回值的数据类型，与变量一样，如果没有 As 子句，默认的数据类型为 Variant。

● 函数过程名 = 表达式：在函数体中用该语句给函数赋值，在关键字 Function 与 End Function 之间的函数体中，应该至少有一条给函数过程名赋值的语句。最后一次给函数过程名赋的值就是该函数过程的返回值。如果在 Function 过程中没有给函数名赋值，则该 Function 过程的返回值为数据类型的默认值。例如，数值函数返回值为 0，字符串函数返回值为空字符串，可变类型（Variant）函数返回值为空值。

● Exit Function 语句用于提前从 Function 过程中退出，程序接着从调用该 Function 过程语句的下一条语句继续执行。在 Function 过程的任何位置都可以有 Exit Function 语句。但用户退出函数之前，应该有给函数过程名赋值的语句被执行。

2. Function 函数过程的调用

调用 Function 函数过程的方法与调用 Visual Basic 内部函数的方法一样（如 Int(x) ），在语句中直接使用函数名，其一般格式为：

    函数名 ([参数列表])

说明：

● 参数列表中，在调用时的参数称为实在参数（简称实参）。实参可以是常量、变量、表达式和数组。实在参数表与被调用函数过程的参数表（形式参数）之间参数的位置和类型应该一致，个数应该相同。

● 由于函数过程名返回一个值，故函数过程不能作为单独的语句加以调用，必须作为表达式或表达式中的一部分，再配以其他语法成分构成语句。

至此，介绍了 Function 函数过程的定义和调用方法，下面回到例 7-1 的问题上来。首先编写一个计算求一个数阶乘的函数过程 JC，在"计算"按钮的单击事件中分三次调用函数过程 JC 并计算显示最终结果。调用过程的主程序代码和函数过程代码如下：

调用过程的主程序代码如下：

```
Private Sub Command1_Click()
    Picture1.Print JC(8) / JC(5) / JC(3)
End Sub
```

调用过程的函数过程代码如下：

```
Private Function JC(M As Integer)
    Dim S As Long, I As Integer
    S = 1
    For I = 1 To M
      S = S * I
    Next I
    JC = S
End Function
```

7.2.2　Sub 子过程的定义和调用

1. Sub 子过程的定义

Sub 过程定义的一般格式为：

[Private | Public] [Static] Sub　子过程名　[(参数表)]
　　　局部变量或常数定义
　　　语句块
　　　[Exit Sub]
　　　语句块
End Sub

说明：

- Sub 为定义过程的关键字，前缀 Private、Public、Static 为可选关键字，用来说明过程的性质：

① Private 用来声明该 Sub 过程是私有过程（局部过程），只能被本模块中的其他过程访问，而不能被其他模块中的过程访问。

② Public 关键字声明 Sub 过程是公有过程（全局级过程），全局过程在应用程序的所有模块中都可以调用，系统默认为 Public。各窗体通用的过程一般在标准模块中用 Public 定义；在窗体层定义的通用过程通常在本窗体模块中使用，如果在其他窗体模块中调用，则应加上窗体名作为前缀，即：窗体名.过程名。

③ Static 是静态变量声明。如果定义过程时使用 Static 关键字，则该过程中的所有局部变量的存储空间只分配一次，且这些变量的值在整个程序运行期间都存在，即在每次调用该过程时，各局部变量的值一直存在。如果省略 Static，过程每次被调用时重新为其局部变量分配存储空间，当该过程结束时，释放其局部变量的存储空间。

- 过程名与变量名的命名规则相同。在同一模块中，同一过程名不能既用于 Sub 过程，又用于 Function 过程。

- End Sub 用于表示本 Sub 过程的结束。在 Sub 与 End Sub 之间的语句块称为"过程体"或 "子程序体"。当程序执行到 End Sub 时，将退出该过程，并立即返回调用语句下面的语句。此外，在过程体内可以用一个或多个 Exit Sub 语句强制从 Sub 过程中退出，结束过程的执行。

- Sub 过程不能嵌套定义。即在 Sub 过程内，不能再定义 Sub 过程或 Function 函数过程；不能用 GoTo 语句进入或转出一个 Sub 过程，只能通过调用执行 Sub 过程，而且可以嵌套调用。

- 参数表类似于变量声明，它指明了调用过程传递给过程的变量个数和类型，称为形式参数（简称形参）。Sub 过程可以没有形参，也可以有一个或多个形参。当有多个形参时，各参数之间用逗号隔开。

形参声明的一般格式为：

[[Optional] [ByVal | ByRef] | ParamArray] <变量名> [( )] [As <类型>]

其中：

① Optional 表示参数是"可选参数"。如果参数表中某个参数声明中使用了该选项，则参数表中该参数的所有后续参数都必须是可选的，而且必须都使用 Optional 关键字声明。如果使用了 ParamArray，则任何参数都不能使用 Optional 。

② ByVal 表示该参数按值传递，ByRef 表示该参数按地址传递。如果没有明确指明参数的传递方式，Visual Basic 默认为 ByRef 。

③ ParamArray 关键字用于表示"可变参数"，只用于参数表的最后一个参数，指明最后这个参数是一个 Variant 元素的 Optional 数组。使用 ParamArray 关键字可以提供任意数目的参数。ParamArray 关键字不能与 ByVal、ByRef 或 Optional 一起使用。

④ 变量名代表参数的变量的名称，遵循标准的变量命令约定。如果是数组变量，则要在数组名后加上一对小括号。

例如，下面是一个计算并在窗体上输出三角形面积的 Sub 子过程。过程名为 AreaSub，子过程的形参为三角形三条边的边长 a、b 和 c，计算并在窗体上输出该三角形的面积。Sub 过程代码如下：

```
Private Sub AreaSub (ByVal a As Single, ByVal b As Single, ByVal c As Single)
    Dim p As Single, s As Single
    p = (a + b + c) / 2
    s = Sqr(p * (p - a) * (p - b) * (p - c))
    MsgBox ("三角形的面积为" & s)
End Sub
```

由于 Sub 子过程不能返回主程序计算结果，可以选择在子过程中将结果直接输出，也可以选择通过参数传递将结果返回主程序。关于通过参数传递将结果返回主程序的内容将在 7.3 节中详细介绍。

上面的 Sub 子过程，只要每次调用时传给不同的参数，就可以计算并输出多个三角形的面积，并不需要重复地写计算代码，增强了程序的灵活性和可维护性。

虽然 Sub 子过程与 Function 函数过程实现的目标一样，但是在代码上是有区别的，请读者注意。

2．Sub 子过程的调用

Sub 过程定义完成后，每次调用过程都会执行 Sub 和 End Sub 之间的语句段。调用子过程有两种格式：

Call 过程名 [(参数列表)]

或者

过程名 [参数列表]

说明：

● 参数列表中，在调用语句中的参数称为实在参数（简称实参）。实参可以是常量、变量、表达式和数组。实在参数表与被调用子过程的参数表（形式参数）之间参数的位置和类型应该一致，个数应该相同。

- 使用 Call 语句调用时，参数必须在括号内，当被调用过程没有参数时，则括号也可省略；用过程名调用时，参数列表不加括号。
- 执行调用语句时，Visual Basic 将控制转移到被调用的 Sub 过程。

例如，前面写的 AreaSub 子过程，可以用下面两种方式调用。

```
Call AreaSub(3, 4, 5)
```

或者

```
AreaSub 3, 4, 5
```

7.2.3 Funciton 函数过程和 Sub 子过程的不同

Funciton 函数过程和 Sub 子过程都是 Visual Basic 的通用过程，二者之间的不同点如下。

（1）二者定义时使用的关键字不同，Sub 子过程使用 Sub，Funciton 函数过程使用 Function。

（2）Sub 子过程名无值、无类型，在子过程体内不能对子过程名赋值；Funciton 函数过程名有值、有类型，在函数体内至少赋值一次。

（3）调用方法不同，Sub 子过程调用是一句独立的语句。Funciton 函数过程不能作为单独的语句加以调用，必须参与表达式运算。一般当主程序需要有一个返回值，使用函数过程比较直观；反之，若主程序不需要返回值，或有多个返回值，使用 Sub 子过程比较直观。

下面介绍两个例子，来进一步说明两者之间的区别。

【例 7-2】计算级数。编写计算某级数部分和的 Funciton 函数过程。

$$级数为：s = 1 + x + \frac{x^2}{2!} + \cdots + \frac{x^n}{n!} + \cdots \quad 精度为：\left|\frac{x^n}{n!}\right| < eps$$

分析：

从级数的形式上不难看出，已知 x 和精度要求，就能算出级数的最终结果，因此 Funciton 函数过程需要两个参数。具体 Funciton 函数过程设计如下：

各个过程的代码分别如下：

```
' 主程序调用 Funciton 函数过程
Private Sub Command1_Click()
    Dim x!, eps#, f1#, f2#
    x = 3
    eps = 0.1
    f1 = jishu1(x, eps)          ' 调用函数过程
    Print "f1 = "; f1
End Sub

' 函数过程实现求部分级数和
Private Function jishu1(x!, eps#) As Double
    Dim n%, s#, t#
    n = 1: s = 0: t = 1
    Do While (Abs(t) >= eps)
        s = s + t
```

```
            t = t * x / n
            n = n + 1
        Loop
        jishu1 = s
    End Function
```

【例 7-3】自定义 Sub 子过程，输出图 7-2 所示的图形。

分析：

从图中不难看出图形的输出规律，第 1 行输出一个字母 A，第 2 行输出 3 个字母 ABC，第 3 行输出五个字母 ABCDE……由此可见，所在行数与所输出的字母个数有关，第 i 行输出的字母个数为 2i-1 个。所以，只要知道要输出几行，就能确定图形了，因此 Sub 子过程只要一个形参。具体 Sub 过程设计如下：

```
    Private Sub prtgraph(n As Integer)
        Dim I As Integer, j As Integer, m As Integer
        For I = 1 To n
            m = 65
            Print Tab(2 * n - I);                    ' 控制输出的每行起始位置
            For j = 1 To 2 * I - 1
                Print Chr(m);                        ' 输出对应的 ASCII 码字符
                m = m + 1
            Next j
            Print                                    ' 换行
        Next I
    End Sub
    Private Sub Command1_Click()
        Dim n As Integer
        n = InputBox("请输入图形的行数：")
        Call prtgraph(n)                             ' 调用 Sub 过程
    End Sub
```

图 7-2 例 7-3 运行界面

从上述两个例子中可以看出，在定义两种过程时，要抓住 Funciton 函数过程与 Sub 子过程的区别，即 Funciton 函数名有一个值、Sub 子过程名无值的特点，根据解决问题的需要选择合适的过程。

7.2.4 通用过程的创建

建立通用过程有两种方法。

方法一：在窗体或标准模块的代码窗口把插入点放在所有现有过程之外，直接输入通用过程的所有代码。

方法二：使用"添加过程"对话框。打开代码窗口，使用菜单命令"工具|添加过程（P）..."，即可打开"添加过程"对话框，如图 7-3 所示。在"名称"框中输入过程名（过程名中不允许有空格）；在"类型"选项组中选取过程类型；在"范围"选项组中选取"公有的"，则定义一个公共级的全局过程，选择"私有的"，则定义一个标准模块级或窗体级的局部过程。

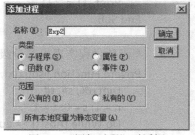

图 7-3 "添加过程"对话框

7.3　过程调用中的参数传递

参数是过程与外部程序传输信息的纽带。外部程序调用过程时可以把数据传递给过程，也可以把过程中的数据传递回来。在调用过程时，需考虑调用过程和被调用过程之间的数据是如何传递的。通常在编制一个过程时，应考虑需要输入哪些数据，进行处理后输出哪些数据；正确地为一个过程提供输入数据和正确地引用其输出数据，是使用过程的关键，也就是调用过程和被调用过程之间的数据传递问题。

在调用一个有参数的过程时，首先进行的是形参与实参的结合，实现调用过程的实参与被调用过程的形参之间的数据传递。数据传递有两种方式：按值传递和按地址传递。

7.3.1　形参和实参

在过程定义的参数表中出现的参数称为形式参数（简称形参）。在过程被调用之前，形参并未被分配内存，只是说明形参的类型和在过程中的作用。形参列表中的各参数之间用逗号分隔，形参可以是变量名和数组名。

在调用过程语句或表达式中出现的参数称为实在参数（简称实参），在过程被调用时，实参将数据传递给形参。实参表可由常量、表达式、有效的变量名、数组名组成，实参表中各参数用逗号分隔。

在调用一个过程时，必须把实参传送给过程中的形参，完成形参与实参的结合，这种参数的传递也称为参数的结合。例如，定义一个过程：

        Private Sub aa(ByVal m As Integer, ByVal n As Integer)
            ...
        End Sub

则其形参与实参的结合关系如下：

过程调用：　　　　　　　　　　Call aa (x, y)

过程定义：Sub aa (ByVal m As Integer, ByVal n As Integer)

在传递参数时，形参表与实参表中对应参数的名字可以不同，但要求形参表与实参表中参数的个数、数据类型、位置顺序必须一一对应。因为在调用过程时，形参和实参结合是按位置结合的，即第一个实参与第一个形参结合，第二个实参与第二个形参结合，依次类推。

7.3.2　参数按值传递和按地址传递

Visual Basic 中传递参数的方式有两种：一种是按值传递，另一种是按地址传递。在过程定义时，形参前加 "ByVal" 关键字的是按值传递，形参前加 "ByRe f" 关键字(或省略)的是按地址传递。

1. 按值传递参数

按值传递参数时，Visual Basic 给传递的形参分配一个临时的内存单元，将实参的值传递到这个临时单元中去。实参向形参传递是单向的，如果在被调用的过程中改变了形参值，则只是临时单元的值变动，不会影响实参变量本身。当被调用过程结束并返回调用过程时，Visual Basic 将释放分配给形参的临时内存单元，实参变量的值保持不变。

如果调用语句中的实参是常量或表达式，此时的参数传递是按值传递。

【例 7-4】按值传递参数示例。

```
'子过程定义
Private Sub Swap1(ByVal x As Integer, ByVal y As Integer)
    Dim t As Integer
    Print "    形参赋值：x = "; x; " y = "; y
    t = x
    x = y
    y = t
    Print "交换过程中：x = "; x; " y = "; y
End Sub
' 调用子过程的事件过程
Private Sub Form_Click()
    Dim a As Integer, b As Integer
    a = 20
    b = 10
    Print "       交换前：a = "; a; " b = "; b
    Call Swap1(a, b)
    Print "       交换后：a = "; a; " b = "; b
End Sub
```

图 7-4　按值传递运行结果

程序运行时，单击窗体，在窗体中的输出结果如图 7-4 所示。

从输出结果可以看到，调用过程 Swap1 没能交换变量的值，其原因是：过程 Swap1 采用按值传递形参，过程被调用时系统给形参 x 和 y 分配临时内存单元，将实参 a 和 b 的值分别传递（赋值）给 x 和 y，在过程 Swap 中，变量 a、b 不可使用，x、y 通过临时变量 t 实现交换，调用结束返回调用过程后形参 x、y 的临时内存单元将释放，实参单元 a 和 b 仍保留原值。由此可以看出，按值传递时，参数的传递是单向的。

2．按地址传递参数

按地址传递参数是指实参变量的内存地址传递给形参，使形参和实参具有相同的地址，这意味着形参和实参共享一段存储单元。因此，在被调用过程中改变形参的值，则相应实参的值也被改变。也就是说，与按值传递参数不同，按地址传递参数可以在被调用过程中改变实参的值。系统默认情况下是按地址传递参数的。

【例 7-5】按地址传递参数示例。

```
Private Sub Swap1(ByRef x As Integer, ByRef y As Integer)
    Dim t As Integer
    Print "    形参赋值：x = "; x; " y = "; y
    t = x
    x = y
    y = t
```

```
            Print "交换过程中：x = "; x; " y = "; y
      End Sub
      Private Sub Form_Click
            Dim a As Integer, b As Integer
            a = 20
            b = 10
            Print "      交换前：a = "; a; " b = "; b
            Call Swap1(a, b)
            Print "      交换后：a = "; a; " b = "; b
      End Sub
```

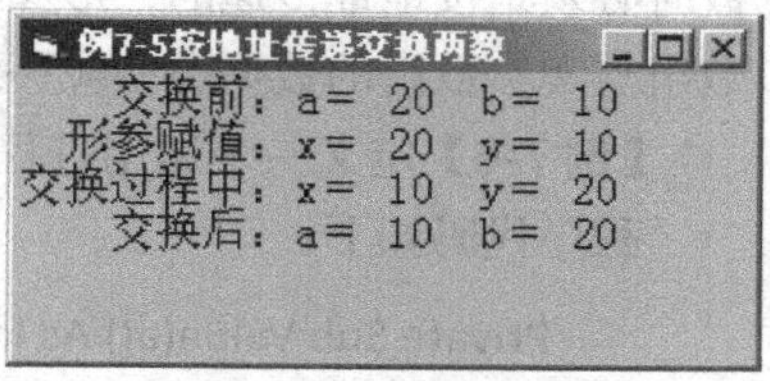

图 7-5　按地址传递运行结果

　　程序运行时，单击窗体，在窗体中的输出结果如图 7-5 所示。

　　从输出结果可以看到，调用过程 Swap2 交换了变量的值，其原因是：过程 Swap2 采用按地址传递形参，当调用过程 Swap2 时，通过虚实结合，形参 x、y 获得实参 a、b 的地址，即 x 和 a 使用同一存储单元，y 和 b 使用同一存储单元。因此，在被调用过程 Swap2 中，x、y 通过临时变量 t 实现交换后，实参 a 和 b 的值也同样被交换，当调用结束返回后，x、y 被释放，实参 a、b 的值就是交换后的值。

　　需要说明的是，并不是所有 ByRef 关键字修饰的形参在过程实际调用时一定是按地址传递的。只有当实参是变量名或数组名时才能实现按地址传递。如果实参是常量或表达式，实际进行的是按值传递。如果希望强制以单个变量为实参进行按值传递，可以给这个实参变量加上一个额外的小括号，这样 Visual Basic 就把它理解为一个表达式，实行按值传递。

　　例如，若将例 7-4 中的调用语句"Call Swap2(a, b)"改为

```
      Call Swap2((a), b)
```

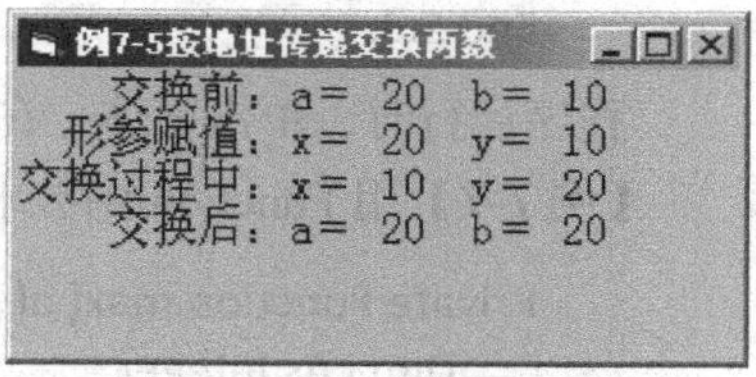

图 7-6　改变实参变量类型

则程序运行后，单击窗体，运行结果如图 7-6 所示。

　　这是由于在调用时，实参变量"a"用括号括起来了，"(a)"就成为一个表达式了，实行按值传递；而实参变量 b 按地址传递，因此调用过程 Swap2((a), b)后，a 的值保持不变，b 的值发生了改变。

　　什么时候用传值方式，什么时候用传址方式，没有硬性的规定，下面几条规则可供参考。

　　（1）对于整型、长整型或单精度型，如果不希望过程修改实参的值，则应加上关键字 ByVal（值传递），而为了提高效率，字符串和数组应通过地址传送，用户自定义类型的数据只能通过地址传送。

　　（2）对于其他数据类型，包括双精度型、货币型和变体型数据类型，可以用两种方式传送。经验证明，此类参数最好按值传递，这样可以避免错用参数。

　　（3）如果没有把握，最好按值传递所有变量（字符串、数组和记录类型除外），在编写完程序并能正确运行后，再把部分参数改为传址，以加快运行速度，这样，即使在删除一些 ByVal 后，程序不能正确运行，也可以很容易查出错在什么地方。

　　（4）用 Function 过程可以通过过程名返回值，但也能返回一个值；Sub 过程不能通过过程名返回值，但可以通过参数返回值，并可以返回多个值。当需要用 Sub 过程返回值时，其他相应的参数要按地址传递。

7.3.3 数组参数

Visual Basic 允许把数组作为一个实参传递给过程，此时要求在定义过程时，相应的形参应加空括号表明是数组。调用时，相应的实参必须是数组，可以只写数组名，不必加括号。数组作参数时必须是按地址传递的，形参与实参共用同一段内存单元，不能使用 ByVal 关键字修饰。形参数组与实参数组的数据类型应一致。

【例 7-6】定义一个通用过程，用以求一维数组中的最大值。

程序代码如下：

```
Private Sub Value(a() As Integer, max As Integer)
    Dim i As Integer
    max = a(1)
    For i = 2 To UBound(a)
        If max < a(i) Then max = a(i)
    Next i
End Sub
Private Sub Command1_Click ()
    Dim b(10) As Integer, i As Integer, m As Integer
    For i = 1 To 10
        b(i) = Int(Rnd * 10)
        Print b(i)
    Next i
    Call value(b, m)                    ' 调用 Sub 过程
    Print "最小值为：" & m
End Sub
```

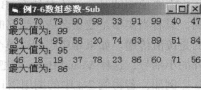

图 7-7　Sub 求一维数组中的最大值

程序运行时，单击窗体，在窗体中的输出结果如图 7-7 所示。

【例 7-7】用 Function 函数求一维数组中的最大值（对比前例 Sub）。

```
Private Function max( a( ) As Integer ) As Integer
    Dim i As Integer
    max = a(1)
    For i = 2 To UBound(a)
        If max < a(i) Then max = a(i)
    Next i
End Function
Private Sub Form_Click
    Dim b(10) As Integer, i As Integer, m As Integer
    Randomize
    For i = 1 To 10
        b(i) = Int(Rnd * 90) + 10
        Print b(i);
    Next i
    m = max(b)              ' 调用 Function 函数过程
    Print
    Print "最小值为：" & m
End Sub
```

程序运行时，单击窗体，在窗体中的输出结果如图 7-8 所示。

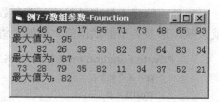

图 7-8　用 Function 函数求一维数组中的最大值

由上例可以看出，数组作为参数时，应注意以下几点。

（1）为了把一个数组的全部元素传送给一个过程，应将数组名写入形参表中，并略去数组的上下界，但括号不能省略。例如，形参"a()"即为数组。

（2）被调用过程中可通过 Lbound 和 Ubound 函数确定实参数组的上、下界。

（3）当用数组作形参时，对应的实参必须也是数组，且类型一致。

（4）实参和形参结合是按地址传递的，即形参数组和实参数组共用一段内存单元。

7.3.4　可选参数与可变参数

在前面介绍过程的定义时提到过，在形参的前面除了可以加关键字 ByVal 或 ByRef 用于指定参数传递的方式外，形参前面还可以加关键字 Optional 或 ParamArray。Optional 关键字修饰的参数称为可选参数，ParamArray 关键字修饰的参数称为可变参数。

1．可选参数

一般来说，一个过程在声明时定义了几个形参，则在调用这个过程时就必须使用相同数量的实参。Visual Basic 允许在形参前面使用 Optional 关键字把它设定为"可选参数"。如果一个过程的某个形参为可选参数，则在调用此过程时可以不提供对应于这个形参的实参。

如果在过程定义的形参表中用 Optional 关键字将某个参数指定为可选参数，则参数表中此参数后面的所有其他参数也必须是可选的，并都要用 Optional 来修饰。

【例 7-8】编写一个计算两个数据的乘积的函数过程，它能可选择地乘以第 3 个数。在调用时，既可以给它传递 2 个参数，也可给它传递 3 个参数。为了定义带可选参数的过程，必须在参数表中使用 Optional 关键字，并在过程体中通过 IsMissing 函数来测试调用时是否传递可选参数。当调用时，提供了可选参数，则 IsMissing 函数的返回值为 False ，如果没有提供可选参数，则 IsMissing 函数返回值为 True。过程代码如下：

```
Private Function multi(ByVal x%, ByVal y%, Optional ByVal z)
    p = x * y
    If Not IsMissing(z) Then
        p = p * z
    End If
    multi = p
End Function
```

在调用上面的过程时，可以提供 2 个参数，也可提供 3 个参数，都能得到正确的结果。

例如，可用下述事件过程调用，执行结果如图 7-9 所示。

```
Private Sub Command1_Click ()
    Print multi(5, 8)          ' 提供 2 个参数
    Print multi(2, 5, 8)       ' 提供 3 个参数
End Sub
```

图 7-9　可选参数实例

　　另外，编程人员也可以给可选参数指定默认值，这样在调用时，未提供实参的形参在调用时就被赋以形参类型的默认值。例如，将上面的 multi 函数过程改写为

```
Private Function multi(ByVal x%, ByVal y%, Optional z As Variant = 1)
    p = x * y * z
    multi = p
End Function
```

　　当调用 multi(5, 8) 时，没有提供形参 z 对应的实参，则 z 的值取给定的默认值 1。

　　2. 可变参数

　　如果一个过程的最后一个参数是使用 "ParamArray" 关键字声明的数组，则这个过程在被调用时可以接受任意多个实参。调用这个过程时使用的多个实参值均按顺序存于这个数组中。ParamArray 关键字不能与 Byval、ByRrf 或 Optional 关键字针对同一个形参一起使用。使用 ParamArray 关键字修饰的参数只能是 Variant 类型，一个过程只能有一个这样的形参。当有多个形参时，ParamArray 修饰的形参必须是形参表中的最后一个。

　　【例 7-9】 定义一个可变参数过程，用这个过程可以求任意多个数的乘积。

```
Private Sub Multi(ParamArray Numbers())
    p = 1
    For Each x In Numbers
        p = p * x
    Next x
    Print p
End Sub
```

图 7-10　可变参数实例

　　可以用任意个参数调用上述过程，运行结果如图 7-10 所示。

```
Private Sub Command1_Click ()
    Call Multi(5, 8)            '提供 2 个参数
    Call Multi(2, 5, 8)        '提供 3 个参数
    Multi 4, 5, 6, 7, 8        '提供 5 个参数
End Sub
```

7.3.5　对象参数

　　在声明通用过程时，可以使用 Object、Control、Label 、TextBox 等关键字把形参定义为对象类型。调用具有对象类型形参的过程时，应该给该形参提供类型相匹配的对象名作为实参。这时，传递给过程的就是该对象的引用，在过程中可以存取其属性和调用其方法。

　　【例 7-10】 对文本框中输入的数据进行检查。

　　一个界面中有若干个文本框用于输入数据，现要求文本框中输入的数据均为数值型的，因此，在文本框失去焦点的（LostFocus）事件中，要检查输入的数据是否是数值型的，如果不是数值型的，则出现 MsgBox 对话框提示出错，并且用 SetFocus 方法将焦点移回文本框。

　　显然，在每个文本框的失去焦点事件中，均需要编写进行数据检查的代码。可以编写一个通用过程 txtCheck 进行数据检查，在文本框的失去焦点事件过程中调用这个通用过程。

　　编写的 txtCheck 通用过程，将文本框作为参数，调用这个通用过程时，将文本框的对象名作为实参传递给形参，从而使得同一个 txtCheck 通用过程可以对不同文本框进行检查。

程序示例代码如下：

```
' 定义文本框输入数据检查的通用过程
Private Sub txtCheck(txt As TextBox)
    If IsNumeric(txt.Text) = True Then
        txtNumber = Val(txt.Text)
    Else
        MsgBox ("输入数据出错！")
        txt.SetFocus
    End If
End Sub
Private Sub Text1_LostFocus()
    Call txtCheck(Text1)                '调用数据检查通用过程
End Sub
Private Sub Text2_LostFocus()
    Call txtCheck(Text2)                '调用数据检查通用过程
End Sub
```

【例 7-11】新建一个工程，在"工程资源管理器"中添加一个标准模块和一个窗体，在 Form1 窗体中添加一个命令按钮控件，分别在其代码窗口中添加如下代码。

在标准模块中定义以下过程：

```
Sub Frm(FormNum As Form)
    FormNum.BackColor = &HF8EF         '窗体背景颜色
    FormNum.FontSize = 11              '字号
    FormNum.ForeColor = &H883F3D       '前景颜色
End Sub
```

在 Form1 窗体中添加如下代码：

```
Private Sub Form_Load()
    Frm Form1
    Form1.AutoRedraw = True
    Print "这是窗体对象调用"
    Print "我是第一个窗体"
End Sub
Private Sub Command1_Click ()
    Form2.Show
End Sub
```

在 Form2 窗体中添加如下代码：

```
Private Sub Form_Load()
    Frm Form2
    Form2.AutoRedraw = True
    Print "这是第二个窗体"
End Sub
```

运行程序，则出现图 7-11 所示的结果。

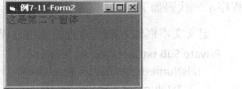

图 7-11   例 7-11 运行结果

7.4   过程调用中的嵌套和递归

1. 过程调用的嵌套

所谓过程的嵌套调用，就是主过程（一般为事件过程）可以调用 Sub 子过程和 Function 函数过程，在 Sub 子过程和 Function 函数过程中还可以调用另外的过程，这种程序结构称为过程的嵌套调用。过程的嵌套调用的执行过程如图 7-12 所示。

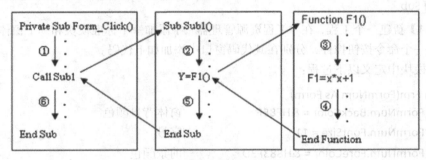

图 7-12   过程的嵌套调用的执行过程

2. 过程调用中的递归

递归就是某一事物直接地或间接地由自己组成。一个过程直接或间接地调用自身，便构成了过程的递归调用，前者称为直接递归调用，后者称为间接递归调用。包含递归调用的过程称为递归过程。

例如，下面的过程 MySub()就是直接递归的例子。

```
Private Sub MySub()
    ...
    Call MySub                          ' 调用自身
    ...
End Sub
```

下面的过程 OneSub()是间接递归的例子。

```
' 定义过程 OneSub()
Private Sub OneSub()
    ...
    Call TwoSub                         ' 调用 TwoSub 过程
    ...
End Sub
```

```
' 定义过程 TwoSub()
Private Sub TwoSub()
    ...
    Call OneSub                              ' 调用 OneSub 过程
    ...
End Sub
```

【例 7-12】编程计算 $n!$。

根据数学知识，负数的阶乘没有定义，0 的阶乘为 1，正数 n 的阶乘为 $n(n-1)(n-2)\times\cdots\times2\times1$。可以用下式表示：

$$fac(n) = \begin{cases} 1 & n=1 \\ n*fac(n-1) & n>1 \end{cases}$$

利用此式，求 n 的阶乘可以转换为求 $n(n-1)!$。

在 Visual Basic 中，可以用递归过程实现上述运算。程序如下：

```
Function fact(ByVal n As Integer)
    If n < 0 Then
        MsgBox ("Data Error!")
        fact = -1
        Exit Function
    End If
    If n = 0 Or n = 1 Then
        Fact = 1
    Else
        fact = n * fact(n - 1)        ' 调用自身
    End If
End Function
Private Sub Form_Click
    Dim x As Integer
    x = Val(InputBox("请输入一个非负整数"))
    If fact(x) <> -1 Then
        Print x; "的阶乘为"; fact(x)
    End If
End Sub
```

在函数过程 fact 中，当形参 n 的值大于 1 时，函数的返回值为 $n*fact(n-1)$，其中 fact（$n-1$）又是一次函数过程调用，而调用的又是 fact 函数。这就是在一个函数过程中调用自身的情况，即过程的递归调用。下面进一步讨论函数过程 fact 的调用过程。

例如当 $n=5$ 时，fact(5)的返回值是 5*fact(4)，而 fact(4)的返回值是 4*fact(3)，仍然是个未知数，还要先求出 fact(3)，而 fact(3)也不知道它的返回值为 3*fact(2)，而 fact(2)的值为 2*fact(1)，现在 fact(1)的返回值为 1，是一个已知数。然后回头根据 fact(1)求出 fact(2)，将 fact(2)的值乘以 3，求出 fact(3)，将 fact(3)乘以 4，得到 fact(4)，再将 fact(4)乘以 5，得到 fact(5)。这就是说，递归过程在执行时，将引起一系列的调用和回代的过程。当 $n = 5$ 时 fact 的调用和回代过程如图 7-13 所示。

从图 7-13 可以看出，递归过程不应无限制地进行下去，当调用若干次以后，就应当到达递归调用的终点，得到一个确定值（例如本程序中的 fact (1)=1），然后进行回代，回代的过程是通过一个已知值推出下一个值。实际上这是一个递推过程。

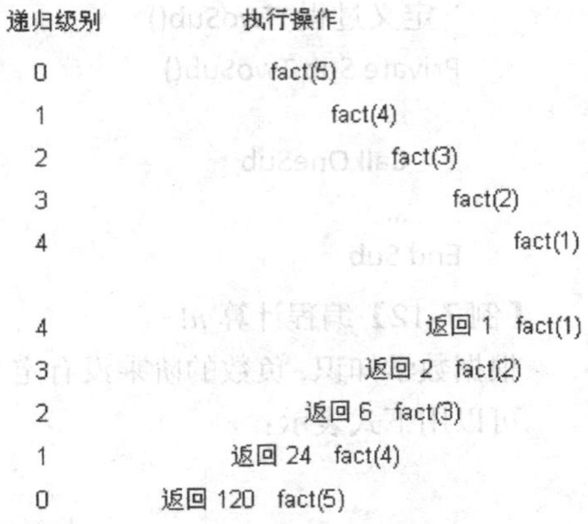

在设计递归过程时应当考虑到递归的终止条件，在本例中，使递归终止的条件是：

```
If n = 0 or n = 1 Then
    fact = 1
```

递归级别	执行操作	
0	fact(5)	
1		fact(4)
2		fact(3)
3		fact(2)
4		fact(1)
4	返回 1 fact(1)	
3	返回 2 fact(2)	
2	返回 6 fact(3)	
1	返回 24 fact(4)	
0	返回 120 fact(5)	

图 7-13 递归函数的调用和回代过程

递归是一种非常有用的程序设计技术。当一个问题蕴含递归关系且结构比较复杂时，采用递归算法往往比较自然、简捷，而且容易理解。递归算法在使用时要注意以下几点。

（1）递归算法虽然设计简单，但由于每次递归都要将中断地址、各种参数、中间变量等放入栈中，所以消耗的计算机运行时间和占据的内存空间比非递归算法大。

（2）设计一个正确的递归子过程或函数过程时必须注意两点：一是具备递归条件；二是具备递归结束的条件。

（3）递归常用于求阶乘、级数和指数运算等，有特殊的效果。

7.5　变量和过程的作用域

Visual Basic 的一个应用程序也叫一个工程，它由若干个窗体模块、标准模块和类模块（本书不介绍类模块）组成，每个模块又可以包含若干个过程，如图 7-14 所示。

变量在程序中必不可少，它可以在不同模块、过程中声明，还可以用不同的关键字声明。由于变量声明的位置不同，因此可以被访问的范围也不同。变量可被访问的范围通常称为变量的作用域；同样，过程也可以用不同的关键字声明，从而也有不同的作用域。

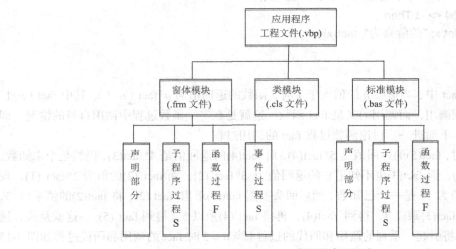

图 7-14　Visual Basic 应用程序的组成

7.5.1　变量的作用域

变量被声明后，就可以在它的有效作用域内使用。Visual Basic 的变量按作用域不同，可以分为局部变量、模块级变量和全局级变量。

1.　局部变量

局部变量指在过程内用 Dim 语句声明的变量、未声明而直接使用的变量以及用 Static 声明的变量。这种变量只能在本过程中使用，不能被其他过程访问。在其他过程中如果有同名的变量，也与本过程的变量无关，即不同的过程中可以使用同名的变量。除了用 Static 声明的变量外，局部变量在其所在的过程每次运行时都被初始化。

2.　模块级变量

模块级变量指在窗体模块或标准模块的通用声明段中用 Dim 语句或 Private 语句声明的变量。模块级变量的作用范围为其定义位置所在的模块，可以被本模块中的所有过程访问。模块级变量在其所在的模块运行时被初始化。

如果在一个模块中的几个过程中均需要访问某些变量，则需要将这些变量定义为模块级变量。

3.　全局级变量

全局级变量指在模块的通用声明段中用 Public 语句声明的变量，其作用范围为应用程序的所有过程。全局变量在应用程序运行时被初始化。

可用表 7-1 简单概括变量的作用域。

表 7-1　　　　　　　　　　　不同作用范围的三种变量声明及使用规则

关键字	声明位置	作用域
Dim	在过程中	在本过程中有效
	在窗体通用声明段中	在本窗体的任何过程中有效
Static	在过程中	在本过程中有效
Private	在窗体通用声明段中	在本窗体的任何过程中有效
Public	在窗体通用声明段中	在整个应用程序中有效，访问时要加上窗体名称
	在标准模块中	在整个应用程序中有效

【例 7-13】建立一个工程，由一个标准模块（Moudule1）、两个窗体 Form1 和 Form2 组成，其中声明了不同级别的变量，观察其作用域。

Rem 标准模块中声明的变量

```
Public Pb1 As Integer                ' 声明了一个全局变量，作用域为整个过程

Rem Form1 声明的变量及代码
Dim a As String                      ' 声明了模块级变量，作用域为本窗体的任何过程
Private b As String                  ' 声明了模块级变量，作用域为本窗体的任何过程
Public c As String                   ' 声明了全局级变量，作用域为整个工程
Private Sub Command1_Click()
    Dim x%, y%                       ' 声明了局部变量，作用域为 Command1_Click
    x = 20: y = 20
    Print x, y
    MsgBox "调用本过程局部变量成功！"
```

```
                a = "This": b = "Windows"              ' 给窗体级变量赋值
            End Sub
            Private Sub Command2_Click()
                Print a, b                             ' 调用窗体级变量
                MsgBox "调用本窗体模块变量成功！"
            End Sub
            Private Sub Command3_Click()
                Pb1 = 50                               ' 给标准模块的全局级变量赋值
                Print Pb1                              ' 输出全局级变量
                MsgBox "调用标准模块全局级变量成功！"
                c = 60
                Form2.Show
            End Sub
        Rem Form2 代码
            Private Sub Command1_Click()
                Print Form1.c                          ' 调用 Form1 的全局级变量
                MsgBox "调用 Form1 的全局级变量成功！"
            End Sub
            Private Sub Command2_Click()
                Print Pb1                              ' 调用标准模块全局级变量
                MsgBox "调用标准模块全局级变量成功！"
            End Sub
```

【例 7-14】大学生演讲比赛共有 *n* 位选手参加决赛，*m* 位评委参加评分，评分标准：去掉一个最高分和一个最低分后取平均值。

要求：

（1）每位选手演讲完毕，当场显示参赛选手的编号及各位评委的评分和最后得分。

（2）决赛结束后，显示各参赛选手的名次、编号和成绩。

（3）用 Sub 子过程实现。

本例中在窗体上添加 4 个标签、3 个文本框、1 个图片框和 1 个命令按钮，并设置各对象属性，参考界面如图 7-15 所示。

程序代码如下：

```
        Option Base 1
        Dim p() As Single, x() As String, a() As Single                ' 定义全局数组变量
        Private Sub mean(p() As Single, b As Single, m As Integer)     ' 统计选手得分
            Dim i%, j%, k%, s!
            For i = 1 To m - 1
                For j = i + 1 To m
                    If p(i) < p(j) Then
                        t = p(i): p(i) = p(j): p(j) = t
                    End If
                Next j
```

```
        Next i
        s = 0
        For i = 2 To m - 1
            s = s + p(i)
        Next i
        b = s / (m - 2)
End Sub


Private Sub Command1_Click ()
    Dim b As Single, m As Integer, sp As String          ' 定义过程局部变量
    n = Val(InputBox("输入参加决赛的手选人数："))
    m = Val(InputBox("输入评委人数："))
    ReDim p(m), x(n), a(n)
    For i = 1 To n
        x(i) = InputBox("输入手选编号：")
        sp = ""
        For j = 1 To m
            p(j) = Val(InputBox("输入手选得分："))
            sp = sp & p(j) & "   "                       ' 各评委打分
        Next j
        Text1.Text = x(i)                                ' 显示选手编号
        Text2.Text = " " & sp                            ' 显示评委打分
        Call mean(p(), b, m)                             ' 调用计算成绩过程
        a(i) = b
        Text3.Text = a(i)                                ' 显示该选手的最后得分
    Next i
    For i = 1 To n - 1                                    ' 按选手最后成绩排名
    k = i
    For j = i + 1 To n
        If a(k) < a(j) Then k = j
    Next j
        t = a(i): a(i) = a(k): a(k) = t
        t = x(i): x(i) = x(k): x(k) = t
    Next i
        Picture1.Print "  名次       编号          成绩"
    For i = 1 To n
        Picture1.Print Tab(3); i, x(i), a(i)
    Next i
End Sub
```

图 7-15　例 7-14 运行界面

程序运行时，单击"开始"按钮，根据提示参赛选手为 3 名，评委老师 5 名，并输入选手编号和各依次相关数据，最后输出结果如图 7-15 所示。

7.5.2 过程的作用域

过程的作用域分为窗体/模块级和全局级。

1. 窗体/模块级

在某个窗体或标准模块内定义的过程，如果在关键字 Sub 或 Function 前面加关键字 Private，则该过程只能被本窗体（过程在本窗体内定义）或本标准模块（过程在本标准模块内定义）中的过程调用。

2. 全局级

在窗体或标准模块内定义的过程，如果在关键字 Sub 或 Function 前面加关键字 Public（可省略），则该过程可被整个应用程序的所有过程调用，即其作用域为整个应用程序。全局级过程根据所处的位置不同，其调用方式有所区别：

（1）在窗体定义的过程，外部过程要调用它时，必须在过程名前加上过程所处的窗体名。

（2）在标准模块中定义的过程，外部过程均可调用，但过程名必须唯一，否则要加上标准模块名。

表 7-2 给出了过程声明关键字 Private 和 Public 的区别。

表 7-2　　　　　　　　　　　　　过程声明关键字 Private 和 Public 的区别

关键字	声明位置	作用域
Private	在窗体中	可被本窗体的任何过程调用
	在标准模块中	可被本标准模块中的任何过程调用
Public	在窗体中	可被本窗体的任何过程调用。外部过程调用时，过程名前要加上窗体名
	在标准模块中	可被整个应用程序调用。若过程名不唯一，则要加上标准模块名

【例 7-15】仔细阅读理解下面的代码，区分窗体/模块级过程与全局级过程的定义位置及作用域。

（1）Rem 标准模块代码：

```
Public a!, b!                      '声明全局级变量

Public Sub SubLet()                '声明全局子过程，给全局变量赋值
    a = 20.5: b = 5
    MsgBox "调用标准模块中的全局级子过程成功！"
End Sub
```

（2）Rem Form1 代码：

```
Dim c!                             '声明窗体级变量
```

（3）Rem 声明全局级函数过程，可以被其他窗体的过程调用，但要加上窗体名。

```
Public Function add(x!, y!) As Single
    add = x + y
End Function
```

（4）Rem 声明窗体级函数过程，只能被本窗体的过程调用。

```
Private Function subtraction(x!, y!) As Single
    subtraction = x - y
```

```
    End Function
    Private Sub Command1_Click()
        Call SubLet                                    ' 调用全局子过程 SubLet，完成变量的赋值
        c = subtraction(a, b)                          ' 调用本窗体的函数过程
        Print a; "-"; b; "="; c
        MsgBox "调用本窗体的过程成功！"
    End Sub
    Private Sub Command2_Click()
        c = add(a, b)                                  ' 调用本窗体的全局过程
        Print a; "+"; b; "="; c
        MsgBox "调用本窗体的全局过程成功！"
        Form2.Show
    End Sub
```

（5）Rem Form2 代码：

```
    Dim c!                                             ' 声明窗体级变量
    Private Sub Command1_Click()
        c = Form1.add(a, b)                            ' 调用 Form1 的全局级函数过程
        Print a; "+"; b; "="; c
        MsgBox "调用 Form1 的全局级函数过程成功！"
    End Sub
```

分析上面的代码可知，工程中有一个标准模块和两个窗体。标准模块中定义的全局子过程 SubLet 可以被任何窗体事件过程调用；Form1 中定义了一个窗体级函数过程 subtraction 和一个全局级函数过程 add，因此 subtraction 过程只能被 Form1 的任何过程调用，而 add 过程既可以被 Form1 的任何过程调用，也可以被其他窗体的任何过程调用，调用时过程名前要加窗体名。

总之，不管是一个子过程（Sub）、一个函数（Function）或者是一个变量，在一个窗体模块中定义它，就属于这个窗体所有。如果是用 Public 定义它，在别的窗体过程调用它时要在其前面加上它所在窗体的窗体名或模块名。

7.6　变量生存期

当一个过程被调用时，系统将给该过程中的变量分配存储单元，当该过程执行结束时，是释放还是保留变量的存储单元，这就是变量的生存期问题。根据变量的生存期，可以将变量分为动态变量和静态变量。

1. 动态变量

在应用程序中的变量如果不使用 Static 语句进行声明，则属于动态变量。

对于过程级的动态变量，在程序运行到变量所在的过程时，系统为变量分配存储空间，并进行变量的初始化工作；当该过程结束时，释放变量所占用的存储空间，其值不再存在。模块级动态变量在运行模块时被初始化，在退出模块时释放其所占用的存储空间。全局级动态变量在应用程序执行时分配存储空间，在退出应用程序时释放存储空间。

2. 静态变量

如果一个变量用 Static 语句声明，则该变量只被初始化一次，在应用程序运行期间保留其值，即在每次调用该变量所在的过程时，该变量不会被更新初始化，而在退出变量所在的过程时，不释放该变量所占的存储空间。

在 Sub 子过程、Function 函数过程的定义语句中使用 Static 修饰词，表明该过程内所有的变量均为静态变量。

【例 7-16】编写一个子过程，利用静态变量统计调用自定义函数的次数。

（1）Dim 声明局部变量：

```
Private Sub Form_Click()
    Dim k%
    k = FunCount()
    Print "第"; k; "次调用自定义函数"
End Sub

Private Function FunCount()
    Dim n%
    n = n + 1
    FunCount = n
End Function
```

（2）Static 声明静态变量：

```
Private Sub Form_Click()
    Dim k%
    k = FunCount()
    Print "第"; k; "次调用自定义函数"
End Sub

Private Function FunCount()
    Static n%
    n = n + 1
    FunCount = n
End Function
```

从运行结果看，当使用 Dim 语句定义 n 时，不管单击窗体多少次，显示结果总是为 1 次，如图 7-16 所示。主要原因是局部变量 n 的作用域为本过程，当过程执行时，局部变量临时分配存储单元，当过程执行结束时，变量 n 占用的存储单元释放，其值不保留。

若要保留变量 n 的值，只要用 Static 声明 n 为静态变量即可。运行结果如图 7-17 所示。

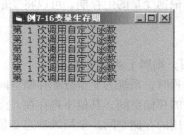

图 7-16　Dim 声明局部变量的运行结果

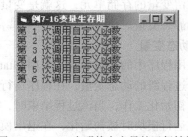

图 7-17　Static 声明静态变量的运行结果

本章小结

本章主要介绍了 Function 函数过程和 Sub 子过程的定义及调用方法，过程调用中的参数传递方式以及变量和过程的作用域等内容，充分体现了模块化程序设计方法在结构化程序设计中的应用。学会运用通用过程来设计程序，对于提高代码的运行效率，写出规范化、可维护性好的程序是有很大帮助的。

习 题 七

一、选择题

1. 以下子过程或函数定义正确的是_____。
   A. Sub f1(n As String * 1)　　　　　　B. Sub f1(n As Integer) As Integer
   C. Function f1(f1 As Integer) As Integer　　D. Function f1(ByVal n As Integer)

2. 下面关于过程参数的说法，错误的是_____。
   A. 过程的形参不可以是定长字符串类型的变量
   B. 形参是定长字符串的数组，则对应的实参必须是定长字符串型数组，且长度相同
   C. 若形参是按地址传递的参数，形参和实参也能以按值传递方式进行形实结合
   D. 按值传递参数，形参和实参的类型可以不同，只要相容即可

3. 以下有关过程中形式参数的描述，错误的是_____。
   A. 函数过程可以没有形式参数　　　　B. 形参数组只能按地址与实参数组结合
   C. 事件过程一定没有形式参数　　　　D. 窗体与控件也可以作为过程的参数

4. 下列有关过程的说法，错误的是_____。
   A. 在 Sub 或 Function 过程内部不能再定义其他 Sub 或 Function 过程
   B. 对于使用 ByRef 说明的形参，在过程调用时形参和实参只能按传址方式结合
   C. 递归过程既可以是递归 Function 过程，也可以是递归 Sub 过程
   D. 可以像调用 Sub 过程一样使用 Call 语句调用 Function 过程

5. 以下有关过程的说法，错误的是_____。
   A. 在 Sub 或 Function 过程中不能再定义其他 Sub 或 Function 过程
   B. 调用过程时，形参为数组的参数对应的实参，既可以是固定大小数组，也可以是动态数组
   C. 过程的形式参数不能再在过程中用 Dim 语句进行说明
   D. 使用 ByRef 说明的形式参数在形实结合时，总是按地址传递方式进行结合的

6. 以下有关数组参数的说明中，正确的是_____。
   A. 在过程中也可用 Dim 语句对形参数组进行说明
   B. 动态数组作为实参时，可用 ReDim 语句在过程中改变对应形参数组的维界
   C. 调用过程时，数组名不能作为实参
   D. 数组可以按地址传递也可以按值传递

7. 以下关于 Function 过程的说法，错误的是_____。

    A. Function 过程名可以有一个或多个返回值

    B. 在 Function 过程内部不得再定义 Function 过程

    C. Function 过程中可以包含多个 Exit Function 语句

    D. 可以像调用 Sub 过程一样调用 Function 过程

8. 若在应用程序中用 "Private Sub sub1(X As Integer, Y As Single)" 定义了子程序 sub1，调用程序中的变量 I、J 均为 Integer 型，则正确调用子程序 sub1 的 Call 语句是_____。

    ① Call sub1(I,J)   ② Call sub1(3.1415,I)

    ③ Call sub1(3.14,234)   ④ Call sub1("245","231.5")

    A. ① ③   B. ③ ④   C. ① ② ③   D. 无

9. 若在模块中用 Private Function Fun(A As Single, B As Integer) As Integer 定义了函数 Fun。调用函数 Fun 的过程中定义 I、J 和 K 三个 Integer 型变量，则下列语句中不能正确调用函数 Fun 的语句是_____。

    A. Fun 3.14，J   B. Fun (I)，(J)

    C. Call Fun(I，365)   D. K=Fun("24"，"35")

10. 以下有关把数组作为形参的说明，错误的是_____。

    A. 形参数组只能按地址传递

    B. 调用过程时，只需把要传递的数组名填入实参表

    C. 使用动态数组时，可用 ReDim 语句改变形参数组的维界

    D. 在过程中也可用 Dim 语句对形参数组进行说明

11. 定义了两个过程 Private Sub1(St( ) As String)和 Private Sub2(Ch( ) As String * 6)，在调用过程中用 Dim S(3) As String *6，A(3) As String 定义了两个字符串数组。下面调用语句中正确的有_____。

    ① Call Sub1(S)   ② Call Sub1(A)   ③ Call Sub2(A)   ④ Call Sub2(S)

    A. ① ②   B. ① ③   C. ② ③   D. ② ④

12. 在调用过程时，下述说明中正确的是_____。

    A. 只能使用 Call 语句调用 Sub 过程

    B. 调用 Sub 过程时，实在参数必须用括号括起来

    C. Function 过程也可以使用 Call 语句调用

    D. 在表达式中调用 Function 过程时，可以不用括号把实在参数括起来

13. 在语句 Public Sub Sort(I As Integer)中，I 是一个按_____传递的参数。

    A. 地址   B. 值   C. 变量 D. 常量

14. 调用由语句 Private Sub Convert (Y As Integer)定义的 Sub 过程时，以下不是按值传递的是_____。

    A. Call Convert((X))   B. Convert X

    C. Convert(X)   D. Call Convert(X*1)

    分析：在 VB 中，将 Convert(X)视为 Convert (X)。

15. 在窗体 Form1 中用 Public Sub Fun（x As Integer, y As Single）定义过程 Fun，在窗体 Form2 中定义了变量 i 为 Integer，j 为 Single，若要在 Form2 的某事件过程中调用

Form1 中的 Fun 过程，则下列语句中，正确的语句有_____个。

① Call Fun(i,j)   ② Call Form1.Fun(i,j)

③ Form1.Fun(i),j   ④ Form1.Fun i+1,(j)

     A. 1   B. 2   C. 3   D. 4

16. 名为 sort 的 Sub 子过程的形式参数为一数组，以下的定义语句中正确的是_____。

     A. Private Sub sort(A() As Integer)   B. Private Sub sort(A(10) As Integer)

     C. Private Sub sort(ByVal A() As Integer)   D. Private Sub sort(A(,) As Integer)

17. 程序中的不同过程之间，不能通过_____进行数据传递。

① 全局变量   ② 窗体或模块级变量

③ 形参与实参结合   ④ 静态变量

     A. ①②④   B. ①②③   C. ②④   D. ④

18. 若在应用程序的标准模块、窗体模块和过程 Sub1 的说明部分，分别用 "Public G As Integer" "Private G As Integer" 和 "Dim G As Integer" 语句说明了三个同名变量 G。如果在过程 Sub1 中使用赋值语句 "G=3596"，则该语句是给在_____说明部分定义的变量 G 赋值。

     A. 标准模块   B. 过程 Sub1

     C. 窗体模块   D. 标准模块、窗体模块和过程 Sub1

19. 窗体的 Name 属性为 Frm1，在窗体模块通用声明处和过程 Sub1 中分别用 Public K As Integer 和 Dim K As Integer 声明了两个同名变量 K，则在过程 Sub1 中要访问全局变量 K，可采用_____。

     A. Frm1.k   B. Form.K   C. Form1.K   D. K

20. 若希望在离开某过程后，还能保存该过程中局部变量的值，则应使用_____关键字在该过程中定义局部变量。

     A. Dim   B. Private   C. Public   D. Static

二、阅读程序题

1. 当 Sub 过程 Value 形参表中存在 ByVal 关键字时，执行本程序，单击窗体，在窗体上显示的第一行内容是__【1】__，第二行内容是__【2】__；若将形参表中的 ByVal 关键字删除，再执行本程序，单击窗体后在窗体上显示的第一行内容是__【3】__，第二行内容是__【4】__；

```
Private Sub Value(ByVal m As Integer, ByVal n As Integer)
    m = m * 2
    n = n - 5
    Print "m = "; m, "n = "; n
End Sub
Private Sub Form_Click ()
    Dim x As Integer, y As Integer
    x = 10: y = 15
    Call Value(x, y)
    Print "x = "; x, "y = "; y
End Sub
```

2. 执行下面的程序，第一行输出结果是__【5】__，第二行输出结果是__【6】__。

```
Option Explicit
Private Sub Form_Click ()
    Dim M As Integer, N As Integer
    M = 1: N = 2
    Print M + N + fun1(M, N)
    M = 2: N = 1
    Print fun1(M, N) + fun1(M, N)
End Sub
Private Function fun1(X As Integer, Y As Integer)
    X = X + Y
    Y = X + 3
    fun1 = X + Y
End Function
```

3. 运行下面的程序，单击窗体，在立即窗口上显示的第二行是　【7】　，第三行是　【8】　。

```
Option Explicit
Dim A As Integer
Private Sub Form_Click
    Dim B As Integer
    Dim D As Integer
    A = 1: B = 2
    D = fun(A, fun(A, B ) )
    Debug.Print A; B; D
End Sub
Private Function fun(K As Integer, N As Integer) As Integer
    Debug.Print K; N;
    K = N + A + K
    N = K + A + N
    fun = K + N
    Debug.Print fun
End Function
```

4. 运行下面的程序，第一行输出结果是　【9】　，第二行输出结果是　【10】　（UBound 函数返回指定数组维的维上界）。

```
Private Sub Form_Click
    Dim i As Integer, j As Integer
    Dim m As Integer, n As Integer
    Dim a() As Integer
    Call arry(a)
    n = UBound(a, 1): m = UBound(a, 2)
    For i = 1 To m
        For j = 1 To n
            Print a(i, j);
        Next j
        Print
    Next i
End Sub
Private Sub arry(b() As Integer)
```

```
        Dim i As Integer, j As Integer, k As Integer
        ReDim b(3, 3)
        For i = 1 To 3
            For j = 1 To 3
                b(i, j) = i * 10 + j
            Next j
        Next i
    End Sub
```

5. 运行下面的程序，当单击窗体时，窗体上显示的第一行内容是___【11】___，第二行内容是___【12】___。

```
    Private Sub Test(x As Integer)
        x = x * 2 + 1
        If x < 6 Then
        Call Test(x)
        End If
        x = x * 2 + 1
        Form1.Print x
    End Sub
    Private Sub Form_Click（ ）
        Test 2
    End Sub
```

6. 运行下面的程序，当单击窗体后在窗体上显示的第一行结果是___【13】___，第二行结果是___【14】___。

```
    Private Function digit (n As Integer, k As Integer) As Integer
        digit = 0
        Do While k > 0
        digit = n Mod 10
        n = n \ 10
        k = k - 1
        Loop
    End Function
    Private Sub Form_Click
        Print digit (1234, 2)
        Print digit (1234, 3)
    End Sub
```

7. 运行下面的程序，单击命令按钮 Command1，则在窗体上显示的第一行内容是___【15】___，第二行内容是___【16】___，文本框 Text1 中显示的内容是___【17】___。

```
    Private Sub Command1_Click ()
        Dim S As String
        S = "LAUSIV"
        Text1.Text = display(S, Len(S))
    End Sub
    Private Function display(S As String, L As Integer) As String
        If L > 1 Then display = display(S, L - 1)
```

```
S = Left(S, L - 1) & Right(S, 1) & Mid(S, L, Len(S) - L)
display = S
Print display
End Function
```

8. Sub 过程 Main()是本程序的起始过程，其他为窗体模块中的事件过程。当说明语句 A 被注释，说明语句 B 有效时，执行本程序，分别单击命令按钮 Command1 和 Command2，在窗体上显示的输出内容是＿＿【18】＿＿；若将说明语句 B 注释掉，而使说明语句 A 有效（删区语句前的注释号），执行本程序，分别单击命令按钮 Command1 和 Command2，在窗体上显示的输出内容是＿＿【19】＿＿。

```
Public x As Integer
Sub main()
    x = 5
    Form1.Show
    Form1.Print x;
End Sub
Dim y As Integer                            '说明语句 A
Private Sub Command1_Click ()
    Dim y As Integer                        '说明语句 B
    y = x * 2
    Print y;
End Sub
Private Sub Command2_Click()
    y = x / 2
    Print y;
End Sub
```

9. 运行下面的程序，当单击窗体后在窗体上显示的第二行结果是＿＿【20】＿＿，第四行结果是＿＿【21】＿＿。

```
Dim y As Integer
Private Sub Form_Click
    Dim x As Integer
    x = 1: y = 1
    Print "x1 = "; x, "y1 = "; y
    test
    Print "x4 = "; x, "y4 = "; y
End Sub
Private Sub test()
    Dim x As Integer
    Print "x2 = "; x, "y2 = "; y
    x = 2: y = 3
    Print "x3 = "; x, "y3 = "; y
End Sub
```

10. 运行下面的程序，第一行输出结果是＿＿【22】＿＿，第三行输出结果是＿＿【23】＿＿。

```
Private Sub Form_Click
    Dim A As Integer
```

```
        Dim I As Integer
        A = 2
        For I = 1 To 9
            Call sub1(I, A)
            Print I, A
        Next I
        End Sub
    Private Sub sub1(x As Integer, y As Integer)
        Static N As Integer
        Dim I As Integer
        For I = 3 To 1 Step -1
            N = N + x
            x = x + 1
        Next I
        y = y + N
    End Sub
```

11. 运行下面的程序，输出的第一行结果是___【24】___，第二行结果是___【25】___。

```
Private Sub Form_Click
    Dim a As Integer, b As Integer
    a = 1: b = 2
    Call Proc1(a, b)
    Print a, b
End Sub
Private Sub Proc1(c As Integer, d As Integer)
    Dim a As Integer, b As Integer
    c = a + b
    d = a - b
    Print c, d
End Sub
```

　　若将 Sub 语句改为 Private Sub Proc1(ByVal c As Integer, ByVal d As Integer)，那么执行后第一行结果是___【26】___，第二行结果是___【27】___。

12. 运行下面的程序，结果是___【28】___；若将 A 语句替换为 X=64，B 语句替换为 R=8，则结果是___【29】___。

```
Dim n As Integer, k As Integer, x As Integer, r As Integer
Dim a(8) As Integer
Private Sub Conv(d As Integer, r, i)
    i = 0
    Do While d <> 0
        i = i + 1
        a(i) = d Mod r: d = d \ r
    Loop
End Sub
Private Sub Form_Click
    x = 12                      'A 语句
    r = 2                       'B 语句
```

```
        Print Str(x); "("; Str(r); ") = ";
        If x = 0 Then
            Print 0
        Else
            Call Conv(x, r, n)
            For k = n To 1 Step -1
                Print a(k);
            Next k
            Print
        End If
    End Sub
```

13. 运行下面的程序，第二行输出结果是___【30】___，第三行输出结果是___【31】___。

```
    Option Explicit
    Dim a As Integer, b As Integer
    Private Sub Form_Click
        Dim c As Integer
        a = 1
        b = 3
        c = 5
        Print fun(c)
        Print a, b, c
        Print fun(c)
    End Sub
    Private Function fun(x As Integer) As Single
        fun = a + b + x / 2
        a = a + b
        b = a + x
        x = b + a
    End Function
```

14. 运行下面的程序，第一行输出结果是___【32】___，第二行输出结果是___【33】___。

```
    Option Explicit
    Private Sub Form_Click()
        Dim I As Integer, J As Integer
        I = 1: J = 2
        Call Test(I, J)
        Print I, J
        Call Test(I, J)
        Print I; J
    End Sub
    Private Sub Test(M As Integer, N As Integer)
        Static Sta As Integer
        M = M + N
        N = N + M + Sta
        Sta = Sta + M
    End Sub
```

15. 运行下面的程序，第一行输出结果是___【34】___，第三行输出结果是___【35】___。

```
Option Explicit
Private Sub Form_Click
    Dim N As Integer, I As Integer
    N = 2
    For I = 9 To 1 Step -1
        Call Sub2(I, N)
        Print I, N
    Next I
End Sub
Private Sub Sub2(X As Integer, Y As Integer)
    Static N As Integer
    Dim I As Integer
    For I = 3 To 1 Step -1
        N = N + X
        X = X - 1
    Next I
    Y = Y + N
End Sub
```

16. 运行下面的程序，当单击窗体时，窗体上显示内容的第一行是___【36】___，第二行是___【37】___。

```
Private Sub P1(x As Integer, ByVal y As Integer)
    Static z As Integer
    x = x - z
    y = x - z
    z = 10 - y
End Sub
Private Sub Form_Click
    Dim a As Integer, b As Integer, z As Integer
    a = 1: b = 3: z = 2
    Call P1(a, b)
    Print a, b, z
    Call P1(b, a)
    Print a, b, z
End Sub
```

17. 运行下面的程序，单击命令按钮 Command1，则在窗体上第一行显示的是___【37】___，第二行显示的是___【39】___，第三行显示的是___【40】___。

```
Private Sub Command1_Click()
    Output_count 4
    Output_count 8
    Output_count 4
End Sub
Private Sub Output_count(UpperLimit As Integer)
    Static LowerLimit As Integer
    Do While LowerLimit < UpperLimit
        Print LowerLimit;
```

```
        LowerLimit = LowerLimit + 1
    Loop
    Print LowerLimit
End Sub
```

18. 单击按钮时，以下程序运行后的输出结果是____【41】____。

```
Private Sub proc1(x As Integer, y As Integer, z As Integer)
    x = 3 * z
    y = 2 * z
    z = x + y
End Sub
Private Sub Command1_Click()
    Dim x As Integer, y As Integer, z As Integer
    x = 1: y = 2: z = 3
    Call proc1(x, x, z)
    Print x; x; z
    Call proc1(x, y, y)
    Print x; y; y
End Sub
```

19. 在窗体上添加一个命令按钮 Command1 和 3 个标签。编写如下过程：

```
Private x As Integer
Private Sub command1_click()
    Static y As Integer
    Dim z As Integer
    n = 10
    z = n + z
    y = y + z
    x = x + z
    Label1.Caption = x
    Label2.Caption = y
    Label3.Caption = z
End Sub
```

程序运行后，连续 3 次单击命令按钮以后，3 个标签显示的内容分别是____【42】____。

20. 下列程序的运行结果是____【43】____。

```
Private Sub Command1_Click()
    Dim a As Integer
    a = 2
    For i = 1 To 3
        Sum = Sum + f(a)
    Next i
    Print Sum
End Sub

Function f(a As Integer)
    b = 0
    Static c
    b = b + 1
```

```
            c = c + 1
            f = a + b + c
      End Function
```

三、编程题

1. 编写求 3 个数中最大值的过程 Max 和最小值的过程 Min，然后用这两个过程分别求 3 个数、5 个数、7 个数中的最大值和最小值。

    提示：编写的过程可放在窗体模块，也可放在标准模块中。

2. 编写程序，求 S=A！+B！+C！，阶乘的计算分别用 Sub 过程和 Function 过程两种方法来实现。

3. 编写一个函数过程，对已知数 m 判断其是否为"完数"。所谓"完数"，即该数等于其因子之和。例如 6=1+2+3，6 就是"完数"。

4. 编写一个过程，以整型数作为形参，当该参数为偶数时输出 False，而当该参数为奇数时输出 True。

5. 编写求解一元二次方程 $ax^2+bx+c=0$ 的过程。要求：a，b，c 及解 X_1，X_2 都以参数传送的方式与主程序交换数据，输入 a，b，c 和输出 X_1，X_2 的操作放在主程序中。

6. 随机产生一个 6×6 的矩阵，每个元素的值在 $10 \sim 99$ 之间，然后找出某个指定行内值最大的元素所在的列号。要求：查找指定行内值最大的元素所在的列号的操作通过一个过程来实现。

【本章重点】

※ 单选按钮、复选框和框架

※ 列表框和组合框

※ 滚动条

※ 计时器

※ 图片框和图像框

VB 作为面向对象的程序设计语言，界面的设计在整个程序设计过程中至关重要。VB 把常用的界面元素进行封装，形成编程控件。设计员只需拖动所需控件到窗体中，然后对控件进行属性设置和编写事件过程即可。这样不但减少了程序员的工作量，更使得初学者很容易对其产生兴趣。所以 VB 中一些常用控件的属性、事件、方法的学习也非常重要。

本章主要通过一些例子，介绍常用控件的属性设置、事件和方法的运用。

8.1 单选按钮、复选框和框架

8.1.1 单选按钮

单选按钮（OptionButton）通常成组使用，主要用于处理"多选一"的问题。参见后面例 8-1 中所示为一组字号，每次只能选择一个字号。某个单选按钮被选中时，其左边圈内会出现黑点，同组中其他按钮则被强制处于非选中状态。

1. 单选按钮的重要属性

（1）Caption 属性

设置单选按钮旁边出现的文字。

（2）Value 属性

设置单选按钮是否处于被选中状态。属性值为 True 或 False，其中 True 表示被选中，False 表示未被选中。Value 属性可在属性窗口设置，也可以在代码中设置，如下例：

当窗体被加载时，如果添加下列语句：

```
Private Sub Form_Load()
    Option3.Value = True
```

End Sub

则运行时出现图 8-1 所示的效果，Option3 的圈内出现黑点，表示被选中。

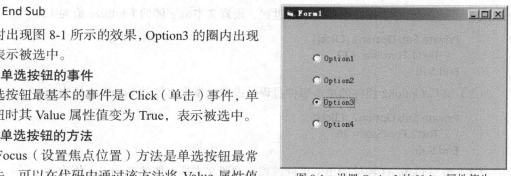

图 8-1　设置 Option3 的 Value 属性值为
True 时的运行状态

2．单选按钮的事件

单选按钮最基本的事件是 Click（单击）事件，单击某按钮时其 Value 属性值变为 True，表示被选中。

3．单选按钮的方法

SetFocus（设置焦点位置）方法是单选按钮最常用的方法。可以在代码中通过该方法将 Value 属性值设置为 True。例如：

```
Private Sub Form_Click()
    Option3.SetFocus
End Sub
```

运行时单击窗体，能取得与图 8-1 同样的效果。这里改用了 Click 事件是因为使用该方法前，必须保证单选按钮当前处于可见和可用状态（即 Visible、Enabled 属性值为 True）。而 Form_load 事件完成前，窗体和窗体上的控件是不可视的，除非在事件完成前首先使用窗体的 Show 方法，使得窗体和控件可视。如上题中，SetFous 方法在 Form_Load 事件中的使用：

```
Private Sub Form_Load()
    Form1.Show
    Option3.SetFocus
End Sub
```

【例 8-1】窗体中有三个单选按钮控件，要求文本框中的字体大小默认值为 10，且单选按钮被选中时文本框中的字体大小出现相应变化。程序运行效果如图 8-2 所示。

实现过程如下。

第一步：新建工程，添加一个文本框、三个单选按钮。

第二步：设置相应的属性值，其中单选按钮（Option2）属性设置如图 8-3 所示，其他类似。设置文本框 Font 属性中字体大小为 10，设置窗体的 Caption 属性值为 "例 8-1 单选按钮设置字体大小"。

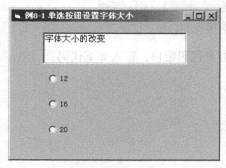

图 8-2　程序运行界面

图 8-3　单选按钮属性的设置

第三步：编写程序代码。当单选按钮被单击时，触发 Click 事件，文本框中字体的 FontSize 属性被设置成为相应的值。

（1）编写 Option1 控件的单击事件过程，设置文本框字体的 FontSize 值为 12。

```
Private Sub Option1_Click()
    Text1.FontSize = 12
End Sub
```

（2）编写 Option2 控件的单击事件过程，设置文本框字体的 FontSize 值为 16。

```
Private Sub Option2_Click()
    Text1.FontSize = 16
End Sub
```

（3）编写 Option3 控件的单击事件过程，设置文本框字体的 FontSize 值为 20。

```
Private Sub Option3_Click()
    Text1.FontSize = 20
End Sub
```

 思考   这个例子中界面上只有一组字号的单选按钮，如果再添加一组颜色的单选按钮，能实现大小和颜色同时设置吗？

【例 8-2】界面上有 4 个单选按钮，形成控件数组。当其中一个单选按钮被单击时，选择相应的运算，将所得结果显示在 Label1 中。程序运行界面如图 8-4 所示。

实现过程如下。

第一步：添加 4 个单选按钮（利用复制粘贴的方式，形成 Option1 的控件数组），再添加一个 Label 控件。

第二步：设置 Option1 控件数组的 Caption 属性值分别为"加法""乘法""减法""除法"；Label1 的 Caption 属性为空。

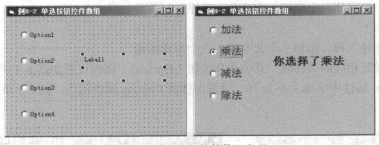

图 8-4　单选按钮控件数组实现

第三步：编写代码。双击控件数组中任意一个控件，打开代码窗口，输入如下代码：

```
Private Sub Option1_Click(Index As Integer)
    Select Case Index
        Case 0
            Label1.Caption = "你选择了" & "加法"
        Case 1
            Label1.Caption = "你选择了" & "乘法"
        Case 2
            Label1.Caption = "你选择了" & "减法"
        Case 3
```

```
                    Label1.Caption = "你选择了" & "除法"
                Case Else
                    Label1.Caption = "你什么也没有选择"
            End Select
        End Sub
```

提示

因为例 8-2 中 4 个单选按钮执行大致相同的操作，发生同样的事件过程，所以选择创建控件数组。这样既可以节省系统资源、共享事件过程，又可以方便地在运行过程中创建新的控件，以实现其他运算。例题中利用 Select Case 语句，根据控件 Index 的值，实现每个控件的不同功能。默认情况下，控件数组中 Index 的值为 0 的单选按钮被选中。

思考

这个例子中 Select 语句包含的 Case Else 语句有没有执行的可能？

8.1.2　复选框

复选框（CheckBox）也称为检查框。在单个使用时，可以表示选中或者未选中两种状态；当成组出现时，能够实现复选多项的功能。

单选按钮和复选框功能相似，但二者之间存在着重要的差别：在选择单选按钮时，同组中的其他单选按钮控件自动无效，而复选框可以选择任意数量的复选框。

1. 复选框的 Value 属性

决定复选框的状态。程序运行后首次单击复选框，Value 值变为 1；再次单击此复选框，Value 属性值变为 0，依此类推。

表 8-1　　　　　　　　　　　　　　复选框的 Value 属性对照表

属 性 值	状 态	样 式
0	未选中	☐
1	选中	☑
2	禁止选择	☑

2. 复选框的事件

复选框的最基本事件也是 Click 事件，当单击某复选框时，自动改变选中状态。

3. 复选框的方法

复选框也可以通过 SetFocus 方法获得焦点，但与单选按钮不同的是它不能改变 Value 值。

【例 8-3】在例 8-1 的基础上添加两个复选框控件，要求复选框被单击时文本框中的字体出现相应的变化。程序运行效果如图 8-5 所示。

实现过程如下。

第一步：在例 8-1 的基础上，添加两个复选框。

第二步：设置复选框的 Caption 属性值分别为"粗体"和"斜体"。

第三步：编写程序代码。复选框被单击时，它的 Value

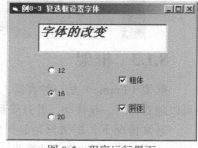

图 8-5　程序运行界面

属性值发生改变。字体的"粗体"（FontBold）和"斜体"（FontItalic）对应不同的 Value 属性值。代码如下。

（1）编写 Check1 控件的单击事件，设置文本框中字体为"粗体"。当复选框的 Value 属性值为 1 时（即表示"粗体"复选框被选中），设置文本框中字体的 FontBold 属性值为 True；否则 FontBold 属性值为 False。复选框属性值为 2 时，即无效状态，不作考虑。

```
Private Sub Check1_Click()
    If Check1.Value = 1 Then
        Text1.FontBold = True
    Else
        Text1.FontBold = False
    End If
End Sub
```

（2）编写 Check2 控件的单击事件，设置文本框中字体为"斜体"。

```
Private Sub Check2_Click()
    If Check2.Value = 1 Then
        Text1.FontItalic = True
    Else
        Text1.FontItalic = False
    End If
End Sub
```

注意

复选框与单选按钮的不同点如下。
● 复选框控件的 Value 属性值为数值型数据，如控件为选中状态时，Value 值为 1。而单选按钮控件的 Value 属性值为逻辑型数据，如控件为选中状态时，Value 值为 True。
当复选框被单击时，复选框的 Value 属性值改变，再次单击时回到原来的值，所以编程时要考虑到可能再次单击的情况。

思考

运行界面如图 8-6 所示，当复选框被选中时，复选框旁边的文本（其 Caption 值）显示在文本框中，取消选中时文本框中相应内容消失。

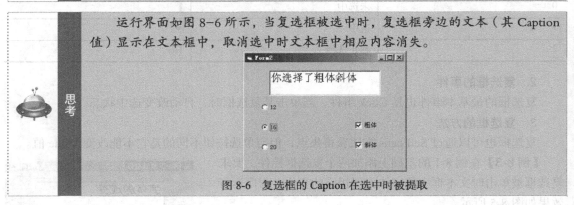

图 8-6　复选框的 Caption 在选中时被提取

8.1.3　框架

框架（Frame）是一种容器，可以把其他控件组织在一起，形成控件组。在框架内部的控件可以随着框架一起移动，并且受到框架某些属性的控制（如 Enabled、Visible 等）

通常情况下，框架只是起到分组的作用，没有必要响应它的事件。但是使用过程中，它的 Caption 和 Font 属性经常被修改，如例 8-4。

【例 8-4】程序运行界面如图 8-7 所示。

实现过程如下。

第一步：绘制两个框架，并在框架内部分别绘制 3 个单选按钮。添加一个文本框和两个复选框。

第二步：设置框架的 Caption 属性分别为"字号"和"颜色"；颜色框架内部单选按钮的 Caption 属性分别为"红色""绿色""蓝色"。

第三步：编写代码。

（1）Option4（红色）：当控件被单击时，触发 Click 事件。文本框中字体颜色（ForeColor）属性值设置成"红色"。

```
Private Sub Option4_Click()
    Text1.ForeColor = vbRed
End Sub
```

（2）控件 Option5（绿色）的 Click 事件代码。文本框中的字体颜色（ForeColor）属性值设置成"绿色"。

```
Private Sub Option4_Click()
    Text1.ForeColor = vbGreen
End Sub
```

（3）控件 Option6（蓝色）的 Click 事件代码。

```
Private Sub Option4_Click()
    Text1.ForeColor = vbBlue
End Sub
```

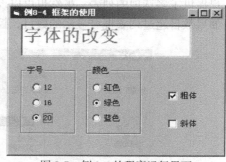

图 8-7　例 8-4 的程序运行界面

提示　　VbGreen 表示绿色，是 VB 的颜色常量。VB 还有两种表示颜色的方法：RGB()函数法（如 RGB（0,255,0）表示绿色）和 QBColor()函数法（如 QBColor（10）表示绿色）。

在例 8-1 中我们提到，如果再添加一组单选按钮，结果会是如何呢？同一个窗体上所有的单选按钮每次只能有一个被选中，而本例的运行结果图中显示同一个窗体上，有两个单选按钮能够被选中，这就是框架的作用。

使用框架时，我们需要先绘制框架控件，然后将需要放入框架中的控件在框架内绘制。如果将控件绘制在框架之外，或者在向窗体添加控件时选择了双击的方法，这些控件即使被移动到框架内部，也只是位于框架的顶部，并不属于该框架容器，不能与框架同时移动。

如果需要将某对象移动到框架中，使对象真正属于框架容器，应该选中对象，执行"剪切"命令，然后选中框架对象，执行"粘贴"命令。

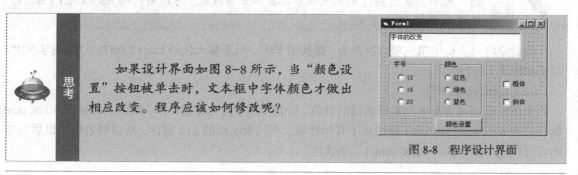

思考　　如果设计界面如图 8-8 所示，当"颜色设置"按钮被单击时，文本框中字体颜色才做出相应改变。程序应该如何修改呢？

图 8-8　程序设计界面

8.2 列表框和组合框

为了能够给用户在有限的空间里提供大量的选项，VB 提供了列表框和组合框控件。列表框和组合框有着许多共同的属性、事件和方法。它们都为用户提供了更多的选项，但在使用的过程中还是有些不同。下面将分别介绍列表框和组合框。

8.2.1 列表框

列表框（ListBox）显示项目列表，用户可以选择其中的一项或者是多项。列表框有两种风格可以选择：标准列表框和复选列表框，一般通过 Style 属性进行设置，如图 8-9 所示。列表框为用户提供了多选项的列表。虽然也可以设置多列列表，但在默认时将在单列列表中垂直显示选项。如果数目超过列表框可显示的数目，控件上将自动出现图 8-10 所示的滚动条。

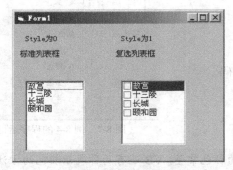

图 8-9　不同风格的列表框

图 8-10　单列列表框

1. 列表框的重要属性

（1）List（列表）属性

List 是列表框最重要的属性之一。其作用是罗列或设置表项中的内容，可以在界面设计时在属性窗口中直接输入内容。如要多个输入，按 Ctrl+Enter 快捷键换行，继续输入下一个项目。当所有都输入完毕后，再按 Enter 键。如图 8-11 所示。

列表框中所有选项的内容都可以通过 List（下标值）的形式表示。比如列表框中的第一项的内容用 List(0)表示；第二项内容用 List(1)表示；第十项内容用 List(9)表示，以此类推。

注意

列表框中的第一项是 List(0) 而不是 List(1) 。List() 属性的使用是非常灵活的，比如要从图 8-11 的列表框中取出第三项内容，可以用代码 A$ = List1.List(2)，于是字符串 A$ ="长城"。

假设要将列表框中第三项内容改为"跟我学 VB"，只需输入代码 List1.List(2) = "跟我学 VB"，结果如图 8-12 所示。

（2）ListCount 属性

本属性返回列表框中列表项数量的数值，只能在程序运行时起作用，如图 8-12 中的 ListCount 属性值为 6。因为 ListCount 属性从 1 开始计数，不同于前面的 List 属性，所以列表框中最后一项内容可以用 List（List1.ListCount-1）来表达。

图 8-11　List 属性值的设置

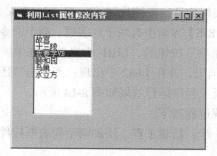

图 8-12　利用 List 属性修改内容

（3）ListIndex（索引）属性

本属性用来返回或设置控件中当前选择项目的索引号，只能在程序运行时使用。第一个选项的索引号是 0 ，第二个选项的索引号是 1 ，第三个选项的索引号是 2 ，依次类推。当列表框没有选择项目时 ListIndex 值为 −1 。

 注意　表达式 List1.List(List1.ListIndex)返回列表框 List1 当前选项的字符串，等同于 List1.Text，其中 List1.ListIndex 返回列表框当前选项的索引号。

（4）Columns（列）属性

本属性用来确定列表框的列数。当值为 0 时，所有项目呈单列显示；当值为 1 或者大于 1 时，项目呈多列显示。Columns 属性只能在界面设置时指定。

（5）MultiSelect（多重选择）属性

本属性决定了选项框中的内容是否可以进行多重选择，只能在界面设置时指定，程序运行时不能修改，如图 8-13 所示。

其中，"0"不允许多项选择，如果选择了一项，就不能选择其他项；"1"允许多重选择，可以用鼠标或空格选择；"2"是功能最强大的多重选择，可以结合 Shift 键或 Ctrl 键完成多个表项的多重选择，比如单击所要选择范围的第一项，然后按住 Shift 键，再单击选择范围的最后一项可进行连续多项的选中。

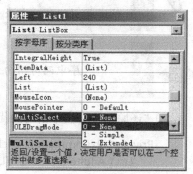

图 8-13　列表框和组合框的 MultiSelect 属性

（6）Selected（选中）属性

本属性返回或设置在列表框控件中某项目是否为选中的状态。选中时值为 True ；未被选中时值为 False 。代码规则如下：

列表框名称.Selected(索引值) = True|False

例如，如果图 8-9 中复选列表框中"十三陵"被选中，则 List1. Selected (1) = True

（7）Sorted（排序）属性

本属性值为 True 时，列表项内容按字母、数字升序排序显示；值为 False（默认）时，列表项按加入列表框的先后顺序排列。

2．列表框的事件

列表框控件主要接收 Click 与 DblClick 事件。

【例 8-5】界面中有两个列表框、两个命令按钮。当单击"删除"按钮时，List1 中当前被选中项的内容在 List1 中消失，并在 List2 中出现；当单击"还原"按钮时，相反。程序运行效果如图 8-14 所示。

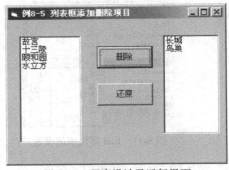

图 8-14　程序设计及运行界面

实现过程如下。

第一步：新建工程，添加两个列表框控件和两个命令按钮。

第二步：设置相应的属性，其中 List1 的 List 属性可以在属性窗口中设置，也可以在程序 Form_Load() 函数中利用 AddItem 方法输入。

第三步：编写代码。

（1）"删除"按钮被单击时的代码。按钮触发 Click 事件，被单击后，List1 当前选中的内容被移动到 List2 中。

```
Private Sub Command1_Click()
    List2.AddItem List1.Text
    List1.RemoveItem List1.ListIndex
End Sub
```

注意　　这里被移动的项目内容用 List1.Text 表示，与下面程序段中的方法不一样，但结果是一样的，都表示当前被选中项的内容。

思考　　程序中两句语句能否调换位置？

（2）"还原"按钮被单击时的代码。同样触发 Click 事件，与"删除"按钮的功能正好相反。

```
Private Sub Command2_Click()
    List1.AddItem List2.List(List2.ListIndex)
    List2.RemoveItem List2.ListIndex
End Sub
```

思考　　如果两个列表框的 Style 属性都设置为 1，即都为复选列表框，每次单击"删除"或者"还原"按钮时，是否可以一次选中并实现移动多项？

3．列表框的方法

（1）增加项目：AddItem

用 AddItem 可以为列表框增加项目。代码规则如下：

　　列表框名称.AddItem 欲增项目［,索引值］

假设我们要在程序中的第五项插入项目，代码如下：

List1.AddItem "奥运村" , 4

说明：

● 这里的 "4" 代表索引值，是可选项。指欲增项目放到原列表框中的第几项，比如放在第三项，那么索引值为 2 。如果省略索引值，当列表框的 Sorted 属性设置为 True 时，项目将添加到恰当的排序位置；当 Sorted 属性设置为 False 时，项目将添加到列表的结尾。

● "List1" 是当前列表框的名称。

● "奥运村" 是我们想要加入到列表项中的内容。

（2）清除所有选项：Clear

用 Clear 可以清除列表框中所有的内容，代码如下：

列表框名称.Clear

（3）删除选项：RemoveItem

此方法可以删除列表框中指定的项目，代码如下：

列表框名称.RemoveItem　索引值

其中，索引值是必需的，表示欲删除哪一个项目。假设我们要删除第三个项目：List1.RemoveItem 2。对于任意一个列表框，要删除已经选中的项目，代码如下：

列表框名称.RemoveItem　列表框名称.ListIndex

8.2.2　组合框

组合框（ComboBox）是由文本框和列表框组合而成的控件。通过 Style 属性来选择所需的样式，如图 8-15 所示。

组合框大部分的属性和方法跟列表框相同，比如要访问控件的项目，可以利用 List 数组；控件的当前选项由 Text 属性表示；AddItem 方法可以将项目添加到组合框的项目列表中；RemoveItem 方法将组合框中选定的项目删除，Sorted 属性表示组合框中的项目是否排序等。

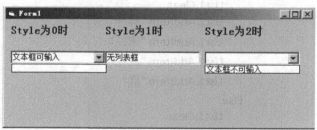

图 8-15　组合框的三种样式

【例 8-6】当在组合框的下拉列表中选择其中一项时，列表框出现相应的选项。当列表框中的选项被选中并单击命令按钮时，在文本框中出现相应的文字。程序运行效果如图 8-16 所示。

 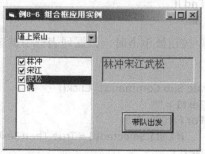

图 8-16　程序设计及运行界面

实现过程如下。

第一步：新建一个工程，添加一个组合框、列表框、文本框和命令按钮。

第二步：按照表 8-2 设置相应属性。

表 8-2　　　　　　　　　　　　　　　例 8-6 的属性设置

对　　象	属　性　名	属　性　值
Combo1	Text	去哪神游呢
List1	Style	1
Text1	Text	空（删除 text 里的内容即可）
	Forecolor	红色
	FontSize	12
Command1	Caption	带队出发

第三步：编写代码。

（1）复选框某一项被单击时，在列表框中出现相应的内容。代码如下：

```
Private Sub Combo1_Click()
    If Combo1.ListIndex = 0 Then
        List1.Clear
        List1.AddItem "唐僧"
        List1.AddItem "孙悟空"
        List1.AddItem "猪八戒"
        List1.AddItem "偶"
    ElseIf Combo1.ListIndex = 1 Then
        List1.Clear
        List1.AddItem "林冲"
        List1.AddItem "宋江"
        List1.AddItem "武松"
        List1.AddItem "偶"
    Else
        List1.Clear
        List1.AddItem "贾宝玉"
        List1.AddItem "林妹妹"
        List1.AddItem "薛宝钗"
        List1.AddItem "偶"
    End If
End Sub
```

（2）命令按钮被单击时，根据列表框中被选中的项的内容，文本框中出现相应的文字，代码如下：

```
Private Sub Command1_Click()
    Text1 = ""
    For i = 0 To 3
        If List1.Selected(i) = True Then Text1.Text = Text1 & List1.List(i)
    Next i
End Sub
```

提示　　　程序中复选框根据 ListIndex 的值确定哪一项被选中。因为不同的选中项列表框中出现不同的内容，所以用 List1.Clear 将原来显示的内容清除，后面的 Text=""也起到了同样的作用。

【例 8-7】程序要求当组合框项目被选中时，相应的框架出现，选择完毕后单击命令按钮弹出对话框，并显示选择的结果。程序运行效果如图 8-17 所示。

 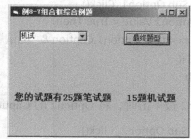

图 8-17　程序运行界面

实现过程如下。

第一步：新建工程，添加一个组合框、两个框架、四个单选按钮、一个命令按钮。

第二步：按照表 8-3 设置相应属性。

表 8-3　　　　　　　　　　　　　　属性设置一览

对　　象	属　　性	值
Combo1	Text	题型选择
	List	机试、笔试
Frame1	Visible	False
	Caption	机试题
Frame2	Visible	False
	Caption	笔试题
Option1、Option2 等	Caption	15 题、20 题、30 题、35 题
Command1	Caption	最终题型
Label1	BorderStyle	0
	Caption	空
	AutoSize	True

第三步：编写代码。

（1）在通用部分编写代码，声明全局变量 tx 用于存放后面所选择的内容。

```
Dim tx As String
```

（2）复选框某一项被单击时，在列表框中出现相应的内容。代码如下：

```
Private Sub Combo1_Click()
    Label1.Caption = ""
    If Combo1.ListIndex = 0 Then            ' 复选框第一项被选中
        Frame1.Visible = True               ' 机试选项框出现
    Else
```

```
                    Frame2.Visible = True                    ' 笔试选项框出现
            End If
        End Sub
```

（3）Option1 被单击时，将 Option1 的 Caption 值存入 tx 变量中。为了防止第一组单选按钮中的内容丢失，将所选单选按钮 Caption 放入 tx 变量中时，保留原 tx 中值。

```
        Private Sub Option1_Click()
            If Option1.Value = True Then
                tx = tx & Option1.Caption & "机试题    "
            End if
        End Sub
```

（4）Option2 被单击时，将 Option2 的 Caption 值存入 tx 变量中。

```
        Private Sub Option2_Click()
            If Option2.Value = True Then
                tx = tx & Option2.Caption & "机试题    "
            End if
        End Sub
```

（5）Option3 被单击时，将 Option3 的 Caption 值存入 tx 变量中。

```
        Private Sub Option3_Click()
            If Option3.Value = True Then
                tx = tx & Option3.Caption & "笔试题    "
            End if
        End Sub
```

（6）Option4 被单击时，将 Option4 的 Caption 值存入 tx 变量中。

```
        Private Sub Option4_Click()
            If Option4.Value = True Then
                tx = tx & Option4.Caption & "笔试题"
            End if
        End Sub
```

> 注意
>
> 在代码中如果用到 "&" 来连接字符串，输入的过程通常会出现图 8-18 所示的错误。出现这种错误，主要是因为输入的过程中，没有在 "&" 符号前后加上 "空格"。只需加上即可。

图 8-18 用 "&" 连接字符串的错误提示

（7）"最终题型"按钮被单击时，两个框架隐藏，弹出对话框。对话框上有两个按钮，根据

MsgBox 函数返回的值，如果返回值为 1，表示"确定"按钮被单击，则 Label1 中显示相应内容，否则退出程序，运行结果如图 8-19 所示。

代码如下：

```
Private Sub Command1_Click()
    Frame1.Visible = False
    Frame2.Visible = False          '结果生效后两个选项框消失
    i = MsgBox("你选择了" & tx, vbOKCancel)
    If   i = 1 Then                 '如果选择了"确定"按钮
        Label1.Caption = "您的试题有" & tx
    Else                            '选择了"取消"按钮
        End
    End If
End Sub
```

图 8-19 单击命令按钮后弹出对话框

提示　这个例子中，关键点是利用了框架的 Visible 属性控制框架及框架中的控件是否可见。对于组合框的应用主要是利用 ListIndex 属性值，决定组合框中哪一项被选中。

8.3　滚　动　条

滚动条常常用来附在某个窗口上帮助观察数据或确定位置，也可以用来作为数据输入的工具。在 Visual Basic 中，滚动条分为横向（HScrollBar）与竖向（VScrollBar）两种。

1. 滚动条的属性

（1）Max（最大值）与 Min（最小值）属性

Max 与 Min 属性是创建滚动条控件必须指定的属性，默认状态下 Max 值为 32767 ，Min 值为 0。该属性既可以在界面设计过程中予以指定，也可以在程序运行中予以改变，如：

```
HScroll1.Min = 3
HScroll1.Max = 30
```

（2）Value（数值）属性

Value 属性返回或设置滚动滑块在当前滚动条中的位置 。Value 值可以在设计时指定，也可以在程序运行中改变，如：

```
HScroll1.Value = 24
```

（3）SmallChange（小改变）属性

当用户单击滚动条左右边上的箭头时，滚动条控件 Value 值的改变量就是 SmallChange。

（4）LargeChange（大改变）属性

单击滚动条中滚动框前面或后面的空白部位时，引发 Value 值按 LargeChange 设定的数值改变。

2. 滚动条的事件

与滚动条控件相关的事件主要是 Scroll 与 Change 事件。当在滚动条内拖动滚动框时会触发

Scroll 事件（注意：单击滚动箭头或滚动条时不发生 Scroll 事件）。滚动框发生位置改变后则会触发 Change 事件。Scroll 事件用来跟踪滚动条中的动态变化，Change 事件则用来得到滚动条最后的值。

3. 滚动条的方法

滚动条也具有 Move、SetFocus 等方法，但程序设计过程很少使用。

【例 8-8】界面上有三个滚动条，当三个滚动条的位置发生改变时，图片框中的背景色做出相应的改变，并且在文本框显示相应的颜色值。程序运行效果如图 8-20 所示。

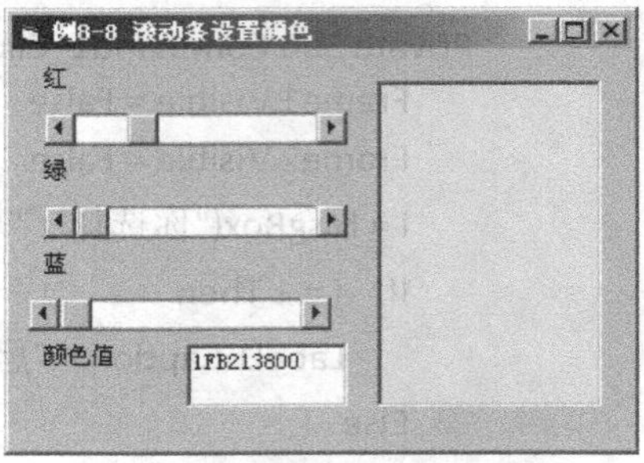

实现过程如下。

第一步：新建工程，添加三个水平滚动条（利用复制的方法实现水平滚动条控件数组）、四个标签、一个文本框、一个图片框。

图 8-20　程序运行界面

第二步：更改相应属性。其中滚动条的 Max 属性值为 255，Min 的属性值为 0。文本框 Text1 的 Text 属性设置为空。Label 的 Caption 属性分别设置为"红""绿""蓝""颜色值"。

第三步：编写代码。

（1）编写 GetColorValue() 函数从滚动条的 Value 属性获得输入值。

```
Dim RedStr, GreenStr, BlueStr As String          ' 存放颜色的字符
Dim RedNum, GreenNum, BlueNum As Integer         ' 存放颜色的值
Function GetColorValue() As String
    RedNum = HScroll1(0).Value
    GreenNum = HScroll1(1).Value
    BlueNum = HScroll1(2).Value
    RedStr = Hex(RedNum)
    If Len(RedStr) < 2 Then RedStr = "0" + RedStr          ' 补零
    GreenStr = Hex(GreenNum)
    If Len(GreenStr) < 2 Then GreenStr = "0" + GreenStr
    BlueStr = Hex(BlueNum)
    If Len(BlueStr) < 2 Then BlueStr = "0" + BlueStr
    GetColorValue = RedStr + GreenStr + BlueStr             ' 合并
End Function
```

提示　为了把十进制数值换成十六进制数值，要使用一个叫作 Hex() 的函数，它把十进制数值转化为十六进制的字符，但对于只有一位的十六进制字符，这个函数并不在高位补零，所以 GetColorValue() 函数也帮助它给一位的十六进制字符补零。

（2）初始化文本框和图片框背景的值。

```
Private Sub Form_Load()
    Text1.Text = GetColorValue
    Picture1.BackColor = RGB(RedNum, GreenNum, BlueNum)
End Sub
```

（3）当滚动条位置改变时，文本框和图片框背景相应改变。

```
Private Sub HScroll1_Change(Index As Integer)
```

```
        Text1.Text = GetColorValue
        Picture1.BackColor = RGB(RedNum, GreenNum, BlueNum)
End Sub
```

8.4 计 时 器

在 Windows 应用程序中常常要用到时间控制的功能，如在程序界面上显示当前时间，或者每隔多长时间触发一个事件等。而 VB 中的 Timer（计时器）控制器就是专门解决这方面问题的控件。

1. 计时器的重要属性

（1）Interval 属性

Interval 属性决定了时钟事件之间的间隔，以毫秒为单位，取值范围为 0～65535，因此最大时间间隔不能超过 65 秒。例如，需要每隔一秒钟触发一个 Timer 事件，则 Interval 的值为 1000。

（2）Enabled 属性

计时器的 Enabled 属性控制计时器是否有效。Enabled 值为 True 则有效，否则无效。

2. 计时器的事件

计时器的常用属性较少，能够触发的事件也只有 Timer 事件。当一个 Timer 控件经过预定的时间间隔，将激发计时器的 Timer 事件。使用 Timer 事件可以完成许多实用功能，如显示系统时钟、制作动画等。

【例 8-9】界面上有两个文本框显示着不同的时间，同样是利用 Time 函数取得系统时间，Text1显示的是运行那一瞬间系统的时间，不会变化。而 Text2 利用了时钟控件，每隔一秒钟提取一次系统时间，可以同步于系统时间的变化。程序运行效果如图 8-21 所示。

实现过程如下。

第一步：新建工程，添加一个 Label、两个文本框、一个时钟控件。

第二步：设置属性。Label1 的 Caption 属性值为"系统当前时间"；两个文本框的 Text 属性都为空。设置时钟控件的 Interval 属性值为 1000，Enabled 属性值为 True。

第三步：编写代码。

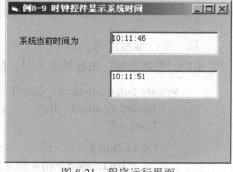

图 8-21　程序运行界面

（1）在程序启动时，Text1 中立即显示系统的当前时间，系统时间利用 Time 函数获得。

```
Private Sub Form_Load()
    Text1.Text = Time
End Sub
```

（2）启动触发计时器控件的 Timer 事件，每隔一秒钟获取一次系统时间。

```
Private Sub Timer1_Timer()
    Text2.Text = Time
End Sub
```

【例 8-10】在例 8-6 的基础上单击"带队出发"按钮后，文本框匀速向右移动直至消失，并要求实现文本框重复移动。程序运行效果如图 8-22 所示。

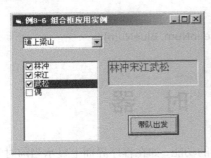 

图 8-22 程序运行效果

实现过程如下。

第一步：在例 8-6 的基础上，添加一个时钟控件。

第二步：设置时钟控件属性，其中 Enabled 属性设置为 False，Interval 属性设置为 500。如图 8-23 所示。

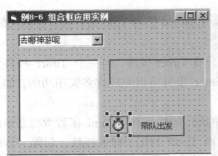  

图 8-23 计时器属性的设置

第三步：编写代码。

（1）"带队出发"按钮被单击时，使得时钟控件有效。

```
Private Sub Command1_Click()
    Timer1.Enabled = True
    Text1 = ""

    For i = 0 To 3
        If List1.Selected(i) = True Then Text1.Text = Text1 & List1.List(i)
    Next i
End Sub
```

（2）编写 Timer1 控件的代码，每隔 Interval 时间触发一次。

```
Private Sub Timer1_Timer()
    If Text1.Left < 5000 Then
        Text1.Left = Text1.Left + 100
    Else
        Text1.Left = 2280
        Text1.Left = Text1.Left + 100
    End If
End Sub
```

8.5　图片框和图像框

为了能够在用户界面添加一些图片，使界面看起来更加美观，VB 提供了图片框和图像框控件用来显示图片。

1. 图片框和图像框的重要属性

（1）Picture（图片）属性

本属性用来返回或设置控件中要显示的图片，可以通过属性窗口进行设置。如果要在程序运行过程中载入图片，常常使用 LoadPicture 函数，其语法规则为：

对象.Picture = LoadPicture("图形文件的路径")

例如：Picture1.Picture = LoadPicture("c:\Picts\pen.bmp")

如在属性窗口中进行设置，如图 8-24 所示，这两种设置方法同时适用于图片框和图像框。

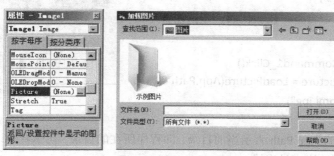

图 8-24　图像框的 Picture 属性设置

（2）图片框（PictureBox）的 AutoSize 属性

本属性决定了图片框控件是否自动改变大小以显示图片的全部内容。当值为 True 时，图片框将根据图片的原始大小调整图片框大小，以显示全部图片内容；当值为 False 时，则不具备图像的自我调节功能，只能根据图片框大小显示部分图片。如果将图片框控件 AutoSize 的值改为 True，则结果如图 8-25 所示。

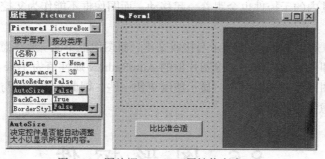

图 8-25　图片框 AutoSize 属性值变为 True

 注意　图片未能完全显示是因为窗体不够大，可以通过拖动来调整窗体大小以显示完整图片。

（3）图像框（Image）的 Stretch 属性

PictureBox 用 AutoSize 属性控制图形的尺寸自动适应，而 Image 控件则用 Stretch 属性对图片进行大小调整。

 注意 与图片框不同的是，图片框按照图片大小调整图片框的大小，而图像框按照图像框大小调整图片大小。

【例 8-11】界面中同一张图片在图片框控件和图像框控件中有不同的显示。程序运行效果如图 8-26 所示。

实现过程如下。

第一步：新建工程，在窗体的左上角添加一个图像框，右上角添加一个图片框、两个命令按钮。

第二步：设置相应属性。要求两个控件的大小一样，其中图像框的 Stretch 属性设置为 True。图片框的 Picture 属性在属性窗口设置。

第三步：编写代码。

（1）编写"比比谁合适"按钮代码，当按钮被单击时，图像框装载图片。

图 8-26　程序运行界面

```
Private Sub Command1_Click()
        Image1.Picture = LoadPicture(App.Path & "\第
八章例题源程序\maomi.jpg")
        End Sub
```

（2）注意：这里的 App.Path 表示当前目录，即程序所在的目录，初学者建议用完整路径形式，比如"C:\素材\1.jpg"，不容易出错。

（3）编写"退出"按钮代码，当按钮被单击时，退出程序。

```
Private Sub Command2_Click()
        End
End Sub
```

图像框与图片框两个控件都是用来装入图像文件，它们却有着不同之处。

（1）图片框是"容器"控件，可以作为父控件，把其他控件放在其内作为它的"子控件"，当图形发生位移时，其内的子控件也会跟着一起移动。而图像框不能作为父控件，其他控件不能作为图像框的子控件。

（2）图片框可以通过 Print 方法显示与接收文本，而图像框不能。要注意的是，为了使得窗体被装载时图片框中即能显示内容，要求图片框的 AutoRedraw 属性值为 True。

（3）图像框比图形框占用内存少，显示速度更快一些，因此在图形框与图像框都能满足设计需要时应该优先考虑使用图像框。

8.6　图　形　控　件

VB 的图形控件主要有 Line 和 Shape 两个。其中 Line 控件是用来画一条直线，由 BorderWidth 和 BorderStyle 分别决定所画线段的宽度和形状。与我们数学中画线一样，Line 也需要两个点确定一条直线。

形状控件（Shape）可以用来画矩形、正方形、椭圆形、圆、圆角矩形、圆角正方形 6 种几何图形，可以通过 Shape 属性来确定几何形状，如图 8-27 所示。

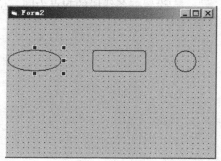 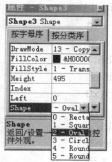

图 8-27　改变 Shape 控件的 Shape 属性

【例 8-12】界面上有一个动态时钟，运行时间正好与系统时间相同，红色线条用 Line 控件绘制，表盘刻度由 Circle 方法绘制，要求指针的动态与北京时间完全吻合。程序运行效果如图 8-28 所示。

实现过程如下。

第一步：新建工程，添加一个计时器控件、三个 Line 控件，如图 8-29 所示。

图 8-28　利用图形控件制作的时钟　　　　　　　图 8-29　选择 Line 控件

第二步：设置计时器的 Interval 值为 1000；Line 控件的 BoderWidth 值分别为 3、2、1，以区分时针、分针和秒针。

第三步：编写代码。

（1）在通用位置定义全局变量，保存时钟原点。

```
Dim x0 As Single
Dim y0 As Single
```

（2）在窗体被装载时，设置窗体和直线控件的相关属性。

```
Private Sub Form_Load()
    With Form1                          '窗体的属性，也可在属性窗口设置
        .Width = 3000
        .Height = 3100
        .BackColor = vbWhite
        .Caption = "动态时钟"
    End With
```

```
x0 = 1430
y0 = 1290
With Line1                                    '设置三条线段的起点为同一位置
    .X1 = x0
    .Y1 = y0
End With
With Line2
    .X1 = x0
    .Y1 = y0
End With
With Line3
    .X1 = x0
    .Y1 = y0
End With
Line1.Visible = False                         '时钟有效前不显示线条
Line2.Visible = False
Line3.Visible = False
Line1.BorderColor = vbRed
Line2.BorderColor = vbRed
Line3.BorderColor = vbRed
End Sub
```

（3）编写计时器控件的 Timer 事件，控制时针、分针和秒针，并绘制动态表盘上的刻度点。

```
Private Sub Timer1_Timer()
    Line1.Visible = True
    Line2.Visible = True
    Line3.Visible = True
    Dim R0 As Integer
    R0 = 1200
    R1 = 1000: R2 = 850: R3 = 600
    '画 12 个大圈表示 12 小时的刻点
    For i = 1 To 12
        X1 = x0 + R0 * Sin((i * 30) * 3.1415926 / 180)
        Y1 = y0 + R0 * Cos((i * 30) * 3.1415926 / 180)
        Circle (X1, Y1), 30, vbBlack
    Next i
    '画 60 个小圈表示表盘中每一分钟的点
    For i = 1 To 60
        X1 = x0 + R0 * Sin((i * 6) * 3.1415926 / 180)
        Y1 = y0 + R0 * Cos((i * 6) * 3.1415926 / 180)
        Circle (X1, Y1), 10, vbBlack
    Next i
    '秒针
    With Line1
        .X2 = x0 - R3 * Sin(-(Hour(Now) * 30 + Minute(Now) * 0.5) * 3.1415926 / 180)
        .Y2 = y0 - R3 * Cos(-(Hour(Now) * 30 + Minute(Now) * 0.5) * 3.1415926 / 180)
    End With
    '分针
```

```
With Line2
    .X2 = x0 - R2 * Sin(-(Minute(Now) * 6) * 3.1415926 / 180)
    .Y2 = y0 - R2 * Cos(-(Minute(Now) * 6) * 3.1415926 / 180)
End With
'时针
With Line3
    .X2 = x0 - R1 * Sin(-(Second(Now) * 6) * 3.1415926 / 180)
    .Y2 = y0 - R1 * Cos(-(Second(Now) * 6) * 3.1415926 / 180)
End With
Circle (x0, y0), 20, vbWhite
End Sub
```

 提示　程序中出现了 Line 和 Circle 方法，是较常用的图形方法。Line 方法语法格式：

[<对象名>.] Line [Step] (x1,y1) [Step] (x2,y2) ,[color],[B][F]

其中 B 表示画矩形，F 和 B 必须同时出现，表示矩形的填充颜色。

Circle 方法用于画圆、椭圆、圆弧和扇形等，其语法格式：

[对象名.]Circle [Step] (x,y) , Radius ,[Color] , [Start] ,[End] [,Aspect]。

其中（x ,y）为圆心的坐标；Radius 为圆的半径；Start 和 End 指定弧或扇形的起点和终点位置，其范围为 $-2\pi \sim 2\pi$。起点的默认值为 0，终点的默认值为 2π。正数画弧，负数画圆。例如上例中的 Circle (x0, y0), 20, vbWhite。

这个例子中也可以用 PSet 的方法画圆盘上的点，格式如下：

Pset [Step] (x ,y) [,color]

【例 8-13】界面上有一个 PictureBox 控件，利用 Circle 方法在 PictureBox 控件上画圆。其中圆的半径由图片框控件的宽度控制，圆点由图片框的高度和宽度一起控制，保证每个圆的圆心都在图片框的正中心。程序运行效果如图 8-30 所示。

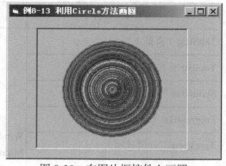

图 8-30　在图片框控件上画圆

实现过程如下。

第一步：新建一个工程，在界面上添加一个图片框。

第二步：不需要做任何属性的设置。

第三步：编写代码。

```
Private Sub Form_Load()
    Dim X, Y As Integer                        ' 坐标变量
    Dim r As Integer                           ' 半径变量
    Picture1.AutoRedraw = True
    X = Picture1.ScaleWidth / 2                    ' 确定圆心的坐标点
    Y = Picture1.ScaleHeight / 2
    For r = o To Picture1.ScaleWidth / 3
        Picture1.Circle (X, Y), r, RGB(Rnd * 255, Rnd * 255, Rnd * 255) ' 画圆
    Next r
    Picture1.AutoRedraw = False
End Sub
```

提示 | 程序中的 Picture1.AutoRedraw=True 使得图片框控件的自动重绘有效，并且图形和文本输出到屏幕的同时存储在内存的图像中，否则只写到屏幕上。

8.7 ActiveX 控件

ActiveX 控件是指 VB 标准工具箱里没有的控件，用时需从"工程"菜单里选择"部件…"命令（或右键单击工具箱，从快捷菜单中选择"部件…"命令），从部件窗口里勾选需要的控件。如图 8-31 所示。

图 8-31 通过"工程|部件"命令打开的对话框

VB 中常用的 ActiveX 控件如表 8-4 所示。

表 8-4   常用 ActiveX 控件

ActiveX 控件	ActiveX 部件	文 件 名
TabStrip（页框）		
Toolbar（工具栏）		
StatusBar（状态栏）		
ProgressBar（进程条）		
TreeView（分层显示）	Windows 通用控件 Microsoft Windows Common Controls 6.0	路径： Windows\system\ Mscomctl.ocx
ListView（排列显示）		
ImageList（图像列表）		
Slider（滑标）		
ImageCombo（图像组合框）		
CommonDialog（通用对话框）	Microsoft Common Dialog Control 6.0	Comdlg32.ocx
MMControl1（多媒体）	Microsoft Multimedia Control 6.0	Mci32.ocx
MediaPlayer（媒体播放器）	Microsoft Media Player	Msdxm.ocx
Animimation（动画）	Microsoft Windows Common Controls-2 6.0	Mscmct2.ocx

1. 进程条（ProgressBar）

作用：进程条控件用于监视操作完成的进度。

主要属性：ProgressBar 控件有一个行程和一个当前位置。行程代表该操作的整个持续时间。当前位置则代表应用程序在完成该操作过程时的进度。Max 和 Min 属性设置了行程的界限。Value 属性则指明了在行程范围内的当前位置。

（1）Min 属性代表进程条全空时的值，默认时为 0。

（2）Max 属性代表进程条全空时的值，默认时为 100。

（3）Value 属性代表进程条当前的值（但不出现在属性窗口中），它大于 Min 属性，小于 Max 属性。改变 Value 属性的值将改变进程条的进度显示。

【例 8-14】界面上的进程条每隔一秒钟向前进一格，当进程条的进度值到 100 时，弹出对话框，结束进程。程序运行效果如图 8-32 所示。

实现过程如下。

（1）新建一个工程，在"工程"菜单中单击"部件"命令，找到"Microsoft Windows Common Controls 6.0"复选项，选中后单击"确定"按钮，将控件组放入工具箱。在窗口中添加一个文本框、一个进程条、一个计时器。

（2）按照表 8-5 所示设置属性。

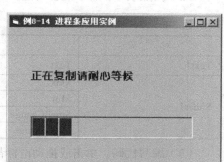

图 8-32　程序运行界面

表 8-5　　　　　　　　　　　　　　例 8-13 属性设置

对象	属性	值
Label1	Caption	正在复制请耐心等候
ProgressBar1	Max	100
	Min	0
Timer1	Interval	1000

（3）编写代码。

```
Private Sub Timer1_Timer()
    If ProgressBar1.Value >= 100 Then
        MsgBox "复制完毕"
    Else
        ProgressBar1.Value = ProgressBar1.Value + 10
    End If
End Sub
```

　注意　进程条能够正常变化，需要时钟控件的帮助。

2. 滑标（Slider）

Slider 控件是位于 Microsoft Windows Common Control 6.0 部件中的控件，是包含滑标和可选择性刻度标记的窗口。和滚动条一样可以协助观察数据或确定位置，也可用来作为数据输入的工具。Max、Min、SmallChang、LargeChang、Value 等是 Slider 控件和滚动条共同的重要属性，Chang 事件是 Slider 常用事件。

【例 8-15】界面中文本框内的字体大小随着滑标控件 Value 值的变化而变化。程序运行效果如图 8-33 所示。

实现过程如下。

（1）新建一个工程，在窗口中添加一个文本框、一个滑标。

（2）按照表 8-6 所示设置属性。

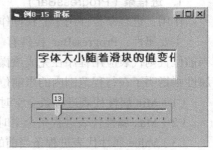

图 8-33　滑标程序运行界面

表 8-6　　　　　　　　　　　　例 8-15 属性设置

对　　象	属　　性	值
Text1	Text	字体大小随着滑标的值变化
Slider1	Max	30
	Min	10
	SmallChange	1
	LageChange	2

（3）编写代码。单击或拖动滑标都会触发 Change 事件。

```
Private Sub Slider1_Change()
    Text1.FontSize = Slider1.Value
End Sub
```

3. Animation 控件

Animation 用来显示无声的 AVI 视频文件，播放无声动画。它有四个重要的方法：

（1）Open 方法用于打开 AVI 文件。

（2）Play 方法用于播放。

（3）Stop 方法用于停止播放。

（4）Close 方法用来关闭文件。

Animation 利用 Center 属性是否为真，控制动画是否在控件中间播放；利用 AutoPlay 属性控制 Open 打开文件时是否自动播放。

8.8　多媒体控件

Multimedia MCI 控件管理媒体控制接口（MCI）设备上的多媒体文件的记录与回放。从概念上说，这种控件就是一组按钮，它被用来向诸如声卡、MIDI 序列发生器、CD-ROM 驱动器、视频 CD 播放器和视频磁带记录器及播放器等设备发出 MCI 命令。MCI 控件还支持 Windows (*.avi) 视频文件的回放。实际应用中，MCI 控件有几种方式：控件在运行时可视或不可视；可给按钮定义参数或重新定义按钮功能；可以在一个窗体中控制多个设备。

在允许用户从 Multimedia MCI 控件选取按钮之前，应用程序必须先将 MCI 设备打开，并在 Multimedia MCI 控件上启用适当的按钮。在 Visual Basic 中，应将 MCI Open 命令放到 Form_Load 事件中。

本章小结

　　本章介绍了 VB 中常用的控件，主要介绍了单选按钮、复选框、列表框和组合框、计时器、滚动条等控件。重点掌握这些控件的属性、事件和方法。要求能够较熟练地使用控件，结合 VB 的程序设计步骤和设计思想进行编程。本章也简单介绍了 VB 常用的 ActiveX 控件以及多媒体控件。

习 题 八

一、选择题

1. 复选框的 Value 属性为 0 时表示_____。
   A. 未被选中　　　　　B. 被选中　　　　　　C. 无效　　　　　　　D. 操作错误

2. 若要多项显示列表框中列表项的数目，可通过访问_____来实现。
   A. List　　　　　　B. ListIndex　　　　　C. ListCount　　　　　D. Text

3. 复选框中 Style 的属性值为 1 时表示_____。
   A. 下拉列表框　　　B. 简单组合框　　　　C. 下拉组合框　　　　D. 没有 1 的值

4. 若要获得列表框所选项的内容除了 List1.text，另一种表达方式是_____。
   A. List1.List（ListIndex）　　　　　　B. List1.List（List1.ListIndex）
   C. List.Selected(ListIndex)　　　　　　D. 以上都不对

5. 将数据项 "水立方" 添加到列表框 List1 中成为第三项，应使用_____。
   A. List1.AddItem "水立方"　　　　　　B. List1.AddItem "水立方",3
   C. List1.AddItem "水立方",2　　　　　　D. List1.AddItem 0, "水立方"

6. 计时器控件中要求每隔 0.1 秒触发一次 Timer 事件，那么时钟控件的 Interval 属性应该设置为_____。
   A. 1　　　　　　　B. 10　　　　　　　　C. 100　　　　　　　　D. 1000

7. 在程序运行时，要想使可操作的按钮变成不可见，则应设置为 False 的属性是_____。
   A. Visible　　　　B. Enabled　　　　　　C. Default　　　　　　D. Cancled

8. 假定 Lbk1 是列表框，下面表示删除列表框第二项的语句是_____。
   A. List1.RemoveItem 2　　　　　　　　B. List1.RemoveItem 1
   C. Lbk1.RemoveItem 2　　　　　　　　D. Lbk1.RemoveItem 1

9. 下面选项中，不能将图像装入图片框和图像框的方法是_____。
   A. 在界面设计时，在图片框和图像框中手动绘制图形
   B. 在界面设计时，通过 Picture 属性装入
   C. 在界面设计时，利用剪贴板把图片粘贴上
   D. 在程序运行期间，用 LoadPicture()函数把图形文件装入

10. 单击滚动条的滚动箭头时，产生的事件是_____。
    A. Click 事件　　　B. Scroll 事件　　　　C. Move 事件　　　　D. Change 事件

二、填空题

1. 确定单选按钮是否被选中的属性是 ___【1】___ 。

2. 使用代码将列表框内容全部清除的方法是 ___【2】___ 。

3. 假设有图像框 Txx1，使得图像框内的图片按照图像框的大小自动调整的属性设置语句为 ___【3】___ 。

4. 计时器能有规律地以一定的时间间隔触发 ___【4】___ 事件，并执行该事件过程中的程序代码。

5. 图片框和图像框在使用时有所不同，在这两个控件中，能作为容器容纳其他控件的是 ___【5】___ ，不能用 Print 方法接收文本的是 ___【6】___ 。

6. 如有一个列表框 Lbk1，表示列表框中第三项被选中的语句是 ___【7】___ 。

7. 唯一能区别控件的属性是 ___【8】___ 。

8. 如有图片框 Pic1，能够清除 PictureBox 中图片的语句是 ___【9】___ 。

9. 当滚动条的 Value 属性值改变时，触发的是滚动条的 ___【10】___ 事件。

10. VB 的控件分为 ___【11】___ 、___【12】___ 、___【13】___ 三类。

三、编程题

1. 程序运行界面如图 8-34 所示。

窗体上有两个框架（Frame1 和 Frame2），Frame1 有四个检查框（Check1 到 Check4），Caption 分别为"网络系统""鼠标""密码保护"和"电子邮件"，另把 Check4 的 Enabled 属性改为 False，使其无效；在 Frame2 中放置四个图片框（Picture1 到 Picture4）与四个检查框相对应，请把所有图片框的 BorderStyle 属性设为 0（无边框）、Visible 属性为 False。要求当"网络系统"选中时，对应的图片出现，且"电子邮件"可见、有效，否则都无效、不可见。其余三个复选框被选中时，对应的图片可见（Visible 值为 True），否则不可见。

2. 程序运行界面如图 8-35 所示。

当"开始"按钮被单击时，文本框中的数字每隔 0.5 秒显示一个随机的六位数，且字体颜色随机变化。当"停"按钮被单击时，文本框中最后显示的数据放入标签中，且每隔 1 秒钟，标签内的字体大小和颜色随机变化。

 提示　因在不同的事件触发后，计时器控制不同的变化，这里需要两个计时器控件来联合控制。

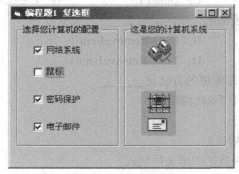

图 8-34　编程题 1 程序运行界面

图 8-35　编程题 2 程序运行界面

3．程序运行界面如图 8-36 所示。

窗体上有两个列表框，三个命令按钮。要求当单击"生成"按钮时，在左边列表框中显示 10 个 1 到 100 的随机整数，当"排序"按钮被单击时，右边列表框显示左边数据的从小到大的排列顺序。当"清除"按钮被单击时两边列表框的数据全部清除。

4．程序运行界面如图 8-37 所示。

窗体上有一个水平滚动条，两个文本框。水平滚动条的 Min 属性值为 10，Max 属性值为 50，SmallChange 为 1，LargeChange 为 2。Text1 的 Text 属性为空，Text2 的 Text 属性值为"大小的改变"。要求当滚动条的值发生改变时，Text1 中显示当前的滚动条 Value 的值，Text2 中显示根据 Value 值改变字体大小后的文字。

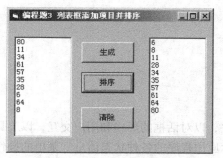
图 8-36　编程题 3 程序运行界面

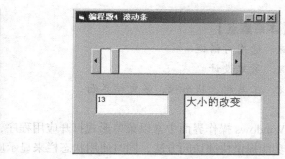
图 8-37　编程题 4 程序运行界面

【本章重点】

※ 通用对话框

※ 菜单设计

※ 工具栏、状态栏、多文档界面

Windows 操作界面中常以菜单形式打开应用程序，以对话框的形式和用户交互，以工具栏为常用功能提供快捷访问方法，同时使用状态栏来显示应用程序的各种状态信息。菜单的操作把各种命令结构化、分类化，以便用户选择；对话框提供人机对话，满足用户的实时交互需求。而状态栏则提供如当前光标位置、日期、时间等状态信息。学习、掌握 Visual Basic 的对话框、菜单、工具栏和状态栏的设计是掌握 Visual Basic 可视化编程的关键内容之一，也是构建 Windows 应用程序窗体的基础。

本章我们将学习如何使用 Visual Basic 的通用对话框，如何创建菜单、工具栏和状态栏。

9.1 通用对话框

Visual Basic 中的对话框分为 3 种类型，即预定义对话框、自定义对话框和通用对话框。预定义对话框是指由 MsgBox 和 InputBox 函数建立的简单对话框；自定义对话框是借助一些控件设计出的人机交互界面；而常用的诸如 "打开" "保存" 等对话框，Visual Basic 6.0 则提供了通用对话框（CommonDialog）控件，通过设置该控件的 Action 属性，可以实现打开、另存为、颜色、字体、打印、帮助等常用对话框。本节将对通用对话框做详细介绍。

9.1.1 通用对话框控件的添加

通用对话框（CommonDialog）是一种 ActiveX 控件，默认状态下，它不在标准工具箱中，用户在使用之前必须先将该控件添加进标准工具箱，方可使用，添加方法主要有 3 种。

（1）选择 "工程" 菜单中的 "部件" 命令，打开 "部件" 对话框，在该对话框中选中 "Microsoft Common Dialog Control 6.0" 选项，单击 "确定" 按钮后，这时在标准工具箱中会出现该控件图标，如图 9-1 的右图所示。用户可以像使用其他标准控件一样使用该控件。

（2）按 Ctrl+T 快捷键，也可弹出 "部件" 命令对话框，其余操作同（1）。

（3）用鼠标右键单击标准工具箱空白处，在弹出的快捷菜单中选择 "部件" 命令，其余操作同（1）。

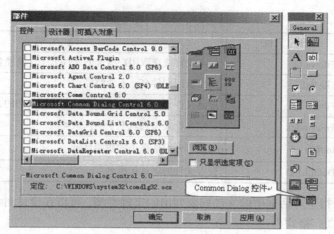

图 9-1　CommonDialog 控件的添加

9.1.2　通用对话框设计

设计模式下，在工具箱中双击或者拖动 CommonDialog 控件，它则以图标的形式显示在窗体上，其大小不能改变。当程序运行时，控件本身被隐藏。通用对话框默认名称为 CommonDialog1、CommonDialog2 等形式。用户可以通过对控件的 Action 属性赋值，或调用该控件的 Show 方法来产生 6 种形式的对话框。具体设置如表 9-1 所示。

表 9-1　　　　　　　　　　通用对话框的 Action 属性以及 Show 方法

Action 属性	对话框类型	方　　法
1	打开文件（Open）	ShowOpen
2	保存文件（Save As）	ShowSave
3	选择颜色（Color）	ShowColor
4	选择字体（Font）	ShowFont
5	打印（Print）	ShowPrinter
6	帮助文件（Help）	ShowHelp

 注意　　　通用对话框属性 Action 不能在设计阶段通过属性窗口设置，只能在程序代码中设置。

除了 Action 属性外，通用对话框还有 CancelError 属性。该属性用于向应用程序表示用户想取消当前操作，对应通用对话框内的"取消"按钮。当 CancelError 属性取值为 True 时，若用户单击"取消"按钮，则通用对话框自动将错误对象 Err.Number 设置为 cdlCancel，以便程序判断；当 CancelError 属性取值为 False 时，单击"取消"按钮时将不产生错误信息。

通用对话框的另一个属性 DialogTiltle 可以让用户自行改变对话框标题栏上的信息；Flag 属性用于修改每个具体对话框的默认操作。

1."打开"对话框和"保存"对话框

针对文件操作的对话框有"打开"对话框和"保存"对话框。表 9-2 列出了通用对话框用于文件操作的属性设置。

表 9-2 通用对话框的文件操作属性

序 号	属 性	说 明
1	FileName	用于设置或获取用户所选的文件名（含路径名）
2	FileTitle	用于返回文件名，不含路径
3	Filter	过滤文件类型，使列表框只显示指定类型的文件
4	FilterIndex	指定文件类型列表框中的默认类型
5	InitDir	指定打开对话框中的初始目录
6	DefaultExt	保存文件的默认扩展名

Filter 属性用来指定对话框中的文件列表列出的文件类型，可以在设计时设置该属性，也可以在程序中设置该属性。格式为：

文件说明 | 文件类型 |

例如，如果想在"打开"对话框中的文件类型列表框中显示 Word 文档、文本文档和所有文档，则 Filter 属性应设置为：

Word 文件 | *.Doc | 文本文件 | *.txt | 所有文件 | *.* |

【例 9-1】使用"保存"对话框建立一个名为"机器人芭蕾.txt"的文本文件，运行效果如图 9-2（a）所示；使用"打开"对话框打开文件，对话框的文件列表中只显示 Word 文件、文本文件和所有文件。程序运行效果如图 9-2 所示。

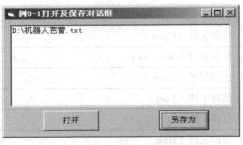

（a）例 9-1 运行效果图

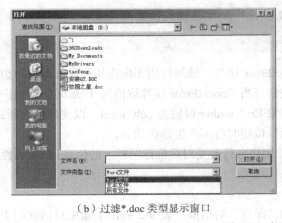

（b）过滤*.doc 类型显示窗口

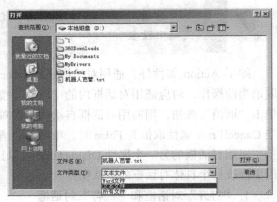

（c）过滤*.txt 类型显示窗口

图 9-2 "打开"对话框和"保存"对话框

设计步骤如下。

第一步：在窗体 Form1 上放置 2 个 CommandButton，按钮 Command1 和 Command2，1 个 TextBox 文本框 Text1。Command1 的 Caption 属性修改为"打开"，Command2 的 Caption 属性修改为"另存为"。

第二步：在窗体 Form1 上放置一个"CommonDialog"通用对话框控件 CommonDialog1。

第三步：编写程序代码。

对应"打开"按钮"单击"事件代码：

```
Private Sub Command1_Click()
    CommonDialog1.InitDir = "D:\"                      ' 设置初始目录
    CommonDialog1.Filter = "Word 文件 | *.Doc|文本文件|*.txt|所有文件 | *.* |"
                                                       ' 过滤文件类型
    CommonDialog1.ShowOpen                             ' 或用 Action = 1 显示文件打开对话框
    Open CommonDialog1.FileName For Input As #1        ' 打开指定文件
    Do While Not EOF(1)                                ' 在文件没有结束的情况下读取文件数据
        Input #1, a$
        Text1.Text = Text1.Text & Chr(13) + Chr(10) & a$   ' 将数据显示在文本框
    Loop
End Sub
```

该事件过程实现对"打开"对话框的文件列表框中文件的类型进行过滤，使其只显示 Word 文件、文本文件和所有文件，并将选中的文件打开，内容显示在 Text1 文本框中。

对应"另存为"按钮的代码如下。

```
Private Sub Command2_Click()
    CommonDialog1.Filter = "文本文件|*.txt|"                    ' 过滤文件类型
    CommonDialog1.ShowSave                                      ' 显示文件打开对话框
    Open CommonDialog1.FileName For Output As #1                ' Output 可创建新文件
    For i = 0 To 9
        j = i
        Write #1, i, j                                          ' 将 i,j 的值写入到 1#文件号所指向的文件中
    Next i
    Close #1
    Text1.Text = CommonDialog1.FileName
End Sub
```

该事件过程实现对"另存为"对话框的文件列表框中文件的类型进行过滤，使其只显示文本文件类型，并把循环数写入一个文本文件当中（关于文件的打开和写入，见第 10 章文件及文件系统控件）。

2. "颜色"对话框和"字体"对话框

使用"颜色"对话框和"字体"对话框，用户可以自己选择所需的颜色和字体。当 CommonDialog 控件的 Action 属性赋值为 3 时，即可调出"颜色"对话框；当 Action 等于 4 时，可调出"字体"对话框。当然，也可以使用 ShowColor 和 ShowFont 来调出相应的对话框。

颜色对话框如图 9-3 所示。

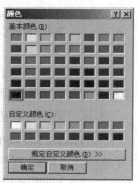

图 9-3　"颜色"对话框

在使用 CommonDialog 控件选择字体之前，必须设置 Flags 属性值。该属性决定 CommonDialog 控件是否显示屏幕字体、打印字体或两者同时显示。如未设置该属性，VB 将显示"没有安装字体"的出错信息。"字体"对话框的 Flags 属性如表 9-3 所示。

表 9-3   "字体"对话框的 Flags 属性

常 数	值	说 明
cdlCFScreenFonts	&H1	显示屏幕字体
cdlCFPrinterFonts	&H2	显示打印机字体
cdlCFBoth	&H3	既可以使用屏幕字体，又可以使用打印机字体
cdlCFEffects	&H100	出现删除线、下画线、颜色元素

"字体"对话框如图 9-4 所示。

【例 9-2】设置窗体文本框内文字的颜色和字体等。程序运行效果如图 9-5 所示。

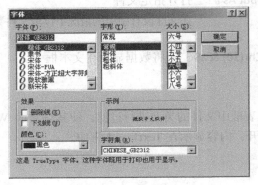

图 9-4 "字体"对话框

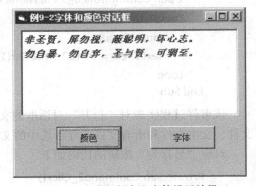

图 9-5 文字的颜色和字体设置效果

设计步骤如下。

第一步：在窗体 Form1 上添加 1 个文本框 Text1；2 个命令按钮 Command1 和 Command2。分别设置其 Caption 属性为"颜色"和"字体"。

第二步：在窗体 Form1 上放置一个"CommonDialog"通用对话框控件 CommonDialog1。

第三步：编写程序代码。

在"颜色"按钮的单击事件里写如下代码：

```
Private Sub Command1_Click()
    CommonDialog1.Action = 3
    Text1.ForeColor = CommonDialog1.Color
End Sub
```

该事件过程实现改变字体颜色的功能。打开"颜色"对话框后，任选一种颜色，确定后，文本框内的文字颜色就会修改为选定的颜色。

对应"字体"按钮的代码如下。

```
Private Sub Command2_Click()
    CommonDialog1.Flags = cdlCFBoth Or cdlCFEffects        ' Flags 取值的含义参考表 9-3
    CommonDialog1.Action = 4
```

```
        Text1.FontName = CommonDialog1.FontName
        Text1.FontSize = CommonDialog1.FontSize
        Text1.FontBold = CommonDialog1.FontBold
        Text1.FontItalic = CommonDialog1.FontItalic
        Text1.FontUnderline = CommonDialog1.FontUnderline
    End Sub
```

该事件过程实现改变字体的功能。打开"字体"对话框后，任选一种字体和大小以及字形，确定后，文本框内的文字就会按照设置值显示。

3. "打印"和"帮助"对话框

在需要打印的时候，"打印"对话框可以让用户设置打印属性，例如打印机类型、打印纸类型以及其他打印参数等。运行效果如图 9-6 所示。

程序代码如下。

```
    Private Sub Command1_Click()
        CommonDialog1.Action = 5
    End Sub
```

如果应用软件有自己的帮助文件，那么可以使用"帮助"对话框运行 Winhelp32.exe 程序来显示指定的帮助文件。当 CommonDialog 控件的 Action 属性设置为 6 时，可以调出"帮助"对话框。需要注意的是，在使用该方法之前，应先通过控件的 HelpFile 属性设置帮助文件（*.hlp）的名称和路径，并将 HelpCommand 属性设置为一个常数，否则将无法调用帮助文件。

"帮助"对话框，如图 9-7 所示。

图 9-6　"打印"对话框

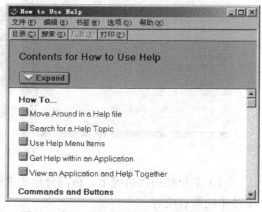

图 9-7　打开的 Windows 下的"帮助"对话框

程序代码如下。

```
    Private Sub Command2_Click()
        CommonDialog1.HelpCommand = cdlHelpForceFile
        CommonDialog1.HelpFile = "D:\WINDOWS\system32\winhelp.hlp"
        CommonDialog1.Action = 6
    End Sub
```

该事件过程用于打开 D:\Windows\system32 目录下的帮助文件 winhelp.hlp。

9.2 菜 单 设 计

菜单是 Windows 应用程序中必不可少的交互式界面操作工具之一，它将一个应用程序的功能有效地按类组织，并以列表的方式显示出来，便于用户快速访问应用程序的各项功能。从作用上来讲，菜单类似于按钮，但它只有一个 Click 事件。合理地设计菜单不仅能使得软件系统美观大方，而且操作方便。下面我们将介绍菜单的设计技术。

9.2.1 菜单的类型及基本概念

在一个 Windows 应用程序中，常见的菜单类型主要有两种：下拉式菜单和快捷式菜单。

1. 下拉式菜单

下拉式菜单主要由菜单栏、主菜单、主菜单项、子菜单组成，如图 9-8 所示。而子菜单又分为一级子菜单、二级子菜单，最多至五级子菜单。菜单由菜单项、快捷键、分隔条、子菜单提示符和选中标记等组成。

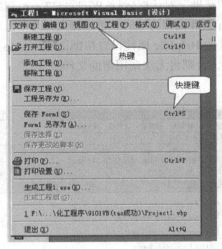
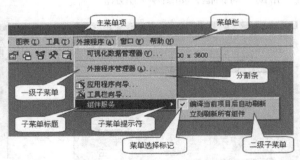

图 9-8 下拉式菜单组成

（1）菜单栏通常情况下，该部分位于窗体标题栏下面，由一个或多个菜单标题组成，它包含了菜单的所有内容。

（2）主菜单通常包含多个菜单标题，每个标题下又包含一级菜单。主菜单位于菜单栏。该菜单项不能被选中。

（3）一级菜单下面的菜单统称为子菜单。

（4）热键是为某个菜单项所指定的字母键，在显示出相关菜单项后，按该字母键即可选中对应的菜单项，激活方式为"Alt+对应字母"。

（5）快捷键主要是为了提高命令执行的快捷性。可以为每个最底层的菜单项设置一个快捷键。在有快捷键对应的菜单项中，可以在不操作菜单项的情况下，直接通过快捷方式激活相应的功能，通常快捷键为"Ctrl+字母"。

（6）分隔条为一灰色直线，主要用来对同类的菜单项分组显示。它不能响应 Click 事件，也不能被选择。

（7）子菜单的各项可以是"被选中的"。如果被选中，有的菜单文本的最左端将显示一个小的复选标记"√"，复选标记让用户知道从菜单中选择了哪些选项。

（8）菜单项是一级菜单和子菜单的基本组成部分，每个菜单项代表一条命令或一条子菜单项。

（9）用户在定义多重嵌套的子菜单时，子菜单项右边会有三角符号表示下级子菜单存在。

2．快捷式菜单

快捷式菜单也称为弹出式菜单。当用鼠标右键单击某个界面对象时，通常会弹出快捷菜单，它出现在鼠标箭头的位置，快速展示当前对象可用的命令功能，避免在菜单中搜寻查找的麻烦。菜单组中的每个菜单项一般直接对应一个确定的功能。快捷式菜单没有主菜单名，是显示于窗体之上、独立于菜单栏的浮动式菜单，只有使用时才显示出来。

9.2.2　菜单的系统规划

通常情况下，为了使得应用程序美观大方，让用户感觉操作方便，在进行菜单设计时，必须遵守一定的设计原则，合理地规划菜单。原则大致有以下几点。

（1）根据用户任务设计菜单系统。

（2）给菜单项和菜单选项设置一个能够见名思义的标题。

（3）按照菜单项的使用频率、逻辑顺序来组织菜单项。

（4）同类菜单项用分隔条进行界定。

（5）合理地设置和利用菜单选项的热键或快捷键。

（6）合理地创建级联菜单项，避免菜单上菜单项的数目过多。

9.2.3　菜单编辑器的使用

在规划好菜单之后，开始设计菜单，步骤包括建立菜单和子菜单、分派任务到相应的菜单系统中、生成菜单程序以及测试并运行菜单系统等。

Visual Basic 6.0 开发环境提供了菜单设计工具——菜单编辑器。在设计界面模式下，可以通过如下方式激活编辑器。

（1）选择"工具"菜单中的"菜单编辑器"子菜单，如图 9-9 所示。

（2）单击工具栏上的"菜单编辑器"按钮，如图 9-9 所示。

（3）选中窗体后，按 Ctrl+E 快捷键。快捷键提示如图 9-9 所示。

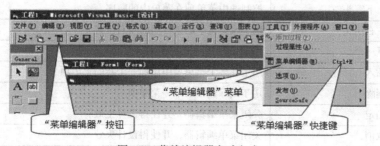

图 9-9　菜单编辑器启动方式

（4）在要建立菜单的窗体上单击鼠标右键，弹出图 9-10 所示的快捷菜单，然后选择"菜单编辑器"命令。

打开的"菜单编辑器"的界面分为两部分，如图 9-11 所示。

上半部分用于设置菜单项的各种属性，下半部分用于显示用户设置的主菜单项和子菜单项。"标题"文本框中输入的菜单项，会出现在下半部分的菜单列表中；从列表中选择的菜单项，其属性会在上半部分的属性框中显示出来，以便编辑。菜单编辑器中菜单项的各属性及菜单项各属性实现的功能如表 9-4 所示，具体说明如下。

图 9-10 菜单编辑器启动的快捷方式

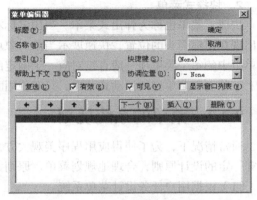

图 9-11 菜单编辑器对话框

表 9-4　　　　　　　　　　　　　　　菜单编辑器功能说明

序　号	属 性 名 称	功　能
1	标题	菜单项的名称，即菜单控件的 Caption 属性
2	名称	菜单控件的名称，编辑代码时可以直接引用
3	索引	菜单控件数组的下标，用于引用其中的成员，索引值为整数
4	快捷键	提供从键盘访问菜单的快捷途径
5	帮助上下文 ID	在帮助文件中查找适当的帮助主题，并显示出来
6	协调位置	设置活动窗体菜单栏菜单的显示方式
7	复选	程序运行时，实现菜单项的开、关选择
8	有效	菜单项响应单击事件的开关
9	可见	菜单项是否可见的控制开关
10	显示窗口列表	决定菜单控件是否包含打开的多文档文件子窗口的列表框
11	上下箭头	控制选中菜单项在菜单中的顺序
12	左右箭头	用于改变选中的菜单项的左右位置
13	下一个	用于移到下一个选择项
14	插入	用于在多个菜单项中添加一个新的菜单项
15	删除	用于删除选中的某一菜单项
16	确定	关闭菜单编辑器，并使得设计生效
17	取消	关闭菜单编辑器，并使得设计失效

（1）标题。该文本框用于设定用户希望显示的菜单名称。为了方便操作，菜单项名称应做到不重名，一般每一个名称右边都有一个带"_"（下画线）的字母的热键方式，如"文件"菜单项右边的"F"，该字母是唯一的、易于记忆的。当打开文件后，用户可以直接在键盘上按"Alt+F"

快捷键来操作"文件"菜单，执行相应的功能。建立热键的方式是在字母前面插入"&"符号，该符号在程序运行时是不可见的，例如标题为"文件(&F)"，在"文件"菜单中"&"不可见。如果菜单项中必须要显示出"&"，可以在标题文本框中连续键入两个"&"符号。

（2）名称。该项用来设置菜单控件的名称标识符，它唯一地标识了该菜单控件，以便在程序代码中访问该菜单或菜单项。菜单控件名称不会显示在菜单的显示界面中。

（3）索引。索引用于区分相同名称菜单项下不同的菜单项，即控件数组的下标。相同名称的菜单项构成了一个菜单数组，其中的不同菜单的引用就是靠索引来实现的。对于菜单数组之外的菜单项，其索引值为空。一般地，菜单项数组成员的索引号应该从 0 开始，依次递增。

（4）快捷键。该键提供从键盘启动对应菜单的快捷方式，在菜单编程中很重要，提高了程序执行的速度。在菜单编辑器中，我们可以使用的快捷键组合有：Ctrl+A～Ctrl+Z、F1～F12、Ctrl+F1～Ctrl+F12、Shift+F1～Shift+F12、Ctrl+ Shift+F1～Ctrl +Shift+F12、Ctrl+Ins、Shift+Ins 等。单击该属性框右边的下拉式按钮，可以看到 VB 6.0 开发环境中所能够使用的快捷键，直接选择就可以了。但其中不能使用"Alt+字母"方式，因为它们已经被系统作为主菜单的热键方式。

（5）帮助上下文 ID。该属性用于通过数字来选择帮助文件中特定的页码与该菜单上下文相关的帮助文件。默认情况下，该属性设为 0。

（6）协调位置。该属性用于确定菜单栏中单个菜单或窗体活动对象的菜单是否出现及出现的方式。该属性的设置值可以为 0、1、2 和 3，活动窗体菜单栏的菜单显示方式分别为不显示、左端显示、中间显示和右端显示。

（7）复选。复选也称为开关状态选择，即菜单控件的 Checked 属性。利用该属性可以决定菜单选项是否被选中。该属性设置值有两个布尔型值，即 True 和 False，其中 True 表示菜单项前面有复选标记，实现应用对象的"开"状态；而 False 的情况正好相反，实现应用对象的"关"状态。

（8）有效。该项用于决定是否允许菜单项响应单击事件，即设置该菜单项是否可被执行，即菜单控件的 Enabled 属性。该属性的设置值有 True 和 False，分别对应能访问和不能访问菜单项功能，当禁止访问时，菜单项表面呈现灰色。

（9）可见。设计菜单项时，菜单项是否可见的选择开关，即控件的 Visible 属性。当该属性值为 True 时，菜单项是可见的；相反，如果其属性值为 False 时，对应菜单项是不可见的。

（10）显示窗口列表。该属性有两个布尔型值 True 和 False，用于决定多文档应用程序时，菜单控件是否有一个包含打开的多文档文件子窗口的列表框。在窗口菜单中，有且只能有一项菜单的该复选框是设置成被选择状态的。当值为 True 时，显示子窗口列表，当等于 False 时，情况正好相反。

（11）箭头按钮。此处共含有 4 个箭头按钮，上下箭头按钮和左右箭头按钮。上下箭头按钮用来控制选中菜单项的移动方向，单击一次，菜单项向相应方向移动一位，从而改变菜单项在菜单中的位置顺序。左右箭头按钮用于将选中的菜单项向左或向右移动 4 格距离。在菜单名建立之后，再键入菜单项名时，单击右箭头按钮，可以使得该菜单项右移 4 格距离，选中的菜单项前面会出现"..."，表示其为一级子菜单项。同理，按两次右箭头，选中菜单项将变成二级菜单。

注意
- "名称"属性必须设置，否则将不被菜单编辑器接受。
- 快捷键只有在打开下拉菜单后才能有效，不同于热键"Alt+字母"。
- VB 6.0 规定，主菜单不能添加快捷键，只能添加热键。

提示　　　要使菜单项成为一个分隔条，只需要在其标题文本框中输入连字符"-"（减号）即可。快捷键的设置建议与 Windows 中的默认设置保持一致，以便记忆和操作。

9.2.4　创建和设计菜单

利用菜单编辑器，可以设计出复杂程度各异的菜单。在菜单的属性设置区域中有诸多属性需要设置，其中，"名称"属性是必须要设置的，其他属性可以采用默认值，或者不进行设置。仅设置了"标题"和"名称"属性的菜单是最简单的菜单。设计好的菜单与代码联系起来，执行相应的功能。

1. 下拉式菜单设计

【例 9-3】设计可用来输入文字并能简单地对字体进行修饰的程序，包括字体、字号和颜色。程序运行效果如图 9-12 所示。

设计步骤如下。

第一步：在"新建工程"对话框中选择"标准 EXE"，建立一个工程，里面包含一个窗体 Form1。修改 Form1 的 Caption 属性为"例 9-3 文字修饰"。

第二步：在窗体中添加一个 TextBox 控件，并调整好大小和位置。

第三步：选中窗体，单击"工具"菜单项，从其下拉菜单中执行"菜单编辑器"命令，打开菜单编辑器，按图 9-13 和表 9-5 创建并设计下拉菜单。使用编辑器窗口中的左右箭头调整菜单级别，并在"格式"菜单项中添加分隔条。所有菜单项的"有效""可见"属性均选中。

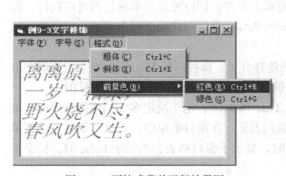

图 9-12　下拉式菜单运行效果图

图 9-13　下拉式菜单设计界面

表 9-5　　　　　　　　　　　　　　下拉菜单中各菜单项属性

标　　题	名　　称	热　　键	快　捷　键
字体	menuZt	Alt+F	
楷体	menuKt		Ctrl+K
黑体	menuHt		Ctrl+H
字号	menuZh	Alt+S	
二号	menuEh		Ctrl+A
六号	menuLh		Ctrl+L

标　题	名　称	热　键	快　捷　键
格式	menuGs	Alt+O	
粗体	menuCt		Ctrl+C
斜体	menuXt		Ctrl+X
前景色	menuQjs	Alt+B	
红色	menuHs		Ctrl+R
绿色	menuLs		Ctrl+B

第四步：编写程序代码。

菜单设计好之后，在相应菜单项编写代码。通过响应鼠标单击（Click）事件，执行对应的代码，从而实现菜单相关的事件处理过程。下面为各菜单添加代码。

对应的"字体(&F)"菜单下的各事件过程如下。

```
Private Sub menuKt_Click()
    If menuKt.Checked = True Then
        Text1.FontName = "宋体"
        menuKt.Checked = False
    Else
        Text1.FontName = "楷体_GB2312"
        menuHt.Checked = False
        menuKt.Checked = True
    End If
End Sub
```

该事件过程在用户选择"字体"菜单下的"楷体"命令时执行，主要实现将文本框 Text1 中的文字变为楷体显示，并在该子菜单前加上选中标记"√"，同时取消"黑体"子菜单选中标记。当"楷体"子菜单功能已经激活后，再次单击该子菜单，则该子菜单前的选中标记被去除，字体还原为正常字体"宋体"。

```
Private Sub menuHt_Click()
    If menuHt.Checked = True Then
        Text1.FontName = "宋体"
        menuHt.Checked = False
    Else
        Text1.FontName = "黑体"
        menuKt.Checked = False
        menuHt.Checked = True
    End If
End Sub
```

该事件过程在用户选择"字体"菜单下的"黑体"命令时执行，主要实现将文本框 Text1 中的文字变为黑体显示，过程分析和"楷体"子菜单的相同，主要实现和"宋体"之间的切换。

对应的"字号 (&S)"菜单下的各事件过程如下。

```
Private Sub menuEh_Click()
    If menuEh.Checked = True Then
        Text1.FontSize = 10.5
        menuEh.Checked = False
    Else
        Text1.FontSize = 22
        menuLh.Checked = False
        menuEh.Checked = True
    End If
End Sub
```

该事件过程在用户选择"字号"菜单下的"二号"命令时执行，主要实现"二号"字体和"五号"字体之间的切换。当选择该子菜单时，文本框 Text1 里的文字大小变为二号，并在该子菜单前显示选中标记"√"，同时取消"六号"子菜单前的选中标记。当连续单击两次该子菜单时，文本框中的文字将由"二号"变为"五号"大小，该子菜单前的选中标记清除。

```
Private Sub menuLh_Click()
    If menuLh.Checked = True Then
        Text1.FontSize = 10.5
        menuLh.Checked = False
    Else
        Text1.FontSize = 7.5
        menuEh.Checked = False
        menuLh.Checked = True
    End If
End Sub
```

该事件过程在用户选择"字号"菜单下的"六号"命令时执行，主要实现"六号"字体和"五号"字体之间的切换。分析过程同"二号"子菜单。

对应的"格式(&O)"菜单下的各事件过程如下。

```
Private Sub menuCt_Click()
    If menuCt.Checked = True Then
        Text1.FontBold = False
        menuCt.Checked = False
    Else
        Text1.FontBold = True
        Text1.FontItalic = False
        menuXt.Checked = False
        menuCt.Checked = True
    End If
End Sub
```

该事件过程在用户选择"格式"菜单下的"粗体"子菜单时执行，主要实现 Text1 中文字的"粗体"变化。当单击一次该子菜单时，文本框里的字体变为粗体，并在该子菜单前添加选中标记"√"，再次单击该子菜单时，选中标记消失，字体变为正常字体。

```
Private Sub menuXt_Click()
```

```
            If menuXt.Checked = True Then
                Text1.FontItalic = False
                menuXt.Checked = False
            Else
                Text1.FontItalic = True
                Text1.FontBold = False
                menuCt.Checked = False
                menuXt.Checked = True
            End If
        End Sub
```

该事件过程在用户选择"格式"菜单下的"斜体"子菜单时执行，主要实现 Text1 中文字的"斜体"变化。分析过程和"粗体"相同。

对应"前景色(&B)"子菜单下的各事件过程如下：

```
        Private Sub menuHs_Click()
            Text1.ForeColor = vbRed
        End Sub
```

该事件过程在用户选择"前景色"子菜单下的"红色"子菜单时执行，主要将 Text1 中文字的颜色变为红色。

```
        Private Sub menuLs_Click()
            Text1.ForeColor = vbGreen
        End Sub
```

该事件过程在用户选择"前景色"子菜单下的"绿色"子菜单时执行，主要将 Text1 中文字的颜色变为绿色。

2. 快捷菜单设计

当鼠标在选择的对象上单击鼠标右键时，将会弹出快捷式菜单，因此该类型菜单又称为弹出式菜单或浮动式菜单。该类型菜单所显示的菜单项的位置取决于鼠标右键单击时的指针位置。

快捷菜单也要通过菜单编辑器建立，然后使用 PopupMenu 方法弹出显示。和下拉式菜单设计不同的是，设计该类菜单时，通常将主菜单的"可见"属性设为不选中，子菜单的"可见"属性设为选中。此时，主菜单在窗体上部不显示，只作为弹出式菜单使用。

快捷式菜单是通过 PopupMenu 方法来显示的，其语法为：

[对象]. PopupMenu 菜单名, 标志, X , Y

对象：可选项，省略时，默认为带焦点的窗体对象。

菜单名：必选项，是要显示的弹出式菜单名，此菜单必须至少包含一个子菜单。

X，Y：显示弹出式菜单的坐标位置，默认则表示使用鼠标的坐标。

标志：用于定义弹出式菜单的位置和行为方式。当标志表示位置时，如表 9-6 所示，标志等于 0 时，为系统的默认状态，此时，弹出式菜单的左边界就是 X 的位置；当标志等于 4 时，弹出菜单的中心位置就是 X 的位置；当标志等于 8 时，弹出式菜单的右边界就是 X 的位置。在标志表示行为方式时，其取值分别为 0 和 2，代表选择弹出式菜单的是鼠标左键还是右键，具体说明如表 9-7 所示。

表 9-6   PopupMenu 方法中的标志属性

数　值	常　数	说　明
0	vbPopupMenuLeftAlign	弹出式菜单的左边定位于 X（默认值）
4	vbPopupMenuCenterAlign	弹出式菜单以 X 为居中位置
8	vbPopupMenuRightAlign	弹出式菜单的右边定位于 X 坐标

表 9-7   PopupMenu 方法中的标志的行为方式

数　值	常　数	说　明
0	vbPopupMenuLeftButton	只能用单击左键去执行弹出式菜单中的命令（默认值）
2	vbPopupMenuRightButton	可以用单击左键或右键去执行弹出式菜单中的命令

下面通过例题来说明快捷菜单的设计过程。

【例 9-4】为例 9-3 添加快捷菜单，实现选中文字的剪贴、复制、粘贴以及全选功能。程序运行效果如图 9-14 所示。

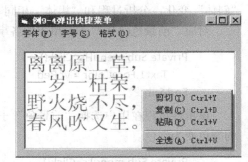

图 9-14　快捷菜单运行效果图

设计步骤如下。

第一步：在例 9-3 的基础上增加一个顶层菜单"编辑（&E）"，名称为"menuEd"。"有效"属性选中，"可见"属性不选中，这样程序运行时就不显示这个菜单项。

第二步：添加"剪切（&T）"子菜单，名称为"menuCu"，并设置快捷键方式"Ctrl+Y"；添加"复制（&C）"子菜单，名称为"menuCp"，快捷键为"Ctrl+D"；添加"粘贴（&P）"子菜单，名称为"menuCv"，快捷键为"Ctrl+V"；添加"全选（&A）"子菜单，名称为"menuQx"，并设置快捷键方式"Ctrl+U"；添加"分隔条"，名称为"FGT"。这些子菜单的"可见""有效"属性均选中。同时，选中每一个子菜单以及分隔条，单击"菜单编辑器"上的右箭头，把这四项调整为一级菜单形式。

第三步：编写程序代码。

习惯上都是鼠标右键单击某个对象，弹出快捷菜单，因此 PopupMenu 方法的代码通常都是放在某个对象的鼠标响应（MouseDown）事件过程里。当鼠标右键单击对象时，即可弹出快捷菜单。默认情况下，两键鼠标的左键参数值为 1，右键参数值为 2。

对应的 Text 文本框对象的 MouseDown 事件过程代码如下。

```
Private Sub Text1_Mousedown(Button As Integer, Shift As Integer, x As Single, y As Single)
    If Button = 2 Then
        If Text1.SelText <> "" Then
            menuCu.Enabled = True
            menuCp.Enabled = True
        End If
        PopupMenu menuEd
    End If
End Sub
```

该事件过程实现了鼠标右键的按下状态的判断。当按下并且有选择的文本时，激活"剪贴"和"复制"子菜单，并利用 PopupMenu 方法显示快捷式菜单"menuEd"。PopupMenu 方法中省略了对象，默认在当前窗体显示菜单，其他参数使用了默认值。

对应的"编辑（&E）"菜单下的各事件过程代码如下。

```
Private Sub menuCu_Click()
    Clip = Text1.SelText    ' Clip 为一个字符串变量，用于保存剪切或复制的内容。
    Text1.SelText = ""
    menuCu.Enabled = False
    menuCp.Enabled = False
    menuCv.Enabled = True
End Sub
```

该事件过程实现对选定的文本进行剪切，并且将"剪切"和"复制"子菜单项设置为不可用，同时激活"粘贴"子菜单项。

```
Private Sub menuCp_Click()
    Clip = Text1.SelText
    menuCu.Enabled = False
    menuCp.Enabled = False
    menuCv.Enabled = True
End Sub
```

该事件过程实现的是对选定文本的复制功能，并且将"剪切"和"复制"子菜单项设置为不可用，同时激活"粘贴"子菜单项。

```
Private Sub menuCv_Click()
    Text1.SelText = Clip
End Sub
```

该事件过程在单击"粘贴"子菜单时，实现在光标处粘贴选定文本的功能。

```
Private Sub menuQx_Click()
    Text1.SelStart = 0
    Text1.SelLength = Len(Text1.Text)
End Sub
```

该事件过程实现对 Text1 文本框内容全部选定的功能。

注意

- 设计快捷式菜单时，必须保证该菜单至少含有一个子菜单项。
- 子菜单设置快捷键时，需要在菜单编辑器的"快捷键"属性框中选择相应的快捷键组合方式，并在"标题栏"输入"&加快捷键对应的字母"。同一个程序中，一个快捷键组合只能出现一次。
- 中间级菜单设置快捷键时，如果"快捷键"属性框要选择为"None"，只需在"标题栏"输入"&加快捷键对应的字母"即可。使用时，在键盘上按"Ctrl+快捷键对应的字母"即可以激活该菜单。
- 程序运行时，每次只能显示一个快捷式菜单。若已经显示了一个快捷式菜单，则不再执行其他 PopupMenu 方法。

9.2.5　美化菜单

实际上，菜单上仅有文字，就显得十分单调。在很多软件当中，例如我们非常熟悉的 Office 应用软件，其菜单还带有漂亮的图片，不但美观，还使得各项含义更加直观。这些都是通过在菜单中加入位图的方式来实现的。通过"菜单编辑器"是无法为菜单项添加图片的，用户可以通过在窗体中建立 PictureBox 控件来存放位图。然后利用 Windows API 函数中的一些菜单常用函数和位图函数来实现菜单添加图片的方法。同时，我们还可以通过改变菜单的背景颜色，使得菜单更加漂亮。

1．菜单添加图片

我们将在例 9-4 的基础上完成以下示例，首先将弹出式快捷菜单的主菜单"编辑"的可见属性选中，然后为其添加相应的菜单图片。

【例 9-5】为例 9-4 的菜单中的"剪切""复制"和"粘贴"子菜单项添加图片。运行效果如图 9-15 所示。

设计步骤如下。

第一步：按照例 9-4 设计好快捷菜单项。

第二步：在窗体上添加 3 个 PictureBox 控件，用于存放对应菜单的图片，其属性如表 9-8 所示。

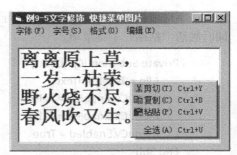

图 9-15　菜单项添加图片后的效果图

表 9-8　　　　　　　　　　　　　　PictureBox 控件属性

控　　件	名　　称	Picture 属性	Visible 属性
PictureBox	imgCut	CUT.BMP	False
	imgCopy	COPY.BMP	False
	imgPaste	PASTE.BMP	False

第三步：在代码窗口添加 3 个 Windows API 函数的声明。

Private Declare Function GetMenu Lib "user32" (ByVal hwnd As Long) As Long

该函数用来取得窗体中菜单的句柄。其中，hwnd 用于指定窗体的句柄，如果窗体有菜单项，则函数返回值取决于菜单句柄；否则，返回为 0。

Private Declare Function GetSubMenu Lib "user32" (ByVal hMenu As Long, ByVal nPos As Long) As Long

该函数用于取得一个菜单的句柄，以及它位于菜单中指定的位置。其中，hMenu 用于指定菜单的句柄；nPos 用于指定某一菜单在菜单栏中相对于零的位置，第一个位置的编号为 0。

Private Declare Function SetMenuItemBitmaps Lib "user32" (ByVal hMenu As Long, ByVal nPosition As Long, ByVal wFlags As Long, ByVal hBitmapUnchecked As Long, ByVal hBitmapChecked As Long) As Long

该函数用于设置一幅特定位图，使其在指定的菜单项中使用。其中，hMenu 指向菜单句柄；nPosition 是要设置位图的菜单条目的标识符；wFlags 取决于 nPosition 参数，其值可以为 MF_BYCOMMAND 或 MF_BYPOSITION；hBitmapUnchecked 是撤销复选时为菜单条目显示的一幅位图的句柄；hBitmapChecked 是复选时为菜单条目显示的一幅位图的句柄。

第四步：声明一个常数。

Private Const MF_BYPOSITION = &H400&

第五步：编写程序代码。

在窗体的 Form_Load 事件过程中添加以下代码。

```
Private Sub Form_Load()
    Dim mHandle As Long
    Dim mnuBmp As Long
    Dim sHandle As Long
    mHandle = GetMenu(hwnd)
    sHandle = GetSubMenu(mHandle, 3)
    mnuBmp = SetMenuItemBitmaps(sHandle, 0, MF_BYPOSITION, imgCut.Picture, imgCut.Picture)
    mnuBmp = SetMenuItemBitmaps(sHandle, 1, MF_BYPOSITION, imgCopy.Picture, imgCopy.Picture)
    mnuBmp = SetMenuItemBi tmaps(sHandle, 2, MF_BYPOSITION, imgPaste.Picture, imgPaste.Picture)
End Sub
```

上述代码实现了给子菜单的"剪切""复制"和"粘贴"子菜单添加图片的功能。SetMenuItemBitmaps 函数中的参数 0、1 和 2 分别代表菜单中"剪切""复制"和"粘贴"子菜单的标识。GetSubMenu 函数中的 3 代表的是"编辑"菜单的标识符。

 注意
- 如果给"全选"子菜单加上图片的话，其标识符应该为 4，因为分隔条的标识符为 3。
- 如果将"编辑"菜单的可见属性不选中，则其子菜单的图片将不显示。

 提示
- 菜单中使用的图片在…\Program Files\Microsoft Visual Studio\Common\Graphics\ Bitm-aps\OffCtlBr\Small\Color 目录下，也可以自己设计位图图像，但尺寸不能太大，一般为 16×15 像素。
- 如果给"字体"菜单项下的子菜单加图片，则程序代码中的 GetSubMenu 函数的 nPos 参数设置为 0。

9.3 工具栏设计

工具栏（ToolBar）以其直观、快捷的特点出现在各种应用程序中，事实上工具栏已经成为 Windows 应用程序的标准功能。工具栏通常位于菜单栏的下方，由许多命令按钮组成，每个按钮上都有一个代表某种功能的小图标。工具栏的易用性、快捷性等特点，使得其在应用软件界面上得到广泛应用。

9.3.1 添加工具栏控件

工具栏是 VB 中的一个很重要的控件，但是在默认状态下，它不在标准工具栏中，用户在使用之前必须先添加它，方法主要有 3 种。

（1）选择"工程"菜单中的"部件"命令，打开"部件"对话框，在该对话框中选中"Microsoft

Windows Common Controls 6.0（SP6）"选项，单击"确定"按钮后，这时在控件面板中会出现工具栏控件小图标，如图 9-16 所示。双击该图标就可以把它添加到窗体中。

（2）按 Ctrl+T 快捷键，弹出"部件"对话框，其余操作同（1）。

（3）鼠标右键单击工具箱空白处，在弹出的快捷菜单中选择"部件"命令，其余操作同（1）。

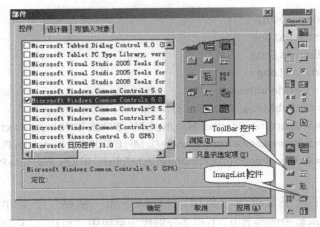

图 9-16　添加 ToolBar 控件和 ImageList 控件到控件面板

9.3.2　制作工具栏的步骤

利用 ToolBar 控件建立工具栏，还需要使用 ImageList 控件为工具按钮添加图标，以美化工具栏。创建工具栏的主要步骤如下。

第一步：在 ImageList 控件中添加所需的图像。

第二步：在 ToolBar 控件中建立按钮对象。

第三步：在工具栏对象的 Click 事件中，对各个按钮进行编程，实现相应的功能。

下面将详细说明以上各步骤。

1. 为 ImageList 控件添加图像

向 ImageList 控件添加图像的目的，是将其与 ToolBar 控件相连接，为工具栏提供图像支持。一般地，ImageList 控件不单独使用，往往都是和其他控件绑定在一起，为其他控件提供图像。

ImageList 控件中添加图像的过程，主要是对其属性进行设置，ImageList 控件的"属性页"如图 9-17 所示。主要步骤如下。

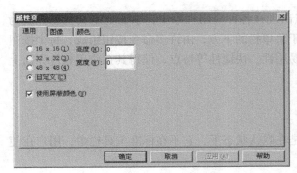

图 9-17　ImageList 控件属性页

第一步：在"通用"选项卡中，选择图像的大小，一般选择"32×32"像素就可以了；也可以自定义图像大小。其余使用默认值。

第二步：在"图像"选项卡中添加图像。单击"插入图片"按钮，在"选定图片"对话框中选择需要的图片，单击"打开"按钮后，图片就添加到"图像"框中，此时，"索引"框中会出现一个数值与插入的图像相对应。该索引值非常重要，在把 ImageList 控件与 ToolBar 控件绑定时，需用该值将每个图片与相应的按钮对应起来，不同的按钮分配不同的图片。在插入图片时，也可以设置"关键字"和"标记"，以便为按钮引用图像提供另一条途径。一般情况下，如果设置了索引值，关键字和标记都设置为空。

第三步：如果想删除图像，先选择要删除的图片，然后单击"删除图片"按钮即可。

第四步：在"颜色"选项卡中，可以对按钮的背景颜色等属性进行设置。通常情况下，该属性保持默认。

2．在 ToolBar 控件中添加按钮

在该控件下添加按钮，实际上也是对其属性进行相关设置。ToolBar 控件"属性页"如图 9-18 所示。具体添加按钮的步骤如下。

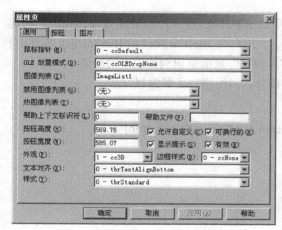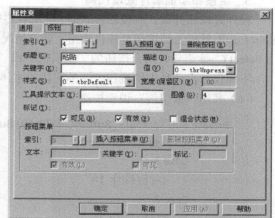

图 9-18　ToolBar 控件属性页

第一步：在"属性页"对话框的"通用"选项卡下，单击"图像列表"框右边的下拉按钮，选择"ImageList1"，把 ImageList 控件与 ToolBar 控件绑定起来。其余项保持默认即可。

第二步：在"按钮"选项卡下单击"插入按钮"，在工具栏中插入一个按钮，此时，"索引"框中会出现一个数值与按钮相对应，该索引值用来在代码的 ButtonClick 事件中引用按钮。"标题"框用来输入按钮的名称。"关键字"框的内容用来标识每个按钮，也可以用在 ButtonClick 事件中引用按钮。在鼠标移动到某一个按钮上时，"工具提示文本框"的内容就会显示出来，如不需要显示，则该框为空即可。"样式"框用来设置按钮样式，如表 9-9 所示。"值"列用来设置按钮的状态，主要有按下（tbrPressed）和未按下（tbrUnPressed）两种，该属性对样式 1 和样式 2 有用。

如果应用中需要带菜单的按钮，可以在左上的"索引"框中选择按钮，单击"按钮菜单"分组中的"插入按钮菜单"插入菜单，在"插入按钮菜单"左边的"索引"中会出现菜单的数字编号，以便在代码中引用菜单。"按钮菜单"分组中的"关键字"也是用来在代码中引用菜单的。"文本"框用来输入菜单的标题。

其余项保持默认即可。

第三步：重复第二步，完成所有按钮的添加和设置，单击"确定"按钮即可。

表 9-9   按钮样式

值	常 数	按 钮	说 明
0	tbrDefault	普通按钮	按下按钮后恢复原状，如"新建"按钮
1	tbrCheck	开关按钮	按下按钮后保持按下状态，如"加粗"等按钮
2	tbrButtonGroup	编组按钮	在一组按钮中只能有一个有效，如"对齐方式"按钮
3	tbrSepatator	分隔按钮	将左右按钮分隔开
4	tbrPlaceholder	占位按钮	用来放置其他控件，可以设置其宽度（width）
5	tbrdropdown	菜单按钮	具有下拉菜单，如 Word 中的"字符缩放"按钮

注意　　当需要修改某一按钮的图片时，必须在 ToolBar 控件"属性页"的"通用"选项卡中，把"图像列表"框设置为"无"，即断开两个控件间的连接，否则无法对按钮图像进行编辑。

3. 给按钮添加事件处理代码

设计好按钮并设置好按钮样式后，在工具栏中添加事件处理代码，以便实现按钮相应的功能。实际上，工具栏上的按钮是控件数组。通常情况下，用户在 ToolBar 控件的 ButtonClick 事件中利用 Select Case 语句，结合按钮的"索引值"或"关键字"就能够识别被单击的按钮。

下面仅给出两种识别按钮方法的程序的主体部分，以便用户了解编程方法。

（1）利用"索引值"识别按钮。

```
Private Sub Toolbar1_ButtonClick(ByVal Button As MSComctlLib.Button)
    Select Case Button.Index
        Case 1
            <对应操作 1>
        Case 2
            <对应操作 2>
            ......
    End Select
End Sub
```

（2）利用关键字识别按钮。

```
Private Sub Toolbar1_ButtonClick(ByVal Button As MSComctlLib.Button)
    Select Case Button.Key
        Case "BOpen"
            <对应操作 1>
        Case "BCut"
            <对应操作 2>
            ......
    End Select
End Sub
```

利用"关键字"识别按钮的代码可读性好，当按钮有增加、删除情况时，不影响源代码的使用。

9.4 状态栏设计

状态栏用以显示一些系统信息和应用程序说明之类的用户界面信息。状态栏是由很多窗格组成的，每个窗格内可以显示不同的内容，其中可以是用户输入的信息，也可以是系统日期时间等。Visual Basic 中的状态栏是用状态栏控件（StatusBar）设计的，通常在窗体底部，也可以通过设置 Align 属性调整状态栏的位置。

9.4.1 添加状态栏控件

状态栏同样不在标准工具箱中，用户在使用之前必须先添加它，即在弹出的"部件"对话框中选中"Microsoft Windows Common Controls 6.0（SP6）"，这时在控件面板中会出现状态栏控件小图标，如图 9-19 所示，双击该图标就可以把它添加到窗体中。具体添加方法见 9.3 节。

9.4.2 状态栏的属性

在窗体中添加状态栏控件后，鼠标右键单击该控件，在弹出的快捷菜单中选择"属性"命令，即可打开状态栏的"属性页"对话框。

图 9-19 状态栏控件

打开"窗格"选项卡，主要属性如下。

（1）索引：表示每个窗格的编号。

（2）插入窗格：在状态栏增加新的窗格，最多可插入 16 个窗格。

（3）关键字：每个窗格的标识。

（4）对齐：设置窗格中文字的对齐方式，例如左对齐、居中以及右对齐。

（5）样式：下拉式列表框指定窗格要显示的信息，例如日期等。

（6）浏览：用于插入扩展名为".ico"和".bmp"的图像。

图 9-20 状态栏属性页

打开"通用"选项卡，主要属性如下。

（1）样式：提供两种窗格模式，即多窗格（sbrNormal）和单窗格（sbrSimple）简单文本形式。多窗格模式为默认模式。

（2）简单文本：用于显示在窗格中的文本。

打开"字体"选项卡，主要属性如下。

（1）字体：设置所有窗格的字体形式。

（2）大小：设置所有窗格的字体大小。

9.4.3 状态栏的建立过程

状态栏的建立很简单，主要对其属性页进行相关设置。在窗体中添加状态栏控件对象，打开其"属性页",进入属性页设置窗口,根据需求进行下面的设置。

(1)选择窗格形状

在"属性页"对话框中选择"通用"选项卡,单击"样式"列表框右边的下拉按钮,根据要求,选择多窗格或单窗格简单文本形式。

(2)多窗格模式下添加或删除状态栏窗格

在"属性页"对话框中选择"窗格"选项卡,单击"插入窗格"按钮添加一个窗格,或单击"删除窗格"按钮删除一个窗格。

(3)单窗格模式下显示文本

在"通用"选项卡的"简单文本"框中输入想显示在状态栏窗格里的文本。

(4)在多窗格里显示文本或图形

在"窗格"选项卡中,通过"索引"右边的按钮选择窗格序号;在该选项卡下的"文本"框里输入要在"索引号"对应的状态栏窗格里显示的文本。如果想在窗格里加入图像,可单击"浏览"按钮打开图形选择对话框,选择需要的图像。

(5)编写代码

如果需要在单击状态栏时响应事件处理过程,则需要编写相关代码。

对于单窗格状态栏,代码如下。

```
Private Sub StatusBar1_Click()
    <要执行的语句>
End Sub
```

对于多窗格状态栏情况,必须先判断是哪个窗格,然后执行响应的代码。

```
Private Sub StatusBar1_PanelClick(ByVal Panel As Panel)
    Select Case Panel.Index
        Case 1
            <要执行的语句>
        Case 2
            <要执行的语句>
            ......
    End Select
End Sub
```

 提示　　　　显示单窗格文本的代码方式为 StatusBar1.SimpleText = "要显示的内容";显示多窗格的代码方式为 StatusBar1.Panels(x).Text = "要显示的内容"。

9.4.4　创建状态栏实例

【例 9-6】设计图 9-21 所示的状态栏。

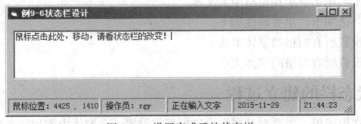

图 9-21　设置完成后的状态栏

设计步骤如下。

第一步：在窗体中添加状态栏控件对象，打开其"属性页"，在"通用"选项卡下选择"样式"为多窗格模式。

第二步：切换到"窗格"选项卡，插入 5 个窗格，索引号为 1~5。

第三步：在"窗格"选项卡下，调整"索引"右边的按钮，切换窗格。

切换到窗格 2，在"样式"列表中选择"0-sbrText"，然后在"文本"框里输入"操作员：zgy"，并在"对齐"框中选择"1-sbrCenter"；其他窗格设置同上所述。

第四步：编写程序代码。

在 Form 窗体代码窗口输入以下代码。

```
Private Sub text1_Click()
    StatusBar1.Panels(3).Text = "正在输入文字"
    StatusBar1.Panels(4).Text = Date
    StatusBar1.Panels(5).Text = Time()
End Sub
```

该事件过程实现鼠标单击文本框时，输入状态显示在状态栏第 3 个窗口中的功能；移动鼠标时，窗格 4、5 内显示的系统日期时间发生改变。

```
Private Sub Form_MouseMove(Button As Integer, Shift As Integer, X As Single, Y As Single)
    StatusBar1.Panels(1).Text = "鼠标位置：" & X & "," & Y
End Sub
```

该事件过程实现在状态栏第 1 个窗口中显示鼠标所在位置的坐标。

9.5　多文档界面

使用 VB 6.0 开发 Windows 风格应用程序的界面有两种：一种是单文档界面（Single Document Interface，SDI），另一种是多文档界面（Multiple Document Interface，MDI）。多文档界面是 Windows 应用程序的典型结构，该类界面就像一个容器，在 MDI 中可以创建多个窗体。因此，MDI 窗体也被称为父窗体，包含在 MDI 窗体中的窗体称为子窗体。在 MDI 窗体中可以同时显示多个窗体，因此，每个子窗体显示自己的文档，父窗体是子窗体的工作空间。例如，Windows 程序管理器和文件管理器就是多文档的典型例子。此类界面与多重窗体有很大的不同，多重窗体是在一个应用程序里有多个并列的、单独的普通窗体，每个窗体可以有自己的界面和程序代码，完成不同的功能。MDI 界面设计看似复杂，但利用 VB 6.0，用户可以很方便地设计出该类界面结构。

9.5.1　多文档界面的特点

多文档界面和单文档界面相比，有很多的不同点，下面给出多文档界面的特点。

（1）所有子窗体均显示在 MDI 窗体的工作区。各子窗体可以在父窗体内以层叠、平铺的方式排列，也可缩成图标，但其活动范围被限制在父窗体内。

（2）最小化父窗体时，所有的子窗体也被最小化，只有父窗口的图标出现在任务栏中。

（3）在运行时，当一个 MDI 子窗体被最大化时，其标题将与父 MDI 窗体的标题相结合。结合后的形式为：MDI 窗体标题 – [MDI 子窗体标题]。

（4）MDI 窗体和子窗体都可以有各自的菜单。应用程序运行时，每个子窗体的菜单都显示在 MDI 窗体上，而不是在子窗体本身。当某个 MDI 子窗体有焦点时，若该窗体有菜单，则该子窗体的菜单将代替父窗体的菜单栏上的菜单。如果没有可见的子窗体，或者如果带有焦点的窗体没有菜单，则 MDI 窗体将显示自己的菜单。

（5）如果 MDI 子窗体在其父窗体装入之前被引用，则父 MDI 窗体将被自动装入。但是，如果父窗体在 MDI 子窗体装入之前被引用，则子窗体并不被装入。

（6）MDI 子窗体都有可调整大小的边框、控制菜单框及最大化和最小化按钮。

（7）对 MDI 窗体对象的任何引用将导致该窗体被装入并成为可见的。

（8）MDI 窗体是子窗体的容器，一般只有菜单栏、工具栏和状态栏，不可以有文本框等控件。

9.5.2 多文档界面的建立过程

（1）建立 MDI 父窗体。执行"工程"菜单中的"添加 MDI 窗体"命令，或打开工程资源管理器，用鼠标右键单击"窗体"文件夹，执行快捷菜单中的"添加 MDI 窗体"命令。MDI 父窗体的建立方式如图 9-22 所示。

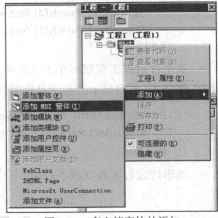

（2）建立 MDI 子窗体。该窗体主要是显示应用程序的文档，因此，在该窗体上应有文本框，还可以有菜单栏等。其实，MDI 子窗体就是 MDIChild 属性设置为 True 的普通窗体。因此，创建 MDI 子窗体之前，要创建一个普通窗体，然后修改普通窗体的 MDIChild 属性为 True 即可。MDIChild 属性的设置与否是判断普通窗体和 MDI 子窗体的依据。多个 MDI 子窗体的建立，可重复上述工作。MDI 子窗体如图 9-23 所示。

图 9-22　多文档窗体的添加

　普通窗体变为 MDI 子窗体后，窗体图标也变成灰色。

（3）把 MDI 窗体设置为启动窗体。执行菜单命令"工程 | 工程属性"，出现"工程属性"对话框。在对话框的"通用"选项卡中单击"启动对象"的下拉按钮，选择 MDI 窗体名，则 MDI 窗体成为启动窗口。如图 9-24 所示。

　一个应用程序只能有一个 MDI 窗体，如果工程已经有了一个 MDI 窗体，则该工程菜单上的添加 MDI 窗体命令就不可使用。

（4）编写程序代码。要想使得窗体实现相关的功能，例如菜单功能、文档显示功能，还必须编写代码，把窗体与代码联系起来。此部分将结合后面的示例进行说明。

● 应尽量少使用 MDI 子窗体，因为每加载一个子窗体，就需要较多的内存和系统资源。过多的子窗体会影响程序运行速度。
● MDI 窗体上只能放置具有 Align 属性（例如 PictureBox 控件）或者具有不可见界面（例如 Timer 控件）的控件。为了能将其他控件放置上去，可以在窗体上添加一个图片框，然后将其他控件放在图片框里。

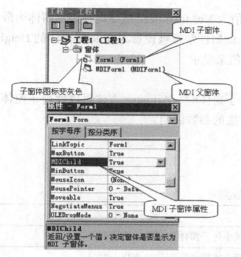

图 9-23 MDI 子窗体

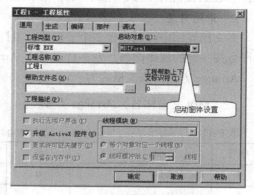

图 9-24 启动窗体的设置

9.5.3 常用的属性和方法

MDI 父窗体和 MDI 子窗体作为窗体，它们具有普通窗体所具有的属性、方法和语句，同时增加了和处理多文档界面相关的属性、方法和语句。下面将对常用的、重要的属性和方法进行分别说明。

1. 常用的属性

MDI 窗体几个重要的属性如表 9-10 所示。

表 9-10 　　　　　　　　　　　　　　　MDI 窗体属性

序 号	属 性	含 义
1	MDIChild	决定普通窗体是否为 MDI 子窗体
2	AutoShowChildren	决定是否自动显示子窗体
3	BorderStyle	确定 MDI 子窗体大小的方式
4	WindowState	窗体正常显示开关，默认值为 0

（1）MDIChild 属性

该属性为子窗体属性。在 MDI 应用程序中，把普通窗体的 MDIChild 属性的值设置为 True，那么该窗体就变成了 MDI 子窗体。

（2）AutoShowChildren 属性

该属性为 MDI 父窗口属性，决定是否自动显示子窗体，其值为布尔型。如果它被设置为 True，则当改变子窗体的属性后，会自动显示该子窗体；如果 AutoShowChildren 设置为 False，则改变子窗体的属性值后，必须用 Show 方法把该子窗体显示出来。

（3）BorderStyle 属性

该属性为子窗体属性。如果 MDI 窗体具有大小可变的边框，即 BorderStyle＝2，则其初始化大小与位置取决于 MDI 窗体的大小，而不是设计时子窗体的大小。当 MDI 子窗体的边框大小不可变（即 BorderStyle＝0、1 或 3）时，则它的大小由设计时的 Height 和 Width 属性决定。

（4）WindowState 属性

当 WindowState 属性值为 vbNormal 或 0 时，表示窗体正常显示。当其值为 VbMinimized 或 1

时，表示窗体为最小化，即最小化为一个图标。当其值为 VbMaximized 或 2 时，表示窗体为最大化，即扩大到最大尺寸。在窗体被显示之前，WindowState 属性常常被设置为 0，即按窗体的 Height、Left、ScaleHeight、ScaleWidth、Top 和 Width 属性的值来显示。

2. 常用方法

多文档界面中可以包含多个子窗体。当打开多个子窗体时，Arrange 方法可以使得子窗体或其图标按一定的规律排列，表 9-11 给出了 Arrange 方法的参数说明。

Arrange 方法的语法格式为

〈MDI 父窗体名〉.Arrange〈参数〉

表 9-11　　　　　　　　　　　　　Arrange 方法参数说明

序号	常　　量	值	说　　明
1	vbCascade	0	所有非最小化子窗体按层叠方式排列
2	vbTileHorizontal	1	水平平铺方式排列所有非最小化子窗口
3	vbTileVertical	2	垂直平铺方式排列所有非最小化子窗口
4	vbArrangeIcons	3	对任何已经最小化的子窗体排列图标

9.5.4　创建多文档界面

下面以一个简单的实例说明多文档界面的设计方法。

【例 9-7】绘制一个简单的多文档界面，实现 MDI 子窗口的不同排列。运行效果图如图 9-25 所示。

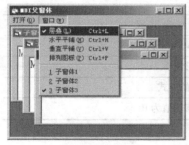 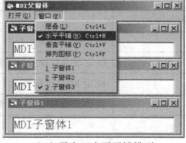 

　（a）子窗口层叠排列　　　　　　（b）子窗口水平平铺排列　　　　　（c）子窗口垂直平铺排列

图 9-25　多文档界面子窗口排列

设计步骤如下。

第一步：建立 MDI 父窗体，修改 Caption 属性为 MDI 父窗体，并设置其为启动窗体。

第二步：建立 3 个普通窗体，分别修改 MDIChild 属性的值为 True，使它们成为 MDI 子窗体。分别修改 3 个 MDI 子窗体的 Caption 属性为子窗体 1、子窗体 2 和子窗体 3。

第三步：在 MDI 父窗体上利用"菜单编辑器"建立"打开"和"窗口"菜单。在"打开"菜单下建立"子窗口 1""子窗口 2"和"子窗口 3"子菜单；在"窗口"菜单下建立"层叠""水平平铺""垂直平铺"和"排列图标"子菜单。把"窗口"菜单的"显示窗口列表"属性选中，以便显示所有打开的子窗体标题。菜单设计方法见 9.2 节。

第四步：编写程序代码。在 MDI 父窗体代码窗口中添加如下代码。

对应"层叠（&L）"子菜单的事件过程如下。

```
        Private Sub winArrangeL_Click()
            MDIForm1.Arrange 0                          ' 层叠子窗口
            winArrangeL.Checked = True                  ' 标记 "层叠" 子菜单选中
            winArrangeH.Checked = False                 ' 取消 "水平平铺" 子菜单选中
            winArrangeV.Checked = False                 ' 取消 "垂直平铺" 子菜单选中
            winArrangeP.Checked = False                 ' 取消 "排列图标" 子菜单选中
        End Sub
```

对应 "水平平铺（&H）" 子菜单的事件过程如下。

```
        Private Sub winArrangeH_Click()
            MDIForm1.Arrange 1
            winArrangeL.Checked = False
            winArrangeH.Checked = True
            winArrangeV.Checked = False
            winArrangeP.Checked = False
        End Sub
```

对应 "垂直平铺（&V）" 子菜单的事件过程如下。

```
        Private Sub winArrangeV_Click()
            MDIForm1.Arrange 2
            winArrangeL.Checked = False
            winArrangeH.Checked = False
            winArrangeV.Checked = True
            winArrangeP.Checked = False
        End Sub
        Private Sub winArrangeP_Click()
            MDIForm1.Arrange 3
            winArrangeL.Checked = False
            winArrangeH.Checked = False
            winArrangeV.Checked = False
            winArrangeP.Checked = True
        End Sub
```

对应 "子窗口 1（&A）" "子窗口 2（&B）" 和 "子窗口 3（&C）" 子菜单的事件过程如下。

```
        Private Sub menuWin1_Click()
            Form1.Show
        End Sub
        Private Sub menuWin2_Click()
            Form2.Show
        End Sub
            Private Sub menuWin3_Click()
        Form3.Show
        End Sub
```

9.5.5　QueryUnload 卸载 MDI 窗体

在用户选择 MDI 窗体右上角的"关闭"命令时，或者选择菜单项提供的"退出"命令时，VB 都将试图卸载 MDI 窗体。QueryUnload 事件能够在一个窗体或应用程序关闭之前发生，此事件的典型用法是在关闭一个应用程序之前用来确认包含在该应用程序中的窗体中没有未完成的任务，可以让用户在关闭窗体之后做一些操作，如确认退出。

MDI 子窗体中的 QueryUnload 事件优先于 MDI 窗体的 QueryUnload 事件。如果窗体都没有取消 QueryUnload 事件，则该事件首先在所有子窗体中发生，最后在 MDI 窗体中发生。当关闭一个子窗体时，该窗体的 QueryUnload 事件在其 Unload 事件之前发生。如果这些 QueryUnload 中没有代码，则取消 Unload 事件，随后，子窗体被卸载，最后，MDI 窗体被卸载。

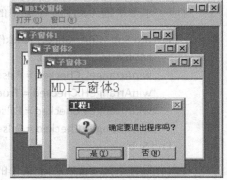

图 9-26　QueryUnload 事件运行效果

由于 QueryUnload 事件是在窗体卸载之前被调用，因此，在窗体卸载前用户还有机会保存窗体。

【例 9-8】在例 9-7 的基础上，添加 QueryUnload 事件过程，实现窗体卸载前确认。程序运行效果如图 9-26 所示。

程序代码如下。

```
Private Sub MDIForm_QueryUnload(Cancel As Integer, UnloadMode As Integer)
    If MsgBox("确定要退出程序吗？", vbQuestion + vbYesNo) = vbNo
    Then Cancel = True
End Sub
```

这样，用户在选择 MDI 窗体右上角的"关闭"命令，或者选择菜单项提供的"退出"命令时，都会弹出确认消息对话框，单击"否"按钮，程序不被卸载；单击"是"按钮，程序被卸载。

本章小结

本章通过对界面设计的一些基本元素的介绍，并结合具体的示例，使得用户能够掌握界面设计中通用对话框、菜单、工具栏、状态栏和多文档界面的概念，相关属性的设置，以及代码设计方法。通过本章的学习，用户能够很容易地实现所要求的 Windows 应用程序的界面设计。

习题九

一、选择题

1. 若要打开"颜色"对话框，则通用对话框的 Action 属性值应为_____。

A. 1　　　　　　　B. 2　　　　　　　C. 3　　　　　　　D. 4

2. 字体对话框 Flags 属性设置为_____，显示的是屏幕字体。

A. &H1　　　　　　B. &H2　　　　　　C. &H3　　　　　　D. &H100

3. 以下叙述中错误的是_____。
  A. 在程序运行时，通用对话框控件是不可见的
  B. 在同一程序中，用不同的方法打开的通用对话框具有不同的作用
  C. 调用通用对话框的 ShowOpen 方法，可以直接打开在该通用对话框中指定的文件
  D. 调用通用对话框控件的 ShowColor 方法，可以打开颜色对话框
4. 窗体上有一个名称为 CommonDialog1 的通用对话框，一个名称为 Command1 的命令按钮，并有如下事件过程，运行下述程序，关于该程序的叙述正确的是_____。

```
Private Sub Command1_Click()
    CommonDialog1.DefaultExt = "Doc"
    CommonDialog1.FileName = "VB.txt"
    CommonDialog1.Filter = "All(*.*)|*.*|Word|*.Doc|"
    CommonDialog1.FileName = 1
    CommonDialog1.ShowSave
End Sub
```

  A. 打开的对话框中文件"保存类型"框中显示"All(*.*)"
  B. 实现保存文件的操作，文件名是 VB.txt
  C. DefaultExt 属性与 FileName 属性所指明的文件类型不一致，程序出错
  D. 对话框的 Filter 属性没有指出 txt 类型，程序运行出错
5. 菜单编辑器中，输入_____选项可在菜单栏上显示文本。
  A. 名称   B. 标题   C. 索引   D. 访问键
6. 下面哪个属性可以控制菜单项可见或不可见_____。
  A. Hide   B. Checked   C. Visible   D. Enabled
7. 菜单控件只有一个事件_____。
  A. MouseUp   B. Click   C. DbClick   D. KeyPress
8. 下面说法不正确的是_____。
  A. 顶层菜单不允许设置快捷键
  B. 要使菜单项中的文字具有下画线，可在标题文字前加&符号
  C. 有一菜单项名为 MenuTerm，则语句 MenuTerm.Enabled = False 将使该菜单项失效
  D. 若希望在菜单中显示&符号，则在标题栏中输入&即可
9. 以下关于弹出式菜单的叙述中，错误的是_____。
  A. 一个窗体只能有一个弹出式菜单
  B. 弹出式菜单在菜单编辑器中建立
  C. 弹出式菜单的菜单名（主菜单项）的"可见"属性通常设置为 False
  D. 弹出式菜单通过窗体的 PopupMenu 方法显示
10. 在使用菜单编辑器设计菜单时，必须输入的项有_____。
  A. 快捷键   B. 标题   C. 索引   D. 名称

二、填空题

1. 对话框可以看作一种特殊的窗体，其大小【1】。
2. 通用对话框可以提供【2】种形式的对话框。
3. 使用通用对话框 mDialog 显示一个标准的"打开"对话框，应使用语句【3】。

4. VB 中的菜单可分为___【4】___菜单和___【5】___菜单。

5. 若要在菜单中设置分割线，应将菜单项的标题设置为___【6】___。

6. 打开菜单编辑器的快捷键是___【7】___。

7. 菜单的___【8】___属性不能默认。

8. 为使某菜单项变为灰色（不可用），可设置该菜单项的___【9】___属性的值为___【10】___。

9. ImageList 控件属性页中"索引"的作用是___【11】___。

10. 窗体的___【12】___属性决定普通窗体是否为 MDI 子窗体。

三、编程题

1. 在窗体上添加一个文本框和一个按钮，在文本框里输入一段中文文字，然后实现如下操作：

   通过"字体"对话框设置文本框中的字体为红色，样式为粗斜体，大小为 24。该操作在按钮的单击事件里实现。

2. 设计一个窗体文件名为 SJT.frm 的记事本应用程序，其中"编辑"菜单里有"剪切""复制""粘贴"子菜单。"文本风格"里有"粗体""斜体"子菜单。快捷式菜单里有"剪切""复制""粘贴"子菜单。

3. 在 C 盘根目录下建立一个名为"Vbcd"的工程文件 Menu1.Vbp，并在工程中建立一个名为"Menu1"的菜单窗体文件 Menu1.frm，要求：

   （1）菜单的显示格式和内容如下：

格式（O）	窗口（W）
图层	√水平平铺
颜色	垂直平铺
——	
	返回（Ctrl+B）

   其中，括号内的字符为热键；分隔条的名称为 FGT，其他菜单与子菜单的名称与标题（不含热键）相同；√为复选标记；Ctrl+B 设置为快捷键。

   （2）将 2 题中所创建的窗体文件 SJT.frm 添加进本工程。

   （3）除"图层"菜单的 Click()事件调用 SJT.frm 窗体，"返回"子菜单的 Click()事件执行 End 语句，其他菜单和子菜单不执行任何操作。

   （4）调试运行并生成可执行程序 Menu1.exe。

第 10 章
文件及文件系统控件

【本章重点】

※ 顺序文件操作

※ 随机文件、二进制文件操作

※ 文件系统控件

在前面的章节中，介绍了在程序运行时，变量和数组可以存放数据，但程序退出后，变量和数组中的数据会释放所占用的存储空间，不能实现数据的长期保存。通常情况下，需要长期保存的数据以文件的形式存放在计算机外存上，操作系统以文件为单位管理数据。本章介绍 Visual Basic 的文件处理功能，包括如何打开文件、读写文件，对文件进行复制、删除和重命名等操作。

10.1　文 件 概 述

文件是存储在外部介质的数据或信息的集合，用来永久保存大量的数据。通常情况下，计算机中的程序和数据，都是以文件的形式进行存储的。大部分文件都存储在如硬盘、磁盘等辅助设备上，并由程序读取和保存。在程序运行过程中产生的大量数据，往往也要输出到外部存储介质上进行保存。

Visual Basic 具有较强的文件处理能力，为用户提供了多种处理方法。它既可以直接读写文件，同时又提供了大量与文件管理有关的语句和函数，以及用于制作文件系统的控件。程序员在开发应用程序时，这些手段都可以使用。

10.1.1　文件的结构

为了有效地存取数据，数据必须以某种特定的方式存放，这种特定的方式称为文件结构。Visual Basic 的数据文件由记录组成，记录由字段组成，字段由字符组成。

例如，在图 10-1 所示的图书信息中，每一行称为一条记录，"图书名称""定价""作者""出版社"称为字段，每条记录的每个字段称为"数据项"，"数据项"由字符构成。

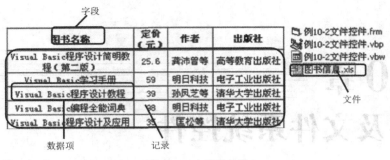

图 10-1　文件的结构

10.1.2　文件的分类

1．根据数据的使用分类

（1）数据文件

数据文件中存放普通的数据，如药品信息、图书信息等，这些数据可以通过特定的程序存取。

（2）程序文件

程序文件中存放计算机可以执行的程序代码，包括源文件和可执行文件等，如 Visual Basic 中的.vbp、.frm、.bas、.cls、.frx、.exe 等都是程序文件。

2．根据数据编码方式分类

（1）ASCII 文件

ASCII 文件又称为文本文件，字符以 ASCII 码方式存放，Windows 中的字处理软件建立的文件就是 ASCII 文件。

（2）二进制文件

二进制文件中的数据是以字节为单位存取的，不能用普通的字处理软件创建和修改。

3．根据数据访问方式分类

Visual Basic 中提供了 3 种数据的访问方式：顺序访问、随机访问和二进制访问。相应的文件可以分为顺序文件、随机文件和二进制文件。

（1）顺序文件

顺序文件中的数据是一个接一个地按顺序写到文件中的。在读取或查找文件中的某一数据时，需要从文件头开始，一条记录一条记录地顺序读取，直至找到要查找的记录为止，而不能直接读取某条记录的信息。

（2）随机文件

随机文件也可称为随机存取文件或直接文件。与顺序文件不同，随机文件的每条记录的长度是规定的，记录中的每个字段的长度也是固定的。根据每个记录的记录号，而不必考虑各个记录的排列位置或顺序，就可以对数据进行读取或存入操作。随机文件结构更利于数据的读取、查找、删除、插入等操作。

（3）二进制文件

二进制文件以二进制码方式存储。二进制文件由一系列字节组成，没有固定格式，以字节为单位定位数据位置。二进制文件适用于读写任意有结构的文件。该文件允许存储用户希望的数据格式。除了没有数据类型或者记录长度的要求之外，它与随机文件相似。

10.1.3 数据文件处理的一般步骤

在 Visual Basic 中，无论是什么类型的文件，其处理过程一般按以下 3 个步骤进行。

第一步：打开（或创建）文件。

一个文件必须打开或创建后才可以操作。如果文件已经存在，则打开该文件；如果不存在，则创建文件。

第二步：根据打开文件的模式对文件进行读操作或写操作。

在打开（或创建）的文件上执行所要求的输入／输出操作。在文件处理中，把内存中的数据存储到外部设备并作为文件存取的操作叫作写数据，而把数据文件中的数据输入到内存的操作叫作读数据。一般来说，在内存与外设间的数据传输中，由内存到外设的传输叫作输出或写，而外设到内存的传输叫作输入或读。图 10-2 所示为文件的读/写操作流程。

第三步：关闭文件。

文件读/写的操作完成后，需要关闭文件并释放内存。使用 Close 语句可以关闭文件并释放相关文件缓冲。

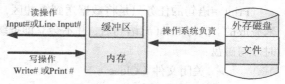

图 10-2 文件的读/写流程图

10.2 数 据 文 件

按照访问方式的不同，数据文件分为顺序文件、随机文件和二进制文件三种。下面的章节将逐一介绍这三种数据文件的打开、读/写等操作。

10.2.1 顺序文件

1. 顺序文件的打开

格式：Open 文件名 For 方式 As #文件号[Len=记录长度]

功能：打开顺序文件。

说明：

● 文件名：包括驱动器、路径、文件名和扩展名的一个字符串。

● 方式可以取下面 3 个值之一。

　➢ Input：将文件（必须存在）中的数据读入到计算机内存。

　➢ Output：将数据从内存写入磁盘文件中，如果文件存在，则覆盖原文件，如果不存在，则新建文件。

　➢ Append：将数据以追加方式写入文件原有内容的尾部，文件中原有内容继续保留。

● 文件号：一个整型表达式，取值范围为 1~511。

● 记录长度：一个整型表达式，其值（不超过 32767）是缓冲字符数。该参数可选。在把记录写入磁盘或从磁盘读出记录前，用该参数指定缓冲区的字节数。缓冲区越大，文件输入/输出操作越快。缓冲区越小，文件输入/输出操作越慢。

例如：

Open "D:\图书信息.txt" For Output As #1

该语句实现的功能是：打开 D 盘根目录下文件名为"图书信息.txt"，指定文件号为 1。

2. 顺序文件的写操作

（1）Print # 语句

格式：Print # 文件号, [[Spc(n)|Tab(n)] [,输出列表][;|,]]

功能：Print # 语句的功能是把数据写入文件中。

说明：

● 文件号：打开文件时指定的文件号。

● 输出列表：输出项可以是常量、变量或表达式。和 Print 方法一样，Print # 语句中的各输出项之间可以用分号隔开，也可以用逗号隔开，分别对应紧凑格式和标准格式。

● 输出项列表各个输出项之间可以用 Spc( )函数和 Tab( )函数来控制输出格式。

Print #语句的任务只是将数据送到缓冲区，数据由缓冲区写到磁盘文件的操作是由文件系统来完成的。执行 Print # 语句后，并不会立即把缓冲区的内容写入磁盘，只有在满足下列条件之一时才写磁盘：

➤ 关闭文件（Close）。

➤ 缓冲区已满。

➤ 缓冲区未满，但执行下一个 Print # 语句。

（2）Write # 语句

格式：Write # 文件号,表达式列表

功能：Write # 语句把数据写入顺序文件中。

说明：Write # 语句与 Print # 语句的功能基本相同，区别如下。

● 当用 Write # 语句向文件写数据时，数据在磁盘上以紧凑格式存放，能自动地在数据项之间插入逗号，并给字符串加上双引号。一旦最后一项被写入，就插入新的一行。

● 用 Write # 语句写入的正数的前面没有空格。

3. 顺序文件的读操作

（1）Input # 语句

格式：**Input # 文件号,变量表**

功能：从文件中读出数据赋给变量表中的变量。

说明：

● 文件号：打开文件时指定的文件号。

● 变量表：接收数据的变量。

● 使用 Input # 语句读取的数据有如下格式规定：数据之间应该用逗号分隔；字符类型的数据应该加双引号；读取的数据的类型要与变量的类型相匹配，否则会读出错误的结果。因此 Input # 语句常与 Write # 语句配合使用，用于读出由 Write # 语句写到文件中的数据。Input # 语句也可以用于随机文件。

（2）Line Input # 语句

格式：**Line Input # 文件号,字符串变量**

功能：Line Input # 语句从顺序文件中读取一个完整的行，并把它赋给一个字符串变量。Line Input # 语句可以读取顺序文件中一行的全部字符，直到遇到回车符为止。

说明：

● 文件号：打开文件时指定的文件号。

● 字符串变量：通常是一个自定义类型的字符串变量。

（3）Input（）函数

格式：**Input（n,#文件号）**

功能：Input 函数返回从指定文件中读出串长为 n 的字符串。文件号是打开文件时指定的文件号。

说明：Input 函数执行"二进制输入"，它把一个文件作为非格式的字符流来读取。

4．顺序文件的关闭

格式：**Close [# 文件号][,# 文件号…]**

功能：关闭已打开的文件。

说明：文件号为 Open 语句中使用的文件号。文件号可选，当省略时表示关闭所有文件。在程序结束时，所有打开的文件会自动关闭。

【例 10-1】图书信息文件操作示例。在磁盘上创建一个图书信息文件，保存图书名称、图书价格、图书作者和出版社信息，并从文件中将信息读出来，显示在窗体上。运行后生成的文件内容及界面分别如图 10-3 和图 10-4 所示。

```
Option Explicit
Private Sub Command1_Click()
    ' 向文件 "book.txt" 中写入数据
    Open "d:\book.txt"   For Output As #1
    Dim strBookName As String, strBookPrice As String, strBookWriter As String
    Dim strBookPrinter As String, strPrint As String
    strBookName = InputBox("请输入图书名称：")
    While strBookName <> ""
        strBookPrice = InputBox("请输入该图书价格：")
        strBookWriter = InputBox("请输入该图书第一作者：")
        strBookPrinter = InputBox("请输入该图书出版社：")
        Print #1, strBookName, strBookPrice, strBookWriter, strBookPrinter
        strBookName = InputBox("请输入图书名称：")
    Wend
    Close #1
    ' 从文件"book.txt"中读出数据并显示在窗体上
    Print: Print
    Open "d:\book.txt" For Input As #1
    While Not EOF(1)
        Line Input #1, strPrint
        Print Tab(3); strPrint
    Wend
    Close #1
End Sub
```

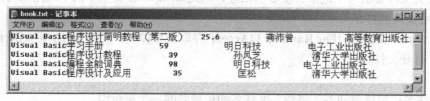

图 10-3　数据文件的内容界面

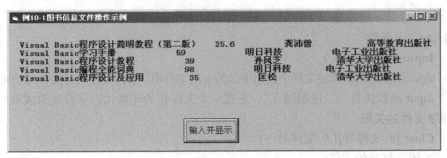

图 10-4　例 10-1 的运行界面

在本例中，运行程序，单击"输入并显示"按钮，就可以在输入对话框中按提示输入数据信息。当输入的图书名称为空时，数据输入结束，并将数据显示在窗体上。

5．读顺序文件时常用的函数

（1）EOF(文件号)

EOF()函数用于判断是否已读到文件末尾。当已经到达文件尾时，EOF()函数的返回值为 True，否则返回值 False。

EOF()函数可以适用于随机文件和二进制文件。对于随机文件和二进制文件，当最近一次执行 Get 函数无法读到一个完整记录时，EOF()函数的返回值为 True，否则返回值 False。

（2）LOF(文件号)

LOF()函数返回一个 Long 类型的数据，表示用 Open 语句打开的文件的字节数。例如，LOF(1) 返回 1 号文件的长度。如果返回值为 0，则表示该文件是一个空文件。

10.2.2　随机文件

随机文件中的一行数据称为一条记录，访问随机文件数据时的读写顺序没有限制，根据需要通过记录号就能访问文件中的任意一条记录，访问速度很快。随机文件中的每条记录不论其数据内容的长短，所占的存储空间都是相等的，尽管有一定的存储空间浪费，随机访问一般仍然适用于固定长度记录结构的文件。

一般来说，在打开一个随机文件进行操作前，需要定义与文件中记录类型相对应的自定义数据类型。例如，可以为一个图书信息文件定义下面的自定义数据类型：

```
Type BookInfor
    BookName As String * 40
    BookPrice As String * 10
    BookWriter As String * 20
    BookPrinter As String * 10
End Type
```

由于随机文件要求每个记录长度必须相等，因此 BookInfor 类型中的字段定义为固定长度。

1．随机文件的打开

格式：**Open 文件名 [For Random] [Access 存取类型] As # 文件号 [Len=记录长度]**

功能：打开文件。

说明：

● 文件名：包括驱动器、路径、文件名和扩展名的一个字符串。

- **For Random**：表示以随机方式打开文件，可省略。
- **存取类型**：可以是 Read（只读）、Write（只写）或 Read Write（读写）。文件以随机访问方式打开后，可以同时进行读出和写入操作。
- **记录长度**：表示随机文件中每条记录的长度。若省略，则默认值是 128 字节。

当使用 Open 语句打开随机文件时，如果文件已经存在，则直接打开，否则建立一个新的文件。

2. 随机文件的写操作

随机文件的写操作分为以下四步。

第一步：定义数据类型。

随机文件由固定长度的记录组成，每个记录含有若干个字段。记录中的各个字段可以放在一个记录类型中，记录类型用 Type...End Type 语句定义。

第二步：打开随机文件。

打开一个随机文件后，既可以用于写操作，也可以用于读操作。

第三步：利用 Put # 语句将内存中的数据写入由"文件号"所指定的磁盘文件。

格式：**Put # 文件号, [记录号] ,变量名**

功能：将一个变量的内容写到所打开的磁盘文件中指定的记录位置处。例如：

    Put #1,2,strBookInformation1

上述语句表示将变量 strBookInformation1 的值作为第 2 条记录写入打开的 1 号文件中。

说明：

- **文件号**：打开文件时指定的文件号。
- **记录号**：一个大于 1 的整数，表示写入的是第几条记录。如果忽略记录号，则表示在当前记录后的位置插入一条记录。
- **变量名**：写入记录内容的变量名。变量名通常是自定义类型的变量，也可以是其他类型的变量。

第四步：利用 Close 语句关闭文件。

3. 随机文件的读操作

随机文件的读操作分为以下四步。

第一步：定义数据类型。

第二步：打开随机文件。

第三步：利用 Get # 语句（不是 Put # 语句）把由"文件号"所指定的磁盘文件中的数据读到"变量"中。

格式：**Get # 文件号, [记录号] ,变量名**

功能：从磁盘文件中将一条由记录号指定的记录内容读入变量中。例如：

    Get #1,5, strBookInformation1

上述语句表示将 1 号文件的第 5 条记录数据读出，赋给变量 strBookInformation1。

说明：

- **文件号**：打开文件时指定的文件号。
- **记录号**：一个大于 1 的整数，表示对第几条记录进行操作。如果忽略记录号，则表示读出当前记录后的那一条记录。
- **变量名**：接受记录内容的变量名。变量名通常是自定义类型的变量，用于接收从随机文件中读取的一条记录。

第四步：利用 Close 语句关闭文件。

4. 随机文件的关闭

格式：**Close [# 文件号][,# 文件号…]**

功能：关闭已打开的文件。

说明：Close 语句关闭已打开的文件，文件号为 Open 语句中使用的文件号。文件号可选，当省略时表示关闭所有文件。在程序结束时所有打开的文件会自动关闭。

10.2.3 二进制文件

二进制文件不像文本文件那样以 ASCII 方式保存，而是以二进制方式保存。二进制文件存储的是二进制码，无具体的格式，不能用普通的字处理软件编辑，占用空间较小。二进制访问模式与随机访问模式类似，读写语句也是 Get # 和 Put # ，区别在于二进制模式的访问单位是字节，而随机模式的访问单位是记录。

在介绍随机文件时定义了 BookInfor 类型，不管每个字段实际内容有多长，每个记录都要占据 80 字节的磁盘空间，必定会浪费一些磁盘空间。如果利用二进制文件来处理图书信息，在自定义类型时就不必说明各字段长度，字段所占磁盘空间的大小和该字段实际内容的长度是一样的，避免了磁盘空间的浪费。

```
Type BookInfor
    BookName As String
    BookPrice As String
    BookWriter As String
    BookPrinter As String
End Type
```

1. 二进制文件的打开

格式：**Open 文件名 For Binary [Access 存取类型] As # 文件号**

功能：打开一个按二进制方式编码的文件。

说明：

● 文件名：包括驱动器、路径、文件名和扩展名的一个字符串。

● For Binary：表示打开一个按二进制方式编码的文件，不可以省略。

● 存取类型：可以是 Read（只读）、Write（只写）或 Read Write（读写）。

二进制访问中的 Open 与随机访问的 Open 不同，它没有指定 Len=记录长度，因此，类型声明语句中可以省略字符串长度参数。当使用 Open 语句打开二进制文件时，如果文件已经存在，则直接打开，否则建立一个新的文件。

2. 二进制文件的写操作

向二进制文件中写数据使用 Put 语句。

格式：**Put # 文件号, [位置] ,变量名**

功能：将"变量名"包含的数据写入二进制文件指定的位置。

说明：

● 文件号：打开文件时指定的文件号。

● 位置：表示从文件头开始的字节数，文件中第 1 个字节的位置是 1，第 2 个字节的位置是

2，依次类推，文件从此位置开始写数据。如果"位置"省略，则数据从上次读（写）的位置数加 1 字节处开始读出（写入）。

● 变量名：可以使用任何类型的变量。每次写入的数据长度为此数据类型所占的字节数。

3. 二进制文件的读操作

从二进制文件中读取数据使用 Get 语句。

格式：**Get # 文件号, [位置] ,变量名**

功能：从二进制文件指定的位置读取数据赋给指定的变量。

说明：

● 文件号：打开文件时指定的文件号。

● 位置和变量名的含义与 Put 语句相同。

4. 二进制文件的关闭

格式：**Close [# 文件号][,# 文件号…]**

功能：关闭已打开的文件。

说明：Close 语句关闭已打开的文件，文件号为 Open 语句中使用的文件号。文件号可选，当省略时表示关闭所有文件。在程序结束时所有打开的文件会自动关闭。

5. Seek 语句

Seek 可以用来定位读/写文件的位置。

格式：**Seek # 文件号,字节数**

功能：将文件的读写位置定位到"字节数"所指的位置处。

例如：Seek # 1,15

Put # 1,"新华字典"

以上代码的作用是在 1 号文件的第 15 个字节处写入"新华字典"。

10.3 文件系统控件

Visual Basic 中的驱动器列表框（DriverListBox）控件、目录列表框（DirListBox）控件、文件列表框（FileListBox）控件主要用于进行文件操作时，对磁盘、文件夹、文件显示和选择进行操作。下面通过一个简单的图片浏览器的例子来介绍这三个控件的属性和用法。

【例 10-2】文件控件。程序运行界面如图 10-5 所示。要求编写代码，使驱动器列表框 Drive1、目录列表框 Dir1 和文件列表框 File1 同步操作；文件列表框中只显示扩展名为.jpg 和.bmp 的图片文件；用鼠标单击文件列表框中的某个图片文件时，窗体上的图像框 Image1 同时显示该图片。其中，将图像框 Image1 的 Stretch 属性设置为 True，BorderStyle 属性设置为 1，以使图像自

图 10-5 例 10-2 的运行界面

动调整大小以适应图像框控件的大小，同时具有边框。

第一步：设计界面。向窗体上添加驱动器列表框 Drive1、目录列表框 Dir1、文件列表框 File1 和图像框 Image1 各一个。

第二步：设置属性。本例需要在属性窗口中修改属性的控件及其属性值，如表 10-1 所示，其余控件不需要在属性窗口中修改属性。

表 10-1　　　　　　　例 10-2 中需要在属性窗口中修改属性的控件及其属性值表

控 件 名 称	属 性 名 称	属 性 值
File1	Pattern	*.jpg; *.bmp
Image1	Stretch	True
	BorderStyle	1

第三步：分析效果，编写代码。

（1）编写驱动器列表 Drive1 与目录列表 Dir1 同步效果的代码。在 Drive1 的 Change 事件过程中编写实现此功能的代码，代码如下。

```
Private Sub Drive1_Change ( )
    Dir1.Path = Drive1.Drive
End Sub
```

（2）编写目录列表 Dir1 与文件列表 File1 同步效果的代码。在 Dir1 的 Change 事件过程中编写实现此功能的代码，代码如下。

```
Private Sub Dir1_Change ()
    File1.Path = Dir1.Path
End Sub
```

（3）编写文件列表框的单击事件过程代码，在图像框中显示指定的图片，代码如下。

```
Private Sub File1_Click()
    If Len(File1.Path) = 3 Then    '如果是根目录，则不用加"\"
        Image1.Picture = LoadPicture(File1.Path + File1.FileName)
    Else
        Image1.Picture = LoadPicture(File1.Path + "\" + File1.FileName)
    End If
End Sub
```

程序运行后，用户在某个文件夹中选中某个.jpg 或.bmp 类型的文件，界面右边的图像框就会将图片显示出来。

10.3.1　驱动器列表框

1. 主要属性

驱动器列表的外观与组合框相似，它提供一个下拉式驱动器清单，可以显示当前系统中所有的有效磁盘驱动器。驱动器列表框同其他控件一样具有许多标准属性，其中一个重要的属性为 Drive 属性，该属性用于设置或返回要操作的驱动器。Drive 属性只能用程序代码设置，不能通过属性窗口设置，其设置格式如下：

驱动器列表框名称. **Drive[= 驱动器名]**

其中，驱动器名是指定的驱动器，若省略，则 Drive 属性为当前驱动器。使用 ChDrive 语句可以将用户选定的驱动器设为当前驱动器，例如：

```
ChDrive Drive1.Drive
ChDrive "D"           '  将 D:设为当前驱动器
```

2. 主要常用事件

驱动器列表框的常用事件主要是 Change 事件，该事件在选择一个新的驱动器或通过代码改变 Drive 属性值时产生。

3. 主要常用方法

驱动器列表框的常用方法主要是 Refresh 方法,用于刷新驱动器列表。另外,它也支持 SetFocus 方法和 Move 方法。

10.3.2 目录列表框

1. 主要属性

目录列表框的作用是显示当前驱动器上的文件夹。目录列表框同其他控件一样具有许多标准属性，其中一个重要的在设计模式下不可更改的属性为 Path 属性，用来读取或指定当前的工作文件夹。当改变驱动器列表框 Drive 属性时，将产生 Change 事件，因此只要把 Drive1.Drive 属性赋值给 Dir1.Path，即可产生同步效果，代码如下。

```
Private Sub Drive1_Change ( )
     Dir1.Path = Drive1.Drive
End Sub
```

这样，当改变驱动器列表框的 Drive 属性时，同时目录列表框中的文件夹改变成该驱动器文件夹。

使用 ChDir 语句可以改变当前的文件夹。例如：

```
ChDir Dir1.Path
```

上述语句的作用是把用户在目录列表框中选取的文件夹设为当前文件夹。

2. 主要常用事件

目录列表框的常用事件主要是 Change 事件和 Click 事件。当在目录列表框中双击一个新的文件夹或通过代码改变 Path 属性的时候发生 Change 事件。用鼠标单击目录列表框时发生 Click 事件。

10.3.3 文件列表框

1. 主要属性

文件列表框的作用是显示当前目录中的所有文件或指定文件的清单。文件列表框常用的属性比较多，通常有以下几种。

（1）Path 属性

Path 属性用来指定文件列表框中被显示的文件目录。当目录列表框 Dir1 中的内容发生变化时，会引发 Dir1 的 Change 事件。通过把 Dir1 的 Path 属性赋值给 File1 的 Path 属性，可实现目录列表框与文件列表框的同步操作，代码如下。

```
Private Sub Dir1_Change ()
    File1.Path = Dir1.Path
End Sub
```

（2）Pattern 属性

Pattern 属性用来限制文件列表框中显示的文件类型，默认情况下，其属性值为 "*.*"，即所有文件。在程序中设置 Pattern 属性的格式如下：

文件列表框名称.　Pattern [= 属性值]

例如：例 10.2 中的文件列表框框的 Pattern 属性如果用程序代码设置，则可写为

```
File1.Pattern = "*.jpg;*.bmp"
```

这样，文件列表框只显示扩展名为.jpg 和.bmp 的文件了。值得注意的是，多个扩展名字符间用 ";" 分开。改变 Pattern 属性将产生 PatternChange 事件。

（3）FileName 属性

FileName 属性的值是用户在文件列表框中选定的文件名。

（4）MultiSelect 属性

MultiSelect 属性用于设置文件列表框中是否允许选择多个文件以及文件的选择方式。

（5）ListCount 属性

ListCount 属性用于返回文件列表框中所显示的文件总数。例如：

```
Num = File1. ListCount
```

上述语句返回文件列表框 File1 中显示的文件总数。

2．主要常用事件

（1）PathChange 事件

当文件列表框的 Path 属性改变时发生该事件。

（2）PatternChange 事件

当文件列表框的 Pattern 属性改变时发生该事件。

（3）Click 事件和 DblClick 事件

用鼠标单击时发生 Click 事件；用鼠标双击时发生 DblClick 事件。

10.4　常用的文件操作语句和函数

Visual Basic 提供了许多与文件操作有关的语句和函数，因而用户可以方便地对文件或文件夹进行复制、删除等维护工作。

1．FileCopy 语句

格式：FileCopy　source,destination

功能：复制一个文件。

说明：

（1）source 表示要复制的源文件名，destination 表示目标文件名。

（2）FileCopy 语句不能复制一个已打开的文件。

2．Kill 语句

格式：Kill　pathname

功能：删除文件。

说明：pathname 中可以说使用通配符"*"和"?"。

例如：

　　Kill "*.txt"

上面的语句将当前目录下所有扩展名为.txt 的文件删除。

3．Name 语句

格式：Name　oldpathname　AS　newpathname

功能：重新命名一个文件或目录。

说明：

（1）Name 语句具有移动文件的功能，即重新命名文件并将其移到一个不同的文件夹中。

（2）在 oldpathname 和 newpathname 中不能使用通配符"*"和"?"。

（3）不能对一个已打开的文件使用 Name 语句。

4．MkDir 语句

格式：MkDir path

功能：创建一个新的目录。

5．RmDir 语句

格式：RmDir path

功能：删除一个存在的目录。

说明：RmDir 不能删除一个含有文件的目录。若要删除，则应先使用 Kill 语句删除该目录的所有文件。

6．CurDir 函数

利用 CurDir 函数可以确定任何一个驱动器的当前目录，格式如下：

　　CurDir[(drive)]

其中，drive 表示要确定当前目录的驱动器。如果 drive 为""，则返回当前驱动器的当前目录路径。

7．Lock 和 Unlock 语句

格式：Lock # 文件号 [,记录|[开始] To 结束]

　　　Unlock # 文件号 [,记录|[开始] To 结束]

功能：Lock 和 Unlock 语句用来控制其他进程对已打开的整个文件或文件的一部分的存取。Lock 和 Unlock 语句总是成对出现。当作为顺序文件打开时，Lock 和 Unlock 语句则锁定整个文件。

说明：参数含义如下。

● 记录：要锁定或解锁的记录号或字节号。

● 开始：要锁定或解锁的第一个记录号或字节号。

● 结束：要锁定或解锁的最后一个记录号或字节号。

如果省略"开始"记录，则从第一个记录开始锁定，省略"开始"和"结束"记录则锁定整个文件。

8. FreeFile 函数

格式：FreeFile ()

功能：用 FreeFile 函数可以得到一个程序中没有使用的文件号。

9. Loc 函数

格式：Loc (文件号)

功能：Loc 函数返回由"文件号"指定的文件的当前读写位置。

10. Dir 函数

格式：Dir [(filename[,attributes])]

功能：返回字符串表达式，包含文件名和路径名。

Attributes 参数的取值及具体含义如表 10-2 所示。

表 10-2　　　　　　　　　　　文件函数中 Attributes 的属性设置

VB 常数	值	含　义
vbNormal	0	常规
vbReadOnly	1	只读
vbHidden	2	隐藏
vbSystem	4	系统文件
vbVolume	8	磁盘的卷标
vbDirectory	16	目录或者文件夹
vbArchive	32	文件上一次备份后已经改变

11. FileLen 函数

格式：FileLen (filename)

功能：返回指定文件的大小。

12. FileAttr 函数

格式：FileAttr (文件号,属性)

功能：返回打开文件的有关信息。

13. FileDateTime 函数

格式：FileDateTime(filename)

功能：返回指定文件的最后修改日期或者是被创建的日期。

本章小结

本章主要介绍了文件的概念、文件的结构和分类、顺序文件的读写操作、随机文件的读写操作、二进制文件的读写操作、文件系统控件和文件的基本操作语句与函数。在学习本章后，读者应能掌握文件的概念和文件的 3 种访问模式，以及文件操作的函数和语句，并且会使用文件系统控件。

习 题 十

一、选择题

1. 当文件指针已经指向文件尾时，EOF()函数的返回值是_____。
   A. Null　　　　　　　B. 1　　　　　　　C. False　　　　　　D. True

2. 下列文件打开方式，可以同时进行读写操作的是_____。
   A. Append　　　　　B. Random　　　　C. Output　　　　　D. Input

3. 下列不能直接通过 Visual Basic 语句访问的数据文件是_____。
   A. 顺序文件　　　　B. 随机文件　　　　C. 数据库文件　　　D. 二进制文件

4. 执行语句 Open "student.dat" For_____As #2，可以向 student.dat 文件尾追加数据。
   A. Append　　　　　B. Random　　　　C. Output　　　　　D. Input

5. 下列关于顺序文件的描述中，错误的是_____。
   A. 每条记录的长度必须相同
   B. 读/写文件时只能快速定位到文件头或文件尾，按顺序进行操作
   C. 数据只能以 ASCII 字符形式存放在文件中，所以可用字处理软件显示
   D. 顺序文件的优点是结构简单、访问方式简单、占空间少

6. 下面关于随机文件的描述中，错误的是_____。
   A. 每条记录的长度必须相同
   B. 每条记录对应一个记录号
   C. 每条记录包含的字段数相同，同一字段的数据类型不必相同
   D. 可以按任意顺序访问记录

7. 根据文件的访问类型，文件分为_____。
   A. 顺序文件、随机文件和二进制文件　　B. 程序文件和数据文件
   C. 磁盘文件和打印文件　　　　　　　　D. 二进制文件和 ASCII 文件

8. 文件号的取值范围是_____。
   A. 0 ~ 255　　　　　B. 1 ~ 256　　　　C. 0 ~ 511　　　　　D. 1 ~ 511

9. 在 "Print # 1, "ABCD"" 语句中，Print 是_____。
   A. 在窗体上显示的方法　　　　　　　　B. 文件的写语句
   C. 在立即窗口显示的命令　　　　　　　D. 以上都不是

10. 关于 Print # 和 Write # 的区别，下列叙述错误的是_____。
    A. Print # 和 Write # 都是向顺序文件中写数据
    B. Print # 写入的字符型数据不带双引号
    C. Write # 写入的字符型数据不带双引号
    D. Print # 和 Write #写入的数值型数据不带双引号

11. 由于随机文件是由记录构成的，其中每一条记录由多个字段组成，每个字段可以是
    不同的数据类型，通常使用_____类型的数据表示一条记录。
    A. 变体　　　　　　B. 数组　　　　　　C. 字符串　　　　　D. 自定义

12. 不能将文件 "MyFile.txt" 在文本框 Text1 中显示的是_____。

A.   Private Sub Command1_Click()

```
Dim ss As String
Open App.Path + "\MyFile.txt" For Input As #1
Do While Not EOF(1)
    Input #1, ss
    Text1.Text = Text1.Text + ss + vbCrLf
Loop
Close #1
End Sub
```

B.   Private Sub Command1_Click()

```
Dim ss As String
Open App.Path + "\MyFile.txt" For Input As #1
Do While Not EOF(1)
    Line Input #1, ss
    Text1.Text = Text1.Text + ss + vbCrLf
Loop
Close #1
End Sub
```

C.   Private Sub Command1_Click()

```
Dim ss As String
Open App.Path + "\MyFile.txt" For Input As #1
ss = Input(LOF(1), 1)
Text1.Text = ss
Close #1
End Sub
```

D.   Private Sub Command1_Click()

```
Dim ss As Byte
Open App.Path + "\MyFile.txt" For Input As #1
Do While Not EOF(1)
    Get #1, n, ss
    Text1.Text = Text1.Text + ss + vbCrLf
Loop
Close #1
End Sub
```

13. 在窗体上画一个命令按钮，然后编写如下代码。

```
Private Sub Command1_Click()
    Open "d:\tt.txt" For Input As #2
    Print LOF(2)
    Close #2
End Sub
```

假设文件 "d:\tt.txt" 的内容为 "Hello eveybody!"，那么程序运行后，单击命令按钮，
其输出结果是_____。

A.   14   B.   15   C.   16   D.   不确定

14. 假设 Open 语句打开了文件号为 2 的文件 "tt.txt"，那么关闭该文件应该使用的语句是_____。

    A. Close(#2)　　　　B. Close #2　　　　C. Close "tt.txt"　　　　D. Close

15. 假设有文件列表 File1、驱动器列表 Drive1 和目录列表框 Dir1，为了使三者同步，在下列语句中，不必要的语句是_____。

    Ⅰ. File1.Path = Dir1.Path　　　　Ⅱ. File1.FileName = Dir1.FileName

    Ⅲ. Dir1.Path=Drive1.Drive　　　　Ⅳ. Dir1.Path=Drive1.Path

    A. Ⅰ和Ⅲ　　　　B. Ⅱ和Ⅳ　　　　C. Ⅰ、Ⅲ和Ⅳ　　　　D. 以上全不是

16. 将变量 s 的内容写入一个顺序文件 dat1.dat 中，正确的程序是_____。

    A. Open "dat1.dat" For Input As #1

      Write #1, s

      Close #1

    B. Open "dat1.dat" For Output As #1

      Write #1, s

      Close #1

    C. Open "dat1.dat" For Random As #1

      Write #1, s

      Close #1

    D. Open "dat1.dat" For Binary As #1

      Write #1, s

      Close #1

17. File1.Pattern="*.txt"语句执行后，File1 文件列表框中显示_____。

    A. 只包含扩展名为.txt 的文件　　　　B. 第一个.txt 文件

    C. 包含所有文件　　　　D. 显示磁盘路径

18. 目录列表框 Path 属性的作用是_____。

    A. 显示当前驱动器或指定驱动器上的路径

    B. 显示当前驱动器或指定驱动器上某个目录下的文件名

    C. 显示根目录下的文件

    D. 只显示当前路径下的文件

19. 下面_____不是 Visual Basic 的文件类控件。

    A. DriverListBox 控件　　　　B. DirListBox 控件

    C. FileListBox 控件　　　　D. MsgBox 控件

20. 下面 4 个控件中具有 FileName 属性的是_____。

    A. DriverListBox 控件　　　　B. DirListBox 控件

    C. FileListBox 控件　　　　D. 组合框控件

二、简答题

1. 什么是文件？根据访问模式的不同，文件分为哪几种类型？

2. 说明 EOF()和 LOF()函数的功能。

3. 说明 Print # 和 Write # 语句的区别。

4. 随机文件和二进制文件的读/写操作有什么不同？

三、编程题

1. 在窗体上添加驱动器列表框、目录列表框、文件列表框和文本框。程序运行后，实现驱动器列表框、目录列表框和文件列表框三者同步。如果双击文件列表框，则在文本框中显示所选文件的完整路径和文件名。界面设计效果如图 10-6 所示，运行效果如图 10-7 所示。

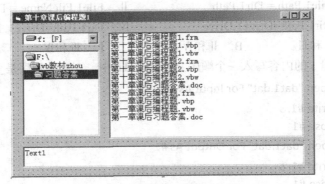

图 10-6　编程题 1 的设计界面

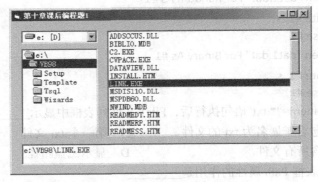

图 10-7　编程题 1 的运行界面

2. 编写一个应用程序，单击"生成"按钮，产生 50 个 1～99 的随机整数，并将这些数据写入数据文件 D:\Data1.txt，并显示在列表框 List1 中；单击"排序"按钮，将数据从 Data1.txt 读出，并按从小到大的顺序显示在列表框 List2 中；单击"写入"按钮，将排序后的数据写入文件 D:\Data2.txt 中。程序的设计效果如图 10-8 所示，运行效果如图 10-9 所示。

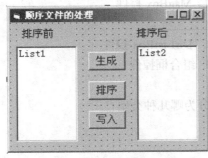

图 10-8　编程题 2 的设计界面

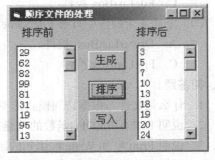

图 10-9　编程题 2 的运行界面

第11章
数据库应用

【本章重点】

※　数据、数据库、数据库管理系统、数据库系统的基本概念

※　数据库的创建、数据表的创建

※　Data 控件的常用属性和方法

※　ADO Data 控件的常用属性和方法

※　ADO 对象模型

※　利用 Data 控件、ADO Data 控件或者 ADO 对象模型实现记录的相关操作

※　数据绑定控件的常用属性和方法

数据库技术是 20 世纪下半叶开始发展起来的一门数据管理自动化的综合性新技术。数据库技术是计算机信息管理的主导技术之一，数据库技术研究解决了计算机信息处理中的大量数据有效组织和存储的问题。数据库管理系统作为数据管理最有效的手段，为高效、精确地处理数据创造了条件。数据库的应用领域相当广泛，从一般的事务性处理，到各种专门化数据的存储与管理，都可以建立不同类型的数据库。建立数据库的目的不仅仅是保存数据，更重要的是帮助人们管理与控制与这些数据相关联的事物。

Visual Basic 最引人注目的特点之一就是它具有强大的数据库访问功能，利用它能够开发各种数据库应用系统，可以管理、维护和使用多种类型的数据库。前台用 Visual Basic 作为程序开发语言，与后台的数据库管理系统相结合，能够提供一个高性能的客户机/服务器方案。

11.1　数据库基础

11.1.1　数据库的基本概念

1. 信息与数据的概念

谈起数据，人们往往认为就是数字，如 80、86.6、-6。然而，从计算机的视角来看，数据不仅仅是数字，其范畴很广，像数字、文字、图像、音频、视频等都是数据。本质上，数据是用符号描述的客观事物。数据的概念包含两个方面：数据内容和数据形式。数据内容是指所描述客观事物的特征和特性。数据形式是指描述客观事物特征和特性所采用的符号，可以用多重形式，如数字、文字、图像、音频、视频。例如，在学生档案中，学生信息有姓名、性别、出生年份、籍贯、

所在系部、入学时间，那么可以用下面一组符号的组合来表示学生这一客观事物的特征和特性：

（张三、男、1991、重庆、计算机系、2011）

以上这一组符号就是描述学生信息的数据。在计算机中，数据最终是用二进制的形式进行存储和处理的。

信息是人们对客观世界各种事物的特征、行为以及事物之间相互联系的抽象反映。对这些经抽象而形成的概念，人们可以理解，可以加工传播，还可以进行推理，从而达到认识世界、改造世界的目的。由此可见，信息在人类社会活动中有着非常重要的意义。对信息的理解可以从两个方面来考虑：一方面，信息是数据的含义；另一方面，信息是经过处理的数据。

数据和信息这两个概念既有联系又有区别，数据是表达信息的载体，信息是数据所表达的内涵。同一信息可以有不同的数据表达形式。由于数据和信息相互间的这种依赖关系，人们没有必要对它们进行严格的区分，数据和信息可以被看成是同样的概念。

2. 数据处理的概念

由于客观事物之间存在联系。因此，从已有的数据出发，根据客观事物之间的联系，通过分析、推理产生新的有意义的数据。新的数据表达了新的信息，可以用来作为决策的依据。这种从已知的数据推导出新的更有意义的数据的过程就是数据处理。

例如，已知一个班每个学生的各门课程的成绩，经过数据处理可以得到各种新的信息，如综合成绩排名、某一门课程的平均分、某门课程不及格的人员情况等。

3. 数据库的概念

数据库（Database）是指以一定的组织形式存放在计算机存储介质上的相互关联的、可共享的数据集合。例如，把一个学校的学生、教师和课程等数据有序地组织起来，存储在计算机磁盘上就可以构成一个数据库。

4. 数据库管理系统

数据库管理系统（DBMS）是一种操纵和管理数据库的软件，用于建立、使用和维护数据库。它对数据库进行统一的管理和控制，以保证数据库的完整性和安全性。用户通过 DBMS 访问数据库中的数据，数据库管理员也通过 DBMS 进行数据库的维护工作。

5. 数据库系统

数据库系统（DBS）是一个计算机应用系统，由计算机硬件、数据库、数据库管理系统、应用程序、数据库管理员（DBA）以及用户组成。

11.1.2　数据模型

模型，特别是具体模型，人们并不陌生。一张地图、一架精致的航模飞机都是具体的模型。一眼望去，就会使人联想到真实生活中的事物。模型是对现实世界中某个事物特征的模拟和抽象。数据模型也是一种模型，它是对现实世界"数据特征"的抽象。也就是说，数据模型是用来描述数据、组织数据和对数据进行处理的。数据模型是数据库系统的核心和基础。各种机器上实现的 DBMS 软件都是基于某数据模型或者说支持某种数据模型的。

数据模型应满足三方面要求：一是能比较真实地模拟现实世界；二是容易被人理解；三是便于在计算机上实现。一种数据模型要同时很好地满足这三方面的要求，目前还很困难。因此，在数据库工作的不同阶段，针对不同的对象和应用目的，采用不同的数据模型。如同在建筑设计和施工的不同阶段需要不同的图纸一样，在开发实施数据库应用系统时也需要使用不同的数据模型。根据应用的不同目的，可以将这些模型划分为三个不同的层次：概念模型、逻辑模型和物理模型。

（1）第一类模型是概念模型，也称为信息模型，是数据库设计人员在认识客观事物和事物之间的联系后进行的一种抽象，是按用户的观点来对数据和信息建模，用于数据库设计阶段。

（2）第二类模型是逻辑模型。逻辑模型主要包括网状模型、层次模型、关系模型、面向对象模型等。逻辑模型是按计算机系统的观点对数据建模，用于 DBMS 的实现阶段。

（3）第三类模型是物理模型。物理模型是对数据最底层的抽象，描述数据在系统内部的表示方式和存取方法以及在磁盘或磁带上的存储方式和存取方法，是面向计算机系统的。

为了把现实世界中的具体事物抽象、组织为某一 DBMS 支持的数据模型，首先要将现实世界抽象为信息世界，这一步称为概念设计阶段，概念设计用概念模型作为工具。其次，把概念模型转换为逻辑模型，这一步称为逻辑设计阶段。最后，把逻辑模型转换为物理模型。从现实世界到概念模型的转换是由数据库设计人员完成的，并且概念模型并不依赖具体的计算机系统，不是某一个 DBMS 支持的数据模型，而是概念级的模型。从概念模型到逻辑模型的转换可以由数据库设计人员完成，也可以用数据库设计工具协助设计人员完成，从逻辑模型到物理模型的转换一般是由 DMBS 软件自动完成的。

11.1.3 关系型数据库的基本概念

关系模型是三类逻辑模型中最经典、建模能力最强、使用最多的一种，然而关系模型却是最晚发展起来的。关系模型是由科迪（E.F.Codd）在 1970 年首次提出来，并于后来和戴特（C.J.Date）一起将关系模型建立在关系代数基础上，为关系数据库的诞生奠定了理论基础。关系型数据库是采用关系模型作为数据的组织方式，关系模型由一组关系组成，每个关系都是一张二维表，在关系模型中是用表格结构来描述数据以及数据间的联系的。

1. 关系的概念

一个关系就是一张二维表，每个关系取一个名字，称为关系名。例如表 11-1 中的"学生基本信息表（Student）"就是一个关系，该关系名即是它的表名"学生基本信息表（Student）"。所以，后面将不区分关系和表，视它们为同一个概念。

表是同一类型的数据的集合，它是由行列方式组织的。表是一种数据对象，它可以具有很多列，每一列称为一个属性或者字段，表中的所有属性构成了表的结构。例如，表 11-1 所示的学生基本信息表（Student）包括了"学号""姓名""性别""出生日期""所在系部"等属性。

（1）记录（Record）

表中的一行即为一个记录，一个记录表示一个实体的相关信息。例如表中的第一个学生的信息（119014301，张鹏，男，1991.2.6，计算机）就是一个记录，它用来表示张鹏这个实体的相关信息。

表 11-1　　　　　　　　　　学生基本信息表（Student）

学　号	姓　名	性　别	出生日期	所在系部
119014301	张鹏	男	1991.2.6	计算机
119014302	李雪梅	女	1991.12.3	计算机
119104060	刘强	男	1992.8.6	会计
119104061	杨玉萍	女	1992.3.9	会计

（2）字段（Field）

表中的每一列称为一个字段，给每一个字段起一个名称即字段名。创建一个数据库表时，要设置每一个字段的数据类型等属性。例如表 11-1 所示的学生基本信息表（Student）包括了"学号""姓名""性别""出生日期""所在系部" 5 个字段，其中"姓名"字段可定义为字符型，"出生日期"字段可定义为日期型。

（3）域（Domain）

属性的取值范围，如人的性别只能是男或者女，所以（男，女）就是性别这个字段的域。系别的域是一个学校所有系名的集合。

（4）主键（Primary Key）

主键能唯一标识一个记录的一个或一组字段。例如，在学生信息表（Student）中，对每个学生来说，其学号是唯一的，所以学号是主键。

（5）外键

外键是表中的某个或某组属性，该属性在另一张表中是主关键字。在一张表中，其外键的值是来自于另一张表中主键的值。外键的值不能随意生成，必须属于另一张表中主键的某个值，即外键值是来自于另一张表中的主键的值。因此，通过外键和主键建立了两张表之间的联系。例如表 11-2 所示的学生成绩表（Score），"学号"是该表的外键，其属性值来自于表 11-1 学生基本信息表（Student）中的主键"学号"。在学生基本信息表中没有的学号是不能出现在学生成绩表中的。表 11-2 所示的学生成绩表（Score）和表 11-1 所示的学生基本信息表（Student）通过外键建立了联系。

表 11-2　　　　　　　　　　　　学生成绩表（Score）

学　　号	姓　　名	英　　语	数　　学	语　　文
119014301	张鹏	80	85	76
119014302	李雪梅	85	88	95
119104060	刘强	90	87	86
119104061	杨玉萍	78	98	96

（6）索引

索引是为加速查找引入的，索引提供一个针对表中特定列的数据的指针，大多数数据库都使用索引，其目的是提高检索数据库记录的效率。建立索引的作用好比是一本书的目录，读者可以通过目录快速查找到相应信息的位置。在一个数据库中可以建立多个索引，但只能有一个主索引，且主索引的字段不允许重复，是唯一的。例如，为了快速检索学生的信息，可以在学生信息表（Student）中以"学号"为索引字段建立一个索引。

2．关系的特点

在关系模型中，关系具有以下特点。

（1）关系中的任何一个属性都是不可再分的。关系中的任何一个属性都是不可分割的最小数据单元，也即表中不能再包含表。

（2）在同一个关系中不能出现相同的属性名。

（3）关系中记录的个数是有限的。

（4）关系中属性（也即表中的列）的顺序是可以交换的，记录（也即表中的行）的顺序也是可以交换的。

3．关系模型的优点

（1）数据结构单一。在关系模型中，每个关系都对应一张二维表，其数据结构简单、清晰。

（2）关系规范化，并有严格的数学理论基础支撑。关系中的每个属性是不可再分的，这是构成关系的基本规范。关系是建立在关系代数基础之上的，因而具有坚实的理论基础。

（3）概念简单，操作方便。关系模型的一大优点就是简单、易学易用。一个关系就是一张二维表，用户只需用简单的查询语言就能对数据库进行操作。

11.1.4 SQL 简介

SQL（Structured Query Language），即结构化查询语言，它已经成为国际标准的数据库语言，几乎所有的关系数据库管理系统软件都支持 SQL 语言。利用 SQL 可以很方便地实现对数据库的操作，如创建表、查询记录、增加记录、删除记录、修改记录等。在 Visual Basic 中可以很方便地嵌入 SQL 命令以对与之相连的数据库进行操作。SQL 的主要命令如下。

1. 定义表（CREATE TABLE）

SQL 语言使用 CREATE TABLE 语句定义基本表，其格式如下：

```
CREATE TABLE  表名（字段 1    数据类型  字段的完整性约束，
                   字段 1    数据类型  字段的完整性约束，
                   …）；
```

例如，创建一个"学生信息"表，它有五个字段，分别是：Sno（学号）、Sname（姓名）、Ssex（性别）、Sbirthday（出生日期）、Sdept（所在系部）。其中字段 Sno 是主键，数据类型是字符型，长度为 9，字段 Sbirthday 的数据类型是日期型。

```
CREATE TABLE Student
( Sno CHAR (9) PRIMARY KEY,
    Sname CHAR(20),
    Ssex CHAR(2),
    Sbirthday DATE,
    Sdept CHAR(20)
);
```

2. 数据查询（SELECT）

数据库查询是数据库的核心操作。SQL 提供了 SELECT 语句进行数据库的查询，该语句具有灵活的使用方式和丰富的功能，其格式为：

```
SELECT  字段列表
FROM  表名
[WHERE  条件表达式]
[GROUP BY  分组字段]
[ORDER BY  排序字段  [ASC|DESC]];
```

上述 SELECT 语句的含义是，根据 WHERE 子句的条件表达式，从 FROM 子句指定的表中找出满足条件的记录。SELECT 后面的字段列表，用来指定从给定的数据库表中要获取哪些字段，当要选定数据库表中的所有字段时，可用"*"表示。FROM 用来指定要查询的数据库表。WHERE 后面的条件表达式是一个关系表达式，用来指定查询条件。GROUP BY 子句将结果按 GROUP BY 子句后面的分组字段进行分组。ORDER BY 子句将结果按 ORDER BY 排序字段进行升序或降序排序。例如：

```
SELECT    *
FROM Student
WHERE    Sdept ='计算机'
GROUP BY    Ssex
ORDER BY    Sbirthday ASC;
```

其含义是：在学生信息表 Student 中查找计算机系的学生，查询结果按性别分组，并按出生日期进行升序排序。

3．插入数据（INSERT）

插入数据的 INSERT 语句的格式为：

    INSERT   INTO   表名 ([字段 1，字段 2，...]) VALUES（[值 1，值 2，...])

INSERT 语句是将新记录插入到表中，其中新记录的字段 1 的值为 VALUES 后面的值 1，字段 2 的值为 VALUES 后面的值 2。例如，INSERT INTO Student(Sno,Sname,Ssex,Sbirthday,Sdept) VALUES("119014303","高强","男",1992.7.8, "计算机")，其含义是，在学生信息表 Student 中插入一个学号是"119014303"，姓名是"高强"，性别是"男"，出生日期是"1992.7.8"，专业是"计算机"这样的一条记录。

4．修改数据（UPDATE）

修改数据的 UPDATE 语句的格式为：

```
UPDATE  表名
SET  字段名 1 = 值 1[，字段名 2 = 值 2，...]
[WHERE  条件];
```

UPDATE 语句是修改指定表中满足 WHERE 子句条件的记录。其中 SET 子句给出的值替换相应字段原来的值。如果省略 WHERE 子句，则表示修改表中的所有记录。例如，UPDATE Student SET Sbirthday='1992.2.6',Sdept='会计' WHERE Sname=' 张鹏'，其含义是，修改学生信息表中张鹏这位学生的记录，把他的出生日期和所在系部分别修改成"1992.2.6"和"会计"。

5．删除数据（DELETE）

删除数据的 DELETE 语句的格式为：

```
DELETE
FROM  表名
[WHERE  条件];
```

DELETE 语句是删除表中满足 WHERE 子句条件的所有记录。例如，DELETE   FROM Student WHERE Sname='张鹏'，其含义是删除学生信息表中姓名是张鹏的学生信息。

11.2　可视化数据管理器

创建数据库可以使用数据库管理软件（如 Access、SQL Server 等）进行创建，也可以使用 Visual Basic 中提供的可视化数据管理器进行创建。利用可视化数据管理器可以很方便地创建数据库，以及对数据库进行各种操作。

11.2.1 建立数据库

一个数据库是由一张或多张数据库表组成的，所有的数据存放在不同的数据库表中。因此创建数据库的过程如下。

第一步，先创建一个数据库，这时的数据库是空的、没有任何表，只是保存在磁盘中的一个数据库文件。

第二步，在已经创建的数据库中添加表。

第三步，在已经创建的数据库表中录入数据。

下面是使用 Visual Basic 的可视化数据管理器创建数据库的步骤和方法。

1. 创建数据库

创建数据库的步骤如下。

第一步：启动 Visual Basic 软件，在 Visual Basic 集成开发环境中单击"外接程序"菜单的"可视化数据管理器"选项，即可打开可视化数据管理器，其窗口如图 11-1 所示。

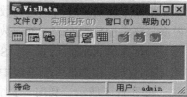

图 11-1　可视化数据库管理器

第二步：在可视化管理器中单击"文件"菜单，选择"新建"选项，然后再选择数据库类型，例如（Access 数据库、SQL Server 数据库等），在这里创建的是 Access 数据库，所以还要继续选择版本 Version 7.0 MDB（7）。需要注意的是，要创建某种类型的数据库，必须事先安装相应的数据库软件。否则无法在 Visual Basic 的可视化数据库管理器中创建相应类型的数据库。例如，如果要在 Visual Basic 的可视化数据库管理器中创建 Access 数据库，必须事先安装 Microsoft Office 软件组（其中就有 Access 软件）。

第三步：在弹出的对话框中选择要创建的数据库文件保存的路径并输入数据库文件名，如图 11-2 所示。单击"保存"按钮保存创建的数据库后，将打开两个子窗口，左边为"数据窗口"，右边为"SQL 语句"窗口，如图 11-3 所示。单击数据窗口中的"Properties"项左边的"+"，可以看到数据库的常用属性。在右边窗口中输入 SQL 语句可以对数据库进行操作。

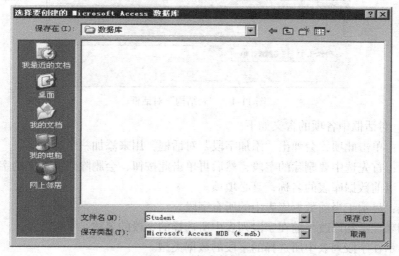

图 11-2　保存数据库

图 11-3　数据库子窗口和 SQL 语句子窗口

2. 添加数据库表

　　根据上面的步骤所创建的数据库是空的，其中没有数据库表，更没有数据。所以，接下来要根据需要添加数据库表。创建数据库表包括对表中各个字段的定义和表中索引的定义。下面是在以上所创建的 Access 数据库"Student"中建立一个"学生信息表"的步骤。

　　第一步：在数据库子窗口中单击鼠标右键，选择"创建表"菜单，则会打开"表结构"对话框，如图 11-4 所示。利用"表结构"窗口可以创建表、查看表结构、修改表结构。

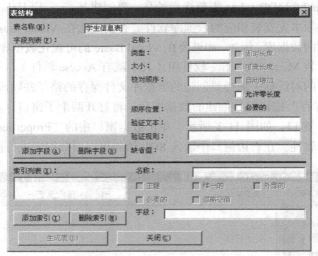

图 11-4　"表结构"对话框

　　"表结构"对话框中各项的含义如下。

　　添加字段：单击此项，会弹出"添加字段"对话框，用来添加一个字段。

　　删除字段：首先选中要删除的字段，然后再单击此按钮，会删除当前选中的字段。

　　表名称：当前数据库表的名称，是必填项。

　　字段列表：显示了当前数据库表中的所有字段。

　　名称：用来显示和修改当前在字段列表中所选择的字段的名称。

　　类型：显示在字段列表中所选择的字段的数据类型。

　　大小：显示在字段列表中所选择的字段的最大长度（以字节为单位）。

　　固定长度：只有 Text（文本）类型的字段才有这一项，表示当前字段的长度是固定的。当选择固定长度时，如果所输入的数据没有达到最大长度，则后面自动用空格填充。例如，当表格中的姓名字段定义为文本型，并且大小为 8 时，如果输入某条记录时，名字输入"张三"，那么会自动在后面添加 4 个空格（一个汉字两个字节）。

可变长度：只有 Text（文本）类型的字段才有这一项，表示当前字段的长度是可变的。当选择可变长度时，如果所输入的数据没有达到最大长度，那么输入多少个字符就有多少个字符，并不会在后面自动用空格来填充。

自动增加：只有 Long 类型的字段才有这一项。当选中此项，在表中增加新记录时，对于此字段的值可以输入，也可以不输入。如果不输入，那么数据库系统会自动添加此字段的值，并且值是上一条记录的基础上自动增加 1。

允许零长度：只有 Text（文本）类型和 Memo（备注）类型才有这一项，当选中时，将允许长度为零的字符串（也即字符串""）。

必要的：选中时，此字段必须要有值，不能为空。

顺序位置：确定字段的相对位置。

验证文本：这是对设置了验证规则的字段进行输入值时，如果输入的内容不符合验证规则就会出现错误提示信息，这个错误提示信息就是验证文本中的内容。

验证规则：用来固定字段输入的值必须符合某种要求，否则就会出错。例如，在验证规则中"输入='男' or ='女'"，那么此字段的值必须输入"男"或"女"，输入其他任何字符都会出错。

默认值：在输入字段内容时，如果不输入该字段内容，则会用该默认值作为该字段的内容。

添加索引：单击此项，会弹出添加索引对话框，用来添加索引。

删除索引：单击此项，会删除当前在索引列表框中选中的索引。

索引列表：显示当前已经建立的索引。

名称：用来显示或修改当前选中的索引名称。

主键：选中此项时，表示当前索引是主索引。

唯一的：选中此项时，表示当前索引字段具有唯一的值，也就是表中的所有记录在该索引字段上不可以有相同的。

外部的：选中此项时，表示该索引字段是外键。

必要的：选中此项时，表示当前索引必须是非空值。

忽略空值：选中此项时，表示含有空值的字段不包括在索引之中。

第二步：在"表结构"对话框的"表名称"右边输入数据库表名称，如"学生信息表"。

第三步：在输入表名称后，单击"添加字段"按钮，创建学生信息表的字段。如果一张表中有多个字段，那么创建字段的操作需要重复进行，直到所有的字段创建完成后单击"关闭"按钮。图 11-5 所示为添加学号的对话框，名称栏输入"学号"，类型选择文本型，并且选中"必要的"。学生信息表各字段的信息如表 11-3 所示。创建完成后的学生信息表如图 11-6 所示。

表 11-3　　　　　　　　　　学生信息表的字段信息

字 段 名	字 段 类 型	字 段 长 度
学号	Text	9
姓名	Text	8
性别	Text	2
出生日期	Date/Time	8
所在系部	Text	20

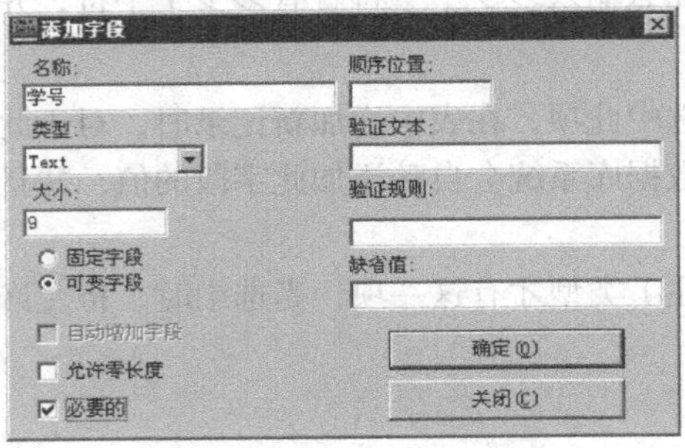

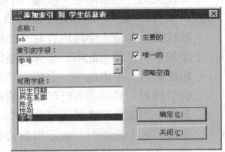

图 11-5 "添加字段"对话框 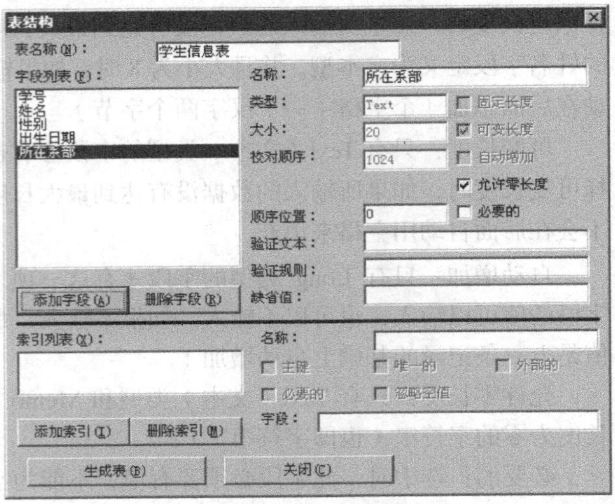　　　　　　　图 11-6 添加字段后的"表结构"对话框

第四步：单击"添加索引"按钮，弹出"添加索引"对话框。在可用字段列表中，选择索引字段（例如"学号"字段），随后所选择的字段会出现在"索引的字段"列表中。在名称栏中输入索引的名称（例如 xh），结果如图 11-7 所示。一个索引创建完成后单击"确定"按钮，如果需要继续创建索引，就重复操作；否则，单击"关闭"按钮，关闭"添加索引"对话框，回到"表结构"对话框。

第五步：单击"表结构"对话框的"生成表"按钮，就在数据库中添加了一个新的数据库表。这时会在"数据库窗口"中显示当前已添加的所有数据库表的名称，单击名称左侧的"+"号可以展开表的字段、索引以及属性等相关信息，如图 11-8 所示。

图 11-7 "添加索引"对话框

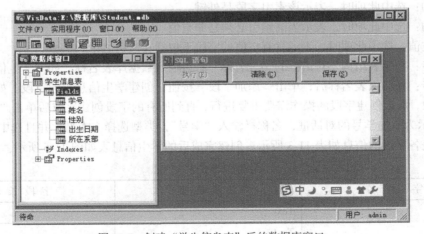

图 11-8 创建"学生信息表"后的数据库窗口

3. 向数据库中输入数据

通过以上的步骤已经成功创建了一张新的数据库表结构，也即学生信息表。但是目前这张学

生信息表只是一张具有表结构的空表，并无任何学生信息内容。双击"数据库"窗口中的学生信息表，就可以打开数据显示窗口，如图 11-9 所示。在图 11-9 所示的数据显示窗口中，单击"添加"按钮，就可以输入学生信息，如图 11-10 所示。数据输入完成后，单击"更新"按钮，数据才能真正输入到表中。图 11-9 所示的数据显示窗口中的其他按钮的作用为："编辑"按钮用来修改已经存在的记录；"删除"按钮用来删除一条记录；"关闭"按钮用于关闭当前窗口；"排序"按钮用来对记录进行排序；"过滤器"按钮用来过滤满足条件的记录；"移动"按钮用来将当前记录移动到指定位置；"查找"按钮用来查找满足条件的记录。

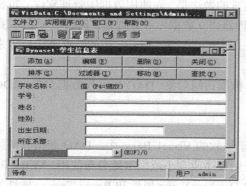

图 11-9　数据显示窗口　　　　　　　　　　　　图 11-10　数据输入窗口

11.2.2　建立数据查询

数据库不仅用来记录各种各样的数据，而且要对数据进行管理。其中最基本、最重要的操作就是查询。可以使用 SQL 语句进行查询，也可以使用可视化管理器中的"查询生成器"进行查询。利用"查询生成器"进行查询的步骤如下。

第一步：单击可视化数据管理器中的"实用程序"菜单项，选择"查询生成器"，打开"查询生成器"对话框。

第二步：在"表"下面的列表框中选择要查询的表，例如"学生信息表"，表所包含的字段随即显示在右侧的字段列表框中，然后在字段列表中选择要在查询结果中显示的字段。

第三步：在字段名称、运算符、值中分别选择和输入所需查询内容。如查询性别是"男"的学生。如果查询条件有多个，条件之间是"并且"的关系，则选择"将 And 加入条件"；如果条件之间是"或者"的关系，则选择"将 Or 加入条件"。例如，图 11-11 所示为在学生信息表中查询计算机系所有男生的姓名和出生日期信息。

第四步：单击"运行"按钮，在弹出的"这是 SQL 传递查询码？"的对话框中单击"否"按钮，显示查询结果。

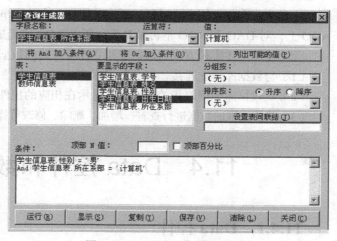

图 11-11　"查询生成器"对话框

11.3　数据库访问技术

数据访问是指用 Visual Basic 作为开发应用程序的前台，前台程序负责与用户交互，可以处理数据库中的数据，并将所处理的数据按照用户的要求显示出来。数据库为后台，主要是表的集合，为前台提供数据。

在使用 Visual Basic 开发数据库应用程序时，通常的做法是，先使用数据库管理软件（如 SQL Server、Access 等）或 Visual Basic 可视化数据库管理器建立数据库和数据表，然后在 Visual Basic 程序中通过使用数据库访问技术与数据库建立连接，再通过 Visual Basic 中的数据绑定控件来对数据库中的数据进行显示。

在 Visual Basic 中可用的数据访问技术有三种：数据访问对象（DAO）、远程数据对象（RDO）、ActiveX 数据对象（ADO）。

1. 数据访问对象（DAO）

DAO 是一种应用程序编程接口（API），存在于微软的 Visual Basic 中。DAO 是微软的第一个面向对象的数据库接口。DAO 最适用于单系统应用程序或在小范围本地分布使用。Visual Basic 把 DAO 模型封装成了 Data 控件，分别设置相应的 DatabaseName 属性和 RecordSource 属性就可以将 Data 控件与数据库中的记录连接起来。

2. 远程数据对象（RDO）

RDO 是一个到 ODBC 的面向对象的数据访问接口，利用 RDO 和 MSRDC，应用程序无须使用本地的查询处理程序即可访问 ODBC 数据源，因此在访问远程数据库时，可以获得更好的性能与更大的灵活性。和 DAO 一样，在 Visual Basic 中也把其封装为 RDO 控件了，其使用方法与 DAO 控件的使用方法相同。

3. ActiveX 数据对象（ADO）

ADO 是 Active Data Object 的缩写，是一种建立在 OLE DB 上的轻量的、高性能的应用程序层接口，同时也支持 ODBC 访问。ADO 是一种基于对象的数据访问接口，可以处理任何类型的本地或远程数据，因此 ADO 技术得到了广泛的应用。ADO 扩展了 DAO 和 RDO 所使用的对象模型，这意味着它包含较少的对象，更多的属性、方法和事件。微软已经明确表示今后把重点放在 ADO 上，对 DAO 和 RDO 不再做升级，所以 ADO 已经成为了当前数据库开发的主流。

无论使用上述哪种方式与数据库建立连接并访问数据库，都要经历以下基本步骤。

（1）与数据库建立连接，打开数据库。

（2）从数据库中读取相关数据，并显示在相应的控件中。

（3）对所读取的数据进行查看、增加、删除、修改等操作，并将修改后的数据保存到数据库中。

11.4　Data 控件和数据绑定控件

11.4.1　Data 控件

通过设置 Data 控件的属性，可以快速建立与数据库的连接。在窗体上绘制的 Data 控件，其外观如图 11-12 所示。

两端的 4 个按钮分别用于控制其对应记录集记录指针

图 11-12　Data 控件

的移动，从左至右依次为 MoveFirst（移动到第一条记录）、MovePrevious（移动到前一条记录）、MoveNext（移动到下一条记录）和 MoveLast（移动到最后一条记录）。

1．Data 控件的常用属性、事件和方法

Data 控件的常用属性、事件和方法如表 11-4 至表 11-6 所示。

表 11-4　　　　　　　　　　　　　　　　Data 控件的常用属性

属　　性	描　　述
Connect	指定数据库的类型
DatabaseName	设置 Data 控件的数据源
RecordSource	设置 Data 控制的记录源，以确定具体访问的数据，这些数据将构成 Data 控件的记录集（Recordset）对象。Data 控件的记录源可以是表、查询或 SQL 语句
RecordType	设置记录集的类型。0 表示为表类型；1 表示为动态集类型；2 表示为快照类型
ReadOnly	设置数据库是否是"只读"

表 11-5　　　　　　　　　　　　　　　　Data 控件的常用事件

事　　件	描　　述
Validate	当移动 Data 控件中的记录指针时就会触发该事件。如果在该事件触发之前，绑定控件中的内容被修改，那么该事件触发后，数据库当前记录的内容也将被更新
Reposition	当移动 Data 控件中的记录指针时就会触发该事件。Validate 事件和 Reposition 事件的不同之处在于 Validate 事件是在即将移动记录之前发生，Reposition 事件是在移动记录之后发生。如果绑定控件中的内容被修改，那么该事件触发后，数据库当前记录的内容同样也将会被更新

表 11-6　　　　　　　　　　　　　　　　Data 控件的常用方法

方　　法	描　　述
Refresh	重新建立或显示与 Data 控件相连的数据库记录集。如果在程序代码中改变了 DatabaseName、ReadOnly、Exclusive 或 Connect 的属性值，就必须用 Refresh 方法来刷新记录集
UpdateRecord	当绑定控件的内容改变时，如果不移动记录指针，数据库中的值不会改变，可以通过该方法来确认记录的修改，将绑定控件中的数据写入数据库中
UpdateControls	如果用户更改了当前记录的数据，可以使用该方法将当前记录内容恢复为原始值，取消已做的更改。但是如果当前记录修改完成后接着移动了记录指针或者当前记录修改后已经通过 UpdateRecord 方法确认了记录的修改，那么此时就无法再通过 UpdateControls 方法取消已经确认的更改

2．RecordSet 对象

Date 控件的 RecordSet 是一个属性，也是一个对象。RecordSet 记录集是一个表中所有的记录或运行一次查询所得的记录结果。RecordSet 对象具有特定的属性和方法，对它的操作最终会传送到数据控件连接到的数据库中的相应数据表中。

RecordSet 对象常用的属性与方法如表 11-7 和表 11-8 所示。

表 11-7 RecordSet 的常用属性

属　　性	描　　述
AbsolutionPosition	返回当前记录指针的位置，0 为第一条记录
RecordCount	RecordCount 属性为只读属性，用于返回记录集中记录的个数
NoMatch	指示当使用 Seek 方法或 Find 方法进行查找时，是否找到匹配的记录
BOF 和 EOF	当前记录指针位于首记录之前，BOF 的值为 True，否则为 False；当前记录指针位于最后一条记录之后，EOF 的值为 True，否则为 False

表 11-8 RecordSet 的常用方法

方　　法	描　　述
Move	使记录指针向前或向后移动。格式为 Move n
MoveFirst	把记录指针移至第一条记录
MoveLast	把记录指针移至最后一条记录
MoveNext	把记录指针移至当前记录的下一条记录
MovePrevious	把记录指针移至当前记录的上一条记录
Seek	在表类型的记录集中从头开始搜索满足指定条件的第一个记录，并使该记录成为当前记录。注意：Seek 方法只能用于表类型的记录集，也就是 RecordType 必须设置为 0，而且使用该方法必须打开表的索引
FindFirst FindLast FindNext FindPrevious	在 RecordType 属性设置为 Dynaset 或 Snapshop 类型的 Recordset 对象时查找与指定条件相符的一条记录，并使之成为当前记录，共有 4 种方法： （1）从记录集的开始查找满足条件的第 1 条记录 （2）从记录集的尾部向前查找满足条件的第 1 条记录 （3）从当前记录开始查找满足条件的下一条记录 （4）从当前记录开始查找满足条件的上一条记录
Delete	删除当前记录
AddNew	用于在记录集中追加一条新记录，并将指针指向它
Edit	在对当前记录内容进行修改之前，需使用该方法使记录处于编辑状态
Update	保存当前记录所做的所有更改

11.4.2　数据绑定控件

Data 控件和 ADO 都是数据库访问技术，用它们可以实现与数据库相连接，但它们没有显示数据的功能，显示数据的工作需要由数据绑定控件来完成。数据绑定控件用于显示数据库表中的内容。

数据绑定控件有文本框（TextBox）、标签（Label）、复选框（CheckBox）、组合框（ComboBox）、列表框（ListBox）、图像框（Image）、图片框（PictureBox）等内部控件，以及数据列表（DataList）、数据组合框（DataCombo）、数据网格（DataGrid）、表格（MSFlexGrid）等 ActiveX 控件。

在数据绑定控件中有两个标准的属性：DataSource 和 DataField 属性。必须在设计或在运行时设置数据绑定控件的这两个属性，才能使控件显示数据库记录集中的数据。如表 11-9 所示。

表 11-9	数据绑定控件的常用属性
属　　性	描　　述
DataSource	设置或返回一个数据源，通过该数据源，数据绑定控件被绑定到一个数据库
DataField	将数据绑定控件绑定到某个字段

【例 11-1】学生信息管理 1，利用本章所建立的 Student 数据库，使用 Data 控件连接数据库，建立一个对学生信息进行管理（查看、增加、修改、删除）的程序，设计图 11-13 所示的界面。

（1）新建工程和窗体，添加 5 个标签（Label1、Label2、Label3、Label4、Label5）、6 个文本框（Text1、Text2、Text3、Text4、Text5、TextFind）、8 个命令按钮（CmdFind、CmdAdd、CmdSave、CmdDelete、CmdFirst、CmdPrevious、CmdNext、CmdLast）和 1 个 Data 控件（Data1）。窗体、标签、命令按钮的 Caption 属性值如图 11-13 所示，文本框的 Text 属性值全部为空。

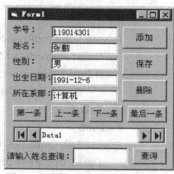

图 11-13　例 11-1 学生信息管理 1

（2）设置 Data1 控件的 Connect 属性为 Access，DatabaseName属性连接到 Student.mdb，RecordsetType 设置为 1-Dynaset，RecordSource 属性设置为 "学生信息表"。

（3）设置 5 个文本框的 DataSource 属性均为 Data1，设置 DataField 属性分别为学号、姓名、性别、出生日期、所在系部。

代码如下。

```
Private Sub CmdAdd_Click()
    Data1.Recordset.AddNew
End Sub

Private Sub CmdDelete_Click()
    If Data1.Recordset.RecordCount <> 0 Then
        If MsgBox("确实要删除该记录么?", vbQuestion + vbYesNo, "") = vbYes Then
            Data1.Recordset.Delete
            Data1.Recordset.MoveNext
            If Data1.Recordset.EOF = True And Data1.Recordset.RecordCount <> 0 Then
                Data1.Recordset.MoveLast
            End If
        End If
    End If
End Sub

Private Sub CmdFind_Click()
    Data1.Recordset.FindFirst "姓名='" & TextFind.Text & "'"
End Sub

Private Sub CmdFirst_Click()
    Data1.Recordset.MoveFirst
End Sub

Private Sub CmdLast_Click()
    Data1.Recordset.MoveLast
End Sub
```

```
Private Sub CmdNext_Click()
    Data1.Recordset.MoveNext
    If Data1.Recordset.EOF = True Then
        Data1.Recordset.MoveLast
    End If
End Sub

Private Sub CmdPrevious_Click()
    Data1.Recordset.MovePrevious
    If Data1.Recordset.BOF = True Then
        Data1.Recordset.MoveFirst
    End If
End Sub
Private Sub CmdSave_Click()
    Data1.UpdateRecord
End Sub
```

11.5　ADO 技术

通过 ADO 数据访问技术与数据库建立连接有两种方法，一种是通过 ADO Data 控件建立连接，另一种是利用 ADO 对象模型（ADO 代码）与数据库建立连接。

使用 ADO Data 控件的优点是代码少，甚至编写一个简单的数据库应用程序可以不用写任何代码；缺点是功能简单，不够灵活，不适合编写较复杂的数据库应用程序。使用 ADO 对象模型（ADO 代码）的优点是具有高度的灵活性，适合编写复杂的数据库应用程序；缺点是编写代码量较大，对于初学者来说具有一定的难度。

11.5.1　ADO Data 控件

ADO Data 控件是一个 ActiveX 控件，通过在设计时设置 ADO Data 控件的属性，可以快速建立与数据库的连接。ADO Data 控件不是 Visual Basic 的内部控件，因此在使用之前必须将其添加到工具箱中。在"工程"菜单中选择"部件"菜单项，或者直接在工具箱空白处单击鼠标右键，选择"部件"命令，在弹出的"部件"对话框中选中"Microsoft ADO Data Control 6.0（OLE DB）"复选框，单击"确定"按钮，即可将 ADO Data 控件添加到工具箱中。

在窗体上绘制 ADO Data 控件，其外观如图 11-14 所示。

两端的 4 个按钮分别用于控制其对应记录集记录指针的移动，从左至右依次为 MoveFirst（移动到第一条记录）、

图 11-14　ADO Data 控件

MovePrevious（移动到前一条记录）、MoveNext（移动到下一条记录）和 MoveLast（移动到最后一条记录）。

1．ADO Data 控件的常用属性

（1）ConnectionString 属性

ConnectionString 是 ADO Data 数据控件第一个必须要设置的属性，它是一个字符串，用于建立到数据源的连接信息。选定 ADO Data 控件，然后在属性窗口中单击 ConnectionString 属性

右侧的 **…** 按钮，打开"属性页"对话框，如图 11-15
所示。设置连接属性，有 3 种连接资源可供选择：
Data Link 文件（.UDL）、ODBC 数据源（.DSN）、
连接字符串。使用"连接字符串"方式连接数据库
的方法如下。

　　单击"生成"按钮，打开图 11-16 所示的"数
据连接属性"对话框，首先设置"提供程序"。如果
是 Access 数据库，则选择"Microsoft Jet 3.51 OLE
DB Provider"或"Microsoft Jet 4.0 OLE DB Provider"
或"Microsoft Office 12.0 Access Database Engine
OLE DB Provider"，三者版本不同，如果是 SQL 数

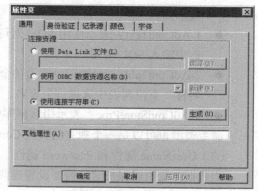

图 11-15　"属性页"对话框

据库，则选择"Microsoft OLE DB Provider for SQL Server"。例如选择"Microsoft Jet 4.0 OLE DB
Provider"，然后单击"下一步"按钮，将会切换到"连接"选项卡，如图 11-17 所示。单击"数
据源"文本框右边的 **…** 按钮，打开要连接的 Access 数据库，在"输入登录数据库的信息"下面
输入用户名和密码，单击"测试连接"按钮。如果测试成功，那么数据源的连接便已建立，单击
"确定"按钮。

图 11-16　"数据连接属性"对话框的"提供程序"选项卡

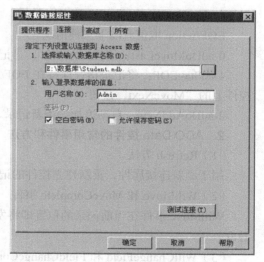

图 11-17　"数据连接属性"对话框的"连接"选项卡

（2）RecordSource 属性

RecordSource 属性用于设置 ADO Data 控制的记录
源，以确定具体访问的数据，这些数据将构成 ADO Data
控件的记录集（Recordset）对象。在属性窗口中单击
RecordSource 属性右侧的 **…** 按钮，打开图 11-18 所示的
"属性页"对话框。RecordSource 的取值根据命令类型
取值的不同而不同，可以是数据库中的某个数据表名、
一个存储查询，也可以是一个 SQL 语句。命令类型有
以下 4 种。

●　8-AdCmdUnknown：默认值。表示无法确定

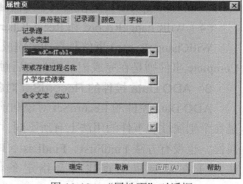

图 11-18　"属性页"对话框

或未知。

- 1-AdCmdText：表示使用 SQL 语句来设置记录源，选择该类型后在下面的"命令文本"框中输入 SQL 语句。
- 2-AdCmdTable：设置记录源为某个具体的表，选择该类型后，在下面的"表或存储过程名称"下拉列表中选择一个表名。
- 4-AdCmdStoreProc：表示用数据库中的一个存储过程作为记录源。

命令类型也可以是一个独立的属性 CommandType，在属性窗口中进行设置。

（3）UserName 属性和 Password 属性

当数据库受密码保护时，需要设置这两个属性。如果在 ConnectionString 属性中指定了用户名和密码，则这两个属无须设置。

（4）BOFAction 和 EOFAction 属性

BOFAction 或 EOFAction 用来控制当记录集的记录指针指向 BOF 位置或 EOF 位置时，ADO Data 控件所要采取的操作。

其中 BOFAction 取值有以下两种情况。

0-adDoMoveFirst：回拨记录指针，将记录指针指向第一条记录，默认值。

1-adStayBOF：将记录指针保持在 BOF 位置不动，BOF 属性为 True，此刻禁止 ADO Data 数据控件上的"MovePrevious"按钮。

EOFAction 取值有以下三种情况。

0-adDoMoveLast：回拨记录指针，将记录指针指向最后一条记录，默认值

1-adStayEOF：将记录指针保持在 EOF 位置不动，EOF 属性值为 True，此刻禁止 ADO 数据控件上的"MoveNext"按钮。

2-adDoAddNew：自动追加一条新记录，并将记录指针指向它。

2. ADO Data 控件的常用事件和方法

（1）Refresh 方法

用于刷新连接属性，重新建立控件的记录集对象。语法：Adodc1.Refresh。

（2）WillMove 和 MoveComplete 事件

WillMove 事件在当前记录的位置即将发生改变时触发，WillComplete 事件在位置改变完成时触发。

（3）WillChangeField 和 FieldChangeComplete 事件

WillChangeField 事件是在即将完成对记录集中当前记录的某个字段的值进行修改时触发，而 FieldChangeComplete 则是在完成字段值修改之后触发。

（4）WillChangeRecord 和 RecordChangeComplete 事件

WillChangeRecord 事件是在即将完成对记录集中当前记录进行修改时触发，而 RecordChange Complete 事件则是在完成记录修改之后触发。

3. ADO Data 控件的 RecordSet 对象

ADO Data 控件的 RecordSet 对象和前面所讲的 Data 控件的 RecordSet 对象是同一个概念，只是在个别属性和事件的用法上有所不同。例如，ADO Data 控件的 RecordSet 对象没有 NoMatch 属性，也没有方法 FindFirst、FindLast、FindNext、FindPrevious、Seek，但有 Find 方法。Find 方法用于在记录集中查找符合指定条件的第一条记录，并使之成为当前记录。语法：Adodc1.Recordset.Find("条件")。

11.5.2　ADO 对象模型

ADO 对象模型是通过编程来实现对数据库的连接的，比 ADO Data 控件更为灵活，功能更强。在实际的程序开发中，ADO 对象模型比 ADO Data 控件更为常用。在使用 ADO 对象模型前，首先要为当前工程添加 ADO 的对象库。添加方法：单击"工程"菜单中的"引用"菜单项，打开"引用"对话框，选中"Microsoft ActiveX Data Object 2.1 Library"项。

ADO 对象模型是一组对象模型的集合，其核心是 Connection、Command 和 Recordset 对象。

1．Connection 对象

Connection 对象是用于建立与数据库的连接。首先设置 ConnectionString 属性，其次用 Open 方法打开与数据库的连接。例如，使用如下代码可以建立与数据库 Student.mdb 的连接。

```
Dim Stucnn As New ADODB.Connection
Stucnn.ConnectionString = "Provider = Microsoft.Jet.OLEDB.4.0;Data Source = E:\数据库\Student.mdb;Persist Security Info = False"
Stucnn.Open
```

连接不再使用时要关闭，断开与数据库的连接，这是程序员应该养成的一个好习惯。例如，关闭上面建立的数据库连接的代码是：Stucnn.Close。

2．Command 对象

Command 对象用于查询数据库，并返回 Recordset 对象。Command 对象的 ActiveConnection 用于设置到数据源的连接信息。CommandText 属性用于指定发送的命令文本，如 SQL 语句、数据表名等。CommandType 属性用于设置或返回 CommandText 的命令类型。利用 Execute 方法，执行命令并返回 Recordset 对象。例如，在上面已经创建的 Stucnn 这个 Connection 对象的基础上，使用如下代码可以使 Command 对象返回学生信息表。

```
Dim Stucmm As New ADODB.Command
Dim Sturs As New ADODB.Recordset
Set Stucmm.ActiveConnection = Stucnn
Stucmm.CommandText = "select * from 学生信息表"
Set Sturs = Stucmm.Execute
```

3．Recordset 对象

RecordSet 对象代表记录集，是基于某一连接的表或者是 Command 对象的执行结果。所有对数据源的操作基本上都是通过 Recordset 对象来完成的。Recordset 对象的 ActiveConnection 属性用来设置 Recordset 对象的连接信息。使用 Open 方法，可以打开数据表或查询结果的记录集。使用 Close 方法，可以关闭 Recordset 对象。其他方法（如 AddNew 方法、Delete 方法、Update 方法等）的使用与 ADO Data 控件的记录集一样。例如，上面使用 Command 对象返回学生信息表的例子，也可以在建立连接的基础上，通过设置 Recordset 对象的属性和利用 Recordset 的方法来实现，代码如下：

```
Dim Sturs As New ADODB.Recordset
Set Sturs.ActiveConnection = Stucnn
Sturs.Open "select * from 学生信息表"
```

在 ADO 对象模型中，对象的功能有交叉，对编写一般的数据库应用程序，可以不用 Command

对象。下面简单介绍使用 ADO 对象模型编程的一般步骤。

（1）声明 ADO 对象变量。

```
Dim StuCnn As New ADODB.Connection          '声明链接对象
Dim StuCom As New ADODB.Command             '声明命令对象
Dim StuRst As New ADODB.Recordset           '声明记录集对象
```

（2）与数据库建立链接。

```
StuCnn.ConnectionString = "Provider = Microsoft.Jet.OLEDB.4.0;Data Source = E:\数据库\Student.mdb; Persist Security Info = False"
StuCnn.Open
```

上述代码中，"Data Source=E:\数据库\Student.mdb"表示数据库文件所存放在硬盘上的路径信息；"Provider=Microsoft.Jet.OLEDB.4.0"表示数据库提供者的类型；"Persist Security Info=False"表示是否保存安全信息，也即 ADO 在数据库连接成功后是否保存密码信息；StuCnn.Open 表示在前面的准备工作的代码执行后开始建立与数据库的连接。

（3）设置记录集相关属性。

```
StuRst.Open "select * from 学生信息表", StuCnn, adOpenKeyset, adLockOptimistic
```

"StuCnn"表示记录集所使用的链接对象为打开的 StuCnn 这一 Connection 对象。"adOpenKeyset"表示打开的是键集类型游标，允许在记录集中进行所有类型的移动。"adLockOptimistic"表示锁定类型为开放式乐观记录锁，并且是逐条进行的，只在调用 Update 方法时才锁定记录，与 adLockOptimistic 相对应的有：AdLockReadOnly（默认值）表示锁定类型为只读（不能改变数据）；AdLockPessimistic 表示锁定类型为开放式悲观记录锁，并且是逐条进行的，为确保成功完成编辑记录所需的工作，在编辑时应立即锁定数据源的记录；AdLockBatchOptimistic 表示开放式乐观批更新，用于批更新模式（与立即更新模式相对）。

（4）打开记录集。

StuRst.Open "select * from 学生信息表"，这一代码表示打开记录集。如果记录集已经打开，那么运行该代码将引发错误。

（5）关闭和释放 ADO 对象。

```
StuRst.Close            '关闭 RecordSet 对象
StuCnn.Close            '关闭 Connection 对象
```

11.5.3 ADO 实例

【例 11-2】学生信息管理 2。利用本章所建立的 Student 数据库，使用 ADO Data 数据访问控件作为连接数据库的方法，建立一个对学生信息进行管理（查看、增加、修改、删除）的程序，设计图 11-19 所示的界面。

（1）新建工程和窗体，添加 5 个标签（Label1、Label2、Label3、Label4、Label5）、6 个文本框（Text1、Text2、Text3、Text4、Text5、TextFind）、4 个命令按钮（CmdFind、CmdAdd、CmdSave、CmdDelete）和 1 个 ADO Data 控件（Adodc1），窗体、标签、命

图 11-19 例 11-2 学生信息管理 2

令按钮的 Caption 属性值如图 11-19 所示，文本框的 Text 属性值全部为空。

（2）设置 Adodc1 控件的 ConnectionString 属性连接到 Student.mdb，并设置 RecordSource 属性，其中"记录源命令类型"设置为 2-AdCmdTable，"表或存储过程名称"设置为"学生信息表"。

（3）设置 5 个文本框的 DataSource 属性均为 Adodc1，设置 DataField 属性分别为学号、姓名、性别、出生日期、所在系部。

代码如下。

```
Private Sub CmdAdd_Click()
    Adodc1.Recordset.AddNew
End Sub

Private Sub CmdDelete_Click()
    If Adodc1.Recordset.RecordCount <> 0 Then
        If MsgBox("确实要删除该记录么?", vbQuestion + vbYesNo, "") = vbYes Then
            Adodc1.Recordset.Delete
            Adodc1.Recordset.MoveNext
            If Adodc1.Recordset.EOF = True And Adodc1.Recordset.RecordCount <> 0 Then
                Adodc1.Recordset.MoveLast
            End If
        End If
    End If
End Sub

Private Sub CmdFind_Click()
    Adodc1.Recordset.Find ("姓名='" & TextFind.Text & "'")
End Sub

Private Sub CmdSave_Click()
    Adodc1.Recordset.Update
End Sub
```

【例 11-3】学生信息管理 3。利用本章所建立的 Student 数据库，使用 ADO 对象模型作为到数据库连接的方法，建立一个对学生信息进行管理（查看、增加、修改、删除）的程序，设计图 11-20 所示的界面。

界面设计部分是在例 11-2 学生信息管理 2 的基础上做少量修改，首先不需要 Adodc1 数据访问控件，其次，需要再增加 4 个命令按钮（CmdFirst、CmdNext、CmdLast、CmdPrevious）。

因为此例是用 ADO 对象模型来建立与数据库的连接，所以要单击"工程"菜单中的"引用"菜单项，打开"引用"对话框，选中"Microsoft ActiveX Data Object 2.1 Library"项。

代码如下。

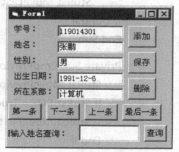

图 11-20　例 11-3 学生信息管理 3

```
Dim StuCnn As New ADODB.Connection
Dim StuRst As New ADODB.Recordset
```

```vb
Private Sub CmdAdd_Click()
    StuRst.AddNew
End Sub

Private Sub CmdDelete_Click()
    If StuRst.RecordCount <> 0 Then
        If MsgBox("确实要删除该记录么?", vbQuestion + vbYesNo, "") = vbYes Then
            StuRst.Delete
            StuRst.MoveNext
            If StuRst.EOF = True And StuRst.RecordCount <> 0 Then
                StuRst.MoveLast
            End If
        End If
    End If
End Sub

Private Sub CmdFind_Click()
    StuRst.Find ("姓名='" & TextFind.Text & "'")
End Sub

Private Sub CmdFirst_Click()
    StuRst.MoveFirst
End Sub

Private Sub CmdLast_Click()
    StuRst.MoveLast
End Sub

Private Sub CmdNext_Click()
    StuRst.MoveNext
    If StuRst.EOF = True Then
        StuRst.MoveLast
    End If
End Sub

Private Sub CmdPrevious_Click()
    StuRst.MovePrevious
    If StuRst.BOF = True Then
        StuRst.MoveFirst
    End If
End Sub

Private Sub CmdSave_Click()
    StuRst.Update
End Sub
```

```
Private Sub Form_Load()
        StuCnn.ConnectionString = "Provider = Microsoft.Jet.OLEDB.4.0;Data Source = E:\数据库
\Student.mdb;Persist Security Info = False"
        StuCnn.Open
        StuRst.Open "select * from  学生信息表", StuCnn, adOpenKeyset, adLockOptimistic
        Set Text1.DataSource = StuRst
        Text1.DataField = "学号"
        Set Text2.DataSource = StuRst
        Text2.DataField = "姓名"
        Set Text3.DataSource = StuRst
        Text3.DataField = "性别"
        Set Text4.DataSource = StuRst
        Text4.DataField = "出生日期"
        Set Text5.DataSource = StuRst
        Text5.DataField = "所在系部"
End Sub
```

本章小结

　　本章首先介绍了数据库的基础理论知识，包括数据库的基本概念；关系模型的基本概念；特别是关系数据库中的几个重要的概念，如关系、记录、字段、域、主键、外键、索引；关系数据库查询语言 SQL 的介绍。然后介绍了可视化数据库管理，包括建立数据库，建立查询。最后介绍了 Visual Basic 数据库访问技术的基础知识，包括 Visual Basic 的三种数据访问接口，重点掌握如何使用 Data 控件、ADO Data 控件或者 ADO 对象模型结合数据绑定控件进行数据库的编程。用 Visual Basic 编写数据库应用程序，其中 SQL 语句、Data 控件、ADO Data 控件对初学者来说是难点。

习题十一

一、选择题

　　1. 数据库（DB）、数据库系统（DBS）、数据库管理系统（DBMS）之间的关系是＿＿＿＿＿＿。

　　　　A． DB 包含 DBS 和 DBMS　　　　　　　　B． DBMS 包含 DB 和 DBS

　　　　C． DBS 包含 DB 和 DBMS　　　　　　　　D． 没有任何关系

　　2. 关系数据库中的关系必须满足每一个属性都是＿＿＿＿＿＿。

　　　　A． 长度可变的　　　B． 互相关联的　　　　C． 不可分解的　　　　D. 互不相关的

　　3. 以下哪种数据存取方法是目前最常用的＿＿＿＿＿＿。

　　　　A． ODBC　　　　　B． DAO　　　　　　　C． RDO　　　　　　　D． ADO

　　4. 表示二维表中的行的数据库术语是＿＿＿＿＿＿。

　　　　A． 数据表　　　　　B． 记录　　　　　　　C． 域　　　　　　　　D． 属性

5. 表示二维表中列的术语是_____。

    A. 数据表　　　　　B. 记录　　　　　C. 域　　　　　D. 字段

6. 在"属性页"对话框中，设置 ADO Data 控件与数据源的连接的方法有_____种。

    A. 1　　　　　　　B. 2　　　　　　　C. 3　　　　　　　D. 4

7. 要利用 ADO Data 控件返回数据库中的记录集，则需要设置_____属性

    A. Connect　　　　B. DataSource　　　C. RecordSource　　D. RecordType

8. 文本框的 DataField 属性用来指定文本框所要绑定的_____。

    A. 字段　　　　　　B. 记录　　　　　C. 数据表　　　　D. 数据库

9. 记录集对象的 EOF 属性值为 True，说明记录指针处于_____。

    A. 第一条记录　　　　　　　　　　　B. 第一条记录前

    C. 最后一条记录　　　　　　　　　　D. 最后一条记录后

10. 以下说法正确的是_____。

    A. 使用 ADO Data 可以直接显示数据库中的数据

    B. 使用数据绑定控件可以直接访问数据库中的数据

    C. 使用 ADO Data 控件可以对数据库中的数据进行操作，却不能显示数据库中的数据

    D. ADO Data 控件只有通过绑定控件才可以访问数据库中的数据

二、填空题

1. 数据库管理技术发展过程经过了人工管理、_____、_____三个阶段。

2. 在关系数据库中，把数据表示成二维表，每一个二维表称为_____。

3. 在数据库系统中，实现各种数据管理功能的核心软件称为_____。

4. 在数据库管理系统提供的数据定义语言、数据操纵语言和数据控制语言中，负责数据的模式定义与数据的物理存取构建的是_____。

5. 数据库设计包括概念设计、_____和物理设计。

6. 在一个关系数据库中有"教师信息表"和"教师授课表"，其中"教师信息表"有：工号，姓名，年龄，职称字段，"教师授课表"有：工号，课程名，授课时间字段。在"教师信息表"中_____字段是主键，而在"教师授课表"中的工号字段是_____键。

7. 使用 SQL 语句查询数据库表 StuInfo 中计算机系男生信息应使用的语句为"Select * from StuInfo Where_____"。

8. Recordset 对象的 MoveFirst 方法用于将记录指针移到_____，MoveNext 方法用于将记录指针移到_____，若想将记录指针移到当前记录后第 3 条记录上，应使用_____。

9. 若想获取 Adodc 控件（名为 Adodc1）记录集中的字段数应表示为_____，获取当前记录第一个字段的值 应表示为_____。

三、编程题

编写一个学生成绩管理的应用程序，程序运行界面如图 11-21 所示。

该应用程序有如下功能。

1. 能够存储每个学生的成绩信息，包括学号、姓名、语文成绩、数学成绩、英语成绩、总分。

2. 能够增加、修改、删除学生成绩信息。

3. 能够按照学生姓名查询某个学生的成绩信息。

图 11-21　学生成绩管理

附录
习题参考答案

习题一 参考答案

一、选择题

1	2	3	4	5	6	7	8	9	10
A	B	B	C	A	D	D	D	D	A
11	12	13	14	15	16	17	18	19	20
C	A	B	B	A	C	C	A	A	B

二、简答题

1. 答案：（1）具有面向对象的可视化设计工具。

（2）事件驱动的编程机制。

（3）结构化的程序设计语言。

（4）简单易学的应用程序开发环境。

（5）支持多种数据库系统的访问。

（6）Active 技术。

2. 答案：Visual Basic 开发环境主要由以下 5 个窗体组成。

（1）窗体设计窗口（Form）。

（2）工程资源管理器窗口（Project Explorer）。

（3）属性窗口（Properties）。

（4）工具箱（ToolBox）。

（5）代码窗口（Code）。

各个窗口的切换参见本章节相关内容介绍。

3. 答案：代码窗口的 4 种切换方法如下。

（1）双击窗体的任一部分切换到代码窗口。

（2）单击工程资源管理器中的"查看代码"按钮切换到代码窗口。

（3）单击菜单命令"视图|代码窗口"切换到代码窗口。

（4）按 F7 键切换到代码窗口。

4. 答案：Visual Basic 工程的 3 种工作模式如下。

设计模式：在该模式下，用户可以设计与修改窗体界面，编写修改事件代码。

运行模式：在该模式下，不能编辑代码，也不能编辑窗体界面。

中断模式：在该模式下，应用程序被暂时中止运行，这时可以编辑代码，但是不可以修改界面。

5. 答案：对象的方法实际上是 VB 为程序设计人员提供的一种特殊的过程和函数，用来完成一定的操作或实现一定的功能。VB 将一些通用过程和函数编写好并封装起来，作为方法供用户直接调用，给用户带来了很大的方便。

对象的事件是对象上所发生的事情。在 VB 中，事件是预先定义好的，能够被对象识别的动作。事件过程的代码需要用户根据实际效果要求自己编写。

6. 答案：建立一个应用程序通常分下面 5 个步骤。

　　（1）建立可视用户界面的对象。
　　（2）设置可视界面对象的属性。
　　（3）确定对象事件的过程及编写事件的驱动代码。
　　（4）运行和调试程序。
　　（5）保存程序。

三、编程题

源程序均可在 http:/pan.baidu.com/s/1jHaagVO 上进行下载，RAR 文件解压密码为 ahut。

习题二　参考答案

一、选择题

1	2	3	4	5	6	7	8	9	10
C	D	D	A	A	D	C	C	A	D
11	12	13	14	15	16	17	18	19	20
C	C	C	B	B	D	C	C	A	B
21	22	23	24	25	26	27	28	29	30
B	A	A	B	D	B	C	C	B	C

二、填空题

1. 窗体；控件

2. Command1_Click()

3. PasswordChar

4. Caption

5. Text1.SetFocus

6. Text

7. Enabled

8. AutoSize

9. MultiLine

10. Visible

三、编程题

源程序均可在 http:/pan.baidu.com/s/1jHaagVO 上进行下载，RAR 文件解压密码为 ahut。

习题三　参考答案

一、选择题

1	2	3	4	5	6	7	8	9	10
A	C	B	B	B	B	A	C	C	A
11	12	13	14	15	16	17	18	19	20
A	D	C	B	C	A	C	B	D	A

二、填空题

1. x Mod 5 = 0 Or x Mod 9 = 0

2. Date - #1/1/2016#+1

3. UCase(s) > "A" And UCase(s) < "Z"或 LCase(s) > "a" And LCase(s) < "z"

   或 s > "a" And s < "z" Or s > "A" And s < "Z"

4. 下划线或_

5. x > z And y <= z Or y > z And x <= z

6. Chr(Int((Asc("m") - Asc("c") + 1) * Rnd) + Asc("c"))

7. (Int(21 * Rnd) + 15) / 10

8. (x * Sqr(x ^ 2 + 1)) ^ (1 / 3)

9. 16

10. 1

三、编程题

源程序均可在 http:/pan.baidu.com/s/1jHaagVO 上进行下载，RAR 文件解压密码为 ahut。

习题四　参考答案

一、选择题

1	2	3	4	5	6	7	8	9	10
C	C	D	A	A	C	B	A	B	A
11	12	13	14	15	16	17	18	19	20
C	C	B	B	D	C	D	B	D	C

二、填空题

1. 1　　2. XXX　3. m；t；m<=39　　4. 70　　5. sum+fun(i)；fun=p

三、程序改错题

1. ERROR1：条件表达式应写为 If (a + b < c) And (b + c < a) And (c + a < b)。

   ERROR2：Sqr 函数的参数应写为 t*(t-a)*(t-b)*(t-c)。

   ERROR3：Print 方法中的符号 "："应改为 "；"，　"；"表示后面输出的内容紧随前面的输出，Print 方法不支持符号 "："。

2. ERROR1：t=t+m，因为 t 表示求和表达式中的每一项，所以每次 t 的值应该加 m。

   ERROR2：m=m+2，此处 m 表示求和表达式中的每一项每次增加的幅度，所以应该加 2。

   ERROR3：Loop While(m<=39)，如果条件不加等号的话，会导致最后一项的和没有加进去。

3. ERROR1：n=0，通过下面的循环可以判断 n 的初值应该为 0。

　　ERROR2：Do While(s<m)，显然此处的循环条件应该采用 While 而非 Until。

　　ERROR3：n-1，当循环条件不成立的时候，n 的值已经加过 1 了，所以满足条件的最大 n 值应该再减去 1。

4. 基本思路：通过循环取 x 的个位数输出，当 x 的位数超过一位数时，利用语句 x Mod 10 取其个位数输出，之后通过 x=x\10 语句将个位数剔除，当 x 只有一位数时循环结束。

　　ERROR1：x>10，While 循环的条件用于判断输入的 x 是多于一位数的时候才进行倒序输出处理。

　　ERROR2：Print x Mod 10，模运算的结果并不改变 x 的值，按题意应该先输出个位数。

　　ERROR3：Print x，最后输出的一位数应该是 x 的最高位。

四、编程题

源程序均可在 http:/pan.baidu.com/s/1jHaagVO 上进行下载，RAR 文件解压密码为 ahut。

习题五　参考答案

一、填空题

1. f= -f

2. f2/f1；f1 = f3

3. 1；sum2*j；sum1+sum2

4. 3 * x+2 * y + 0.5 * z = 100

5. m Mod i = 0 And n Mod i = 0；Exit For

6. Int(Rnd * 311 + 50)；min = x

7. s+ h * 2

8. 20-x；2*x+4*y=46

9. max=x；sum-max-min

二、程序阅读题

1. 33

2. 50

3. 47

4. s=1+21+321+4321

5. 2　　　2
　　5　　　4
　　8　　　8

6. s1=qhcjh

7. 　　A
　　BBB
　　CCCCC
　　DDDDDDD

8. 3

9. 01100101

三、程序改错题

1. '*ERROR1*：　　　　Dim s As Single, s1 As Single
   '*ERROR2*：　　　　s1 = 1
   '*ERROR3*：　　　　i=i+2

2. '*ERROR1*：　　　　min = 200
   '*ERROR2*：　　　　x = Int(Rnd * 100 + 101)
   '*ERROR3*：　　　　Label1.Caption= min

3. '*ERROR1*：　　　　a2 = ""
   '*ERROR2*：　　　　For i = m To 1 Step -1

四、编程题

源程序均可在 http:/pan.baidu.com/s/1jHaagVO 上进行下载，RAR 文件解压密码为 ahut。

习题六　参考答案

一、单选题

1	2	3	4	5
A	C	C	C	B

二、填空题

1. 0，4，4，5，0，0
2. t；双精度；2；−2；2；12
3. i<10 或 i <= 9；900+100；t(k)=x
4. 9；10；> 或 >=
5. t(1)；t(i) > max 或 t(i) >= max

三、阅读题

1. 12
2. 12
3. 9　　　12
   10　　　13
4. 94　　4　　16
5. 2
   5
   3
   6

四、改错题

1. ERROR1：a(j) <= a(i)　　ERROR2：a(j) = a1
2. ERROR1：max = a(0)　　ERROR2：max = a(i)
3. ERROR1：i = j　　ERROR2：Print a(i, j);

五、编程题

源程序均可在 http:/pan.baidu.com/s/1jHaagVO 上进行下载，RAR 文件解压密码为 ahut。

习题七 参考答案

一、选择题

1	2	3	4	5	6	7	8	9	10
D	B	C	B	D	B	A	B	C	D
11	12	13	14	15	16	17	18	19	20
D	C	A	B	C	A	D	B	A	D

二、阅读程序题

1. m=20 n=10；x=10 y=15；m=20 n=10；x=20 y=10

2. 18；30

3. 4 14 80；22 10 80

4. 11 12 13；21 22 23

5. 23；47

6. 3；2

7. VLAUSI；VILAUS；VISUAL

8. 5 10 2.5；5 10 2

9. x2=0 y2=1；x4=1 y4=3

10. 4 12

11. 0 0；0 0；0 0；1 2；

12. 12（2）=11；64（8）=10

13. 4；19.5

14. 3 5；8 16

15. 6；−2

16. 1 3 2；1 −6 2

17. 0 1 2 3；4 5 6 7；8

18. 6 6 12 6 10 10

19. 30 30 10

20. 15

三、编程题

源程序均可在 http:/pan.baidu.com/s/1jHaagVO 上进行下载，RAR 文件解压密码为 ahut。

习题八 参考答案

一、选择题

1	2	3	4	5	6	7	8	9	10
A	C	B	B	C	C	A	D	C	D

二、填空题

1. Value

2. Clear

3. Txx1.Stretch = True

4. Timer

5. 图片框；图像框

6. Lbk1.Selected(2) = True

7. Name

8. Pic1.Picture = LoadPicture("")

9. Change

10. 标准控件； ActiveX 控件；可插入控件

三、编程题

源程序均可在 http:/pan.baidu.com/s/1jHaagVO 上进行下载，RAR 文件解压密码为 ahut。

习题九　参考答案

一、选择题

1	2	3	4	5	6	7	8	9	10
C	A	C	A	B	C	B	D	A	D

二、填空题

1. 固定

2. 6

3. mdialog.Action=1 或 mdialog.ShowOpen

4. 下拉式；快捷

5. –（减号）

6. Ctrl+E

7. 名称

8. Enable；False

9. 区分按钮

10. MDIChild

三、编程题

源程序均可在 http:/pan.baidu.com/s/1jHaagVO 上进行下载，RAR 文件解压密码为 ahut。

习题十　参考答案

一、选择题

1	2	3	4	5	6	7	8	9	10
D	B	C	A	A	C	A	D	B	C
11	12	13	14	15	16	17	18	19	20
D	D	B	B	B	B	A	A	D	C

二、简答题

1. 答案：文件是存储在外部介质上的数据和程序的集合。

根据访问模式的不同，文件分为顺序文件、随机文件和二进制文件。顺序文件可按记录、按行和按字符 3 种方式读/写数据；随机文件以记录为单位读/写数据；二进制文件以字节为单位读/写数据。

2. 答案：EOF()函数用来判断读出的数据是否到达文件末尾。当已经到达文件尾时，EOF()函数的返回值为 True，否则返回值为 False。

LOF()函数返回一个 Long 类型的数据，表示用 Open 语句打开的文件的字节数。

3. 答案：Write # 语句在数据项之间自动插入 "，"，并给字符串加上双引号，以区分数据项和字符串类型；而 Print # 语句数据项之间无逗号分隔，字符串无双引号，因此如果输出列表由多个数据项组成，为了读取数据方便，建议使用 Write # 语句。

4. 答案：随机文件以记录为单位进行读/写，二进制文件以字节为单位进行读/写。

三、编程题

源程序均可在 http:/pan.baidu.com/s/1jHaagVO 上进行下载，RAR 文件解压密码为 ahut。

习题十一 参考答案

一、选择题

1	2	3	4	5	6	7	8	9	10
C	B	D	C	C	A	D	C	A	A

二、填空题

1. 文件管理；数据库系统

2. 一个关系

3. 数据库管理系统

4. 数据定义语言

5. 逻辑设计

6. 工号；外

7. 所在系部='计算机' AND 性别='男'

8. 第一条记录；下一条记录；Move 3

9. Adodc1.Recordset.RecordCount；Adodc1.Recordset.Fields(0).Value

三、编程题

源程序均可在 http:/pan.baidu.com/s/1jHaagVO 上进行下载，RAR 文件解压密码为 ahut。

［1］龚沛曾. Visual Basic 程序设计简明教程. 2 版. 北京：高等教育出版社，2004.

［2］潘地林. Visual Basic 程序设计. 3 版. 北京：中国水利水电出版社，2011.

［3］罗超盛. Visual Basic6.0 程序设计实用教程. 2 版. 北京：清华大学出版社，2008.

［4］匡松，吕峻闽，等. Visual Basic 程序设计及应用［M］. 北京：清华大学出版社，2008.

［5］孙风芝，梁振军，等. Visual Basic 程序设计教程［M］. 北京：清华大学出版社，2012.

［6］明日科技. Visual Basic 学习手册［M］. 北京：电子工业出版社，2011.

［7］黄洪超. Visual Basic 程序设计教程. 北京：高等教育出版社，2013.

［8］邹文波. Visual Basic 程序设计案例教程. 北京：人民邮电出版社，2014.